国家骨干院校重点建设专业校企合作教材

Beijing Xiandai Jiaoche TSD Shixun Jiaocheng

北京现代轿车 TSD 实训教程

田介春　主编
熊建国　主审

人民交通出版社

内 容 提 要

本书是青海交通职业技术学院,国家高职骨干院校建设汽车运用技术试点专业校企合作开发的教材,根据"厂校融通、项目引领、三段递进"312人才培养模式中的品牌汽车TSD训练区的建设要求,校企共同研究开发,以北京现代汽车维修典型工作任务和技术标准为切入点,按照项目引领、任务驱动的教学理念,开发出八个项目的学习内容。每个项目注重实用技能的培养,适应北京现代汽车维修工作的需求。

本书主要内容包括:北京现代轿车发动机机械系统、北京现代轿车发动机电子控制系统、北京现代轿车底盘系统、北京现代轿车电气系统、北京现代轿车舒适系统、北京现代车型维护六个教学项目。

本书可供高等职业教育汽车运用技术专业教学用书,也可作为汽车行业岗位培训或汽车维修技术人员学习参考用书。

图书在版编目(CIP)数据

北京现代轿车TSD实训教程/田介春主编.—北京:人民交通出版社,2013.2

国家骨干院校重点建设专业校企合作教材

ISBN 978-7-114-10411-4

Ⅰ.①北… Ⅱ.①田… Ⅲ.①轿车—车辆修理—高等职业教育—教材 Ⅳ.①U469.110.7

中国版本图书馆CIP数据核字(2013)第041478号

国家骨干院校重点建设专业校企合作教材

书　　名:**北京现代轿车TSD实训教程**

著 作 者:田介春

责任编辑:卢仲贤　任雪莲　于　佳

出版发行:人民交通出版社

地　　址:(100011)北京市朝阳区安定门外外馆斜街3号

网　　址:http://www.ccpress.com.cn

销售电话:(010)59757973

总 经 销:人民交通出版社发行部

经　　销:各地新华书店

印　　刷:北京交通印务实业公司

开　　本:787×1092　1/16

印　　张:13.75

字　　数:338千

版　　次:2013年3月　第1版

印　　次:2013年3月　第1次印刷

书　　号:ISBN 978-7-114-10411-4

定　　价:45.00元

青海交通职业技术学院

国家骨干院校重点建设专业校企合作教材编审委员会
汽车运用技术专业建设委员会

序

2010年青海交通职业技术学院跻身于全国高职院校“百强”行列，成为西北地区唯一一所交通运输类国家骨干高职院校。汽车运用技术专业群是国家骨干高职院校重点建设项目之一。

本套教材基于汽车运用技术专业“厂校融通、项目引领、三段递进”312人才培养模式，结合现代职业教育理念，以一汽大众汽车、北京现代汽车、丰田汽车、奇瑞汽车四种车系为基础，系统地、科学地将四种品牌汽车知识、新技术、操作规范及在专业中的应用技能进行了整合，引导学生在掌握基本的汽车理论基础后，结合实际的职业岗位能力要求，进行四种车系专项技能学习。

本套教材的内容是在企业调研的基础上，吸收高职高专课程体系改革的先进理念，结合专业特色进行整合的共享型资源，具有较强的指导性、应用性。

本套教材是在多年贯彻“工学结合、校企合作”人才培养模式的教学改革经验的基础上，以职业能力培养为目标，由企业技术人员和学校教师共同编写，体现了学校教学和企业实践的有机统一，传统工艺和现代技术的有机融合，并严格贯彻最新标准、规范、工艺和规程要求。编写过程中注重特定教学对象的认识能力和认知规律，采用图文结合的形式，力求直观明了，提供一种提高学生职业素养和职业能力的解决方案，切实做到了理论够用、重在实践。

本教材的主要特点是：

1. 从企业的需要出发，重塑教学目标

本教材是从企业的需要及学生的职业发展出发，让学生通过品牌汽车专门化学习，能够切实找到自己的职业发展方向或者是能较好地适应未来企业的用人需要。

2. 从人才培养的目标出发，重整教学内容

汽车技术涉及的品牌、范围、层面、内容非常广泛，本教材以丰田、一汽大众、奇瑞和北京现代四种车系基本知识为基础，以面向高职学生的技能实务为主线，把握重点、落到实处。

本教材在编写过程中，参考了近5年来不同版本的本科、专科及中职相关教材、教学参考资料及相关车系4S店提供的信息资料，在此谨向各位参考文献的编写专家及提供信息资料的相关个人、部门表示衷心的感谢。

青海交通职业技术学院

国家骨干院校重点建设专业校企合作教材编审委员会

汽车运用技术专业建设委员会

2012年12月

前　　言

2011年，青海交通职业技术学院被教育部批准，建设国家骨干高职院校，汽车运用技术专业被列为骨干校建设试点专业。汽车运用技术专业人才培养模式与课程体系改革以创新校企合作、工学结合、“厂校融通、项目引领、三段递进”312人才培养模式，以丰田、一汽大众、奇瑞、现代四种品牌汽车为TSD训练区为核心，校企共同研究开发课程体系，按照汽车运用技术专业人才培养目标要求，构建基础技能养成、TSD训练区、顶岗实习三大教学领域，形成3个平台、9个项目的能力递进式课程体系。

本书根据“厂校融通、项目引领、三段递进”312人才培养模式中的品牌汽车TSD训练区的建设要求，校企共同研究，按照项目引领、任务驱动的教学理念，开发出北京现代轿车发动机机械系统、北京现代轿车发动机电子控制系统、北京现代轿车底盘系统、北京现代轿车电气系统、北京现代轿车舒适系统、北京现代车型维护六个教学项目。突出能力培养，突出以学生主体，注重技能训练，实现一体化教学，并渗透素质教育。

本书在编写过程中得到青海金岛汽车贸易有限公司北京现代4S店智力和技术支持，并特邀北京现代4S店车间技术经理左海参加编写与技术指导，按照不同的项目介绍了北京现代汽车检测与维修方法，具有较强的针对性和实用性。本书可作为高职高专汽车类相关专业教材，也可作为中职汽车运用于维修专业的教材，同时也可作为汽车高级维修工培训教材。

本书由青海交通职业技术学院田介春担任主编，熊建国担任主审。参加本书编写工作的有青海交通职业技术学田介春(编写项目一、项目二、项目三、项目六)、郭文彬(编写项目四、项目五)。本书在编写过程中得到了有关领导和老师的大力支持，在此一并表示诚挚的感谢。

由于时间仓促，加之编者水平有限，书中难免存在不足之处，恳请读者给予批评指正。

编　者

2012年10月

前　言

编　者

2012年10月

目　录

项目一　瑞纳轿车发动机机械系统

Z 知识目标

(1)知道瑞纳轿车发动机机械系统的结构。

(2)知道瑞纳轿车发动机机械系统拆装工艺。

N 能力目标

(1)能够正确描述瑞纳轿车发动机机械系统的机构。

(2)能够规范进行瑞纳轿车发动机机械系统的拆装。

(3)能正确使用拆装与检修的工具、设备。

S 素质目标

(1)扩展相应的信息收集能力。

(2)提高小组互助能力、合作能力。

(3)培养工作的责任意识。

(4)安全操作能力。

任务1　瑞纳轿车发动机总成拆装

一、瑞纳轿车发动机基本参数(表1-1)

瑞纳轿车发动机基本参数表　　表1-1

说　明	规　格		极 限 值
	1.4	1.6	
类型	直列式,DOHC		
汽缸数4			
汽缸内径	77mm	77mm	
行程	74.99mm	85.44mm	
总排气量	1396cc	1591cc	
压缩比	10.5:1		
点火顺序	1-3-4-2		

续上表

说　明	规　格		极 限 值
	1.4	1.6	
凸轮轴盖油隙	0.027～0.058mm		0.1mm
凸轮轴轴向间隙	0.10～0.20mm		
活塞外径	76.97～77.00mm		
活塞至汽缸间隙	0.020～0.040mm		
连杆轴承油膜间歇	0.018～0.036mm		0.060mm
侧面间隙	0.10～0.25mm		0.35m
主轴承油膜间歇	0.006～0.024mm		0.05mm
曲轴轴向间隙	0.05～0.25mm		0.3mm

二、北京现代瑞纳轿车发动机编号(图1-1)

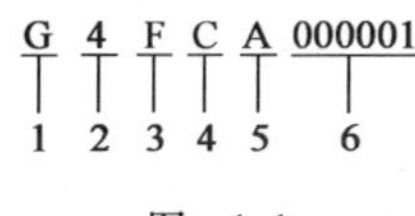

图 1-1

1-发动机燃油;G-汽油;2-发动机形式;4-4行程4缸;3-发动机开发顺序;F-γ发动机(汽油);4-发动机排气量;A-1396cc(γ发动机);C-1591cc(γ发动机);5-生产年度;A-2010;C-2012;6-发动机生产系列号码;000001～999999

三、发动机总成的拆装

(1)拆卸蓄电池负极端子(A)。

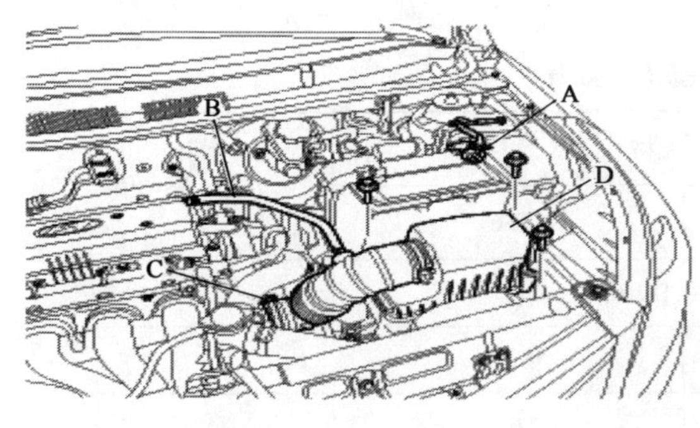

图 1-2

(2)拆卸通风软管(B)、进气软管(C),然后拆卸空气滤清器总成(D),如图1-2所示。

规定力矩:

软管夹具螺栓:2.9～4.9N·m。

空气滤清器总成螺栓:7.8～11.8N·m。

(3)分离蓄电池正极端子(A)和ECM连接器(B),如图1-3所示。

(4)拆卸ECM(A)和蓄电池(B),如图1-4所示。

规定力矩:9.8～11.8N·m。

(5)举起车辆到适当位置,拆卸左/右下护盖(A),如图1-5所示。

规定力矩:6.9～10.8N·m。

(6)拧下水箱排放塞(A)并排放冷却水。打开散热器盖,以加速排放,如图1-6所示。

注意:切勿在发动机高温时拆卸散热器盖。因为高压下从散热器溢出的热水会引起严重的烫伤。

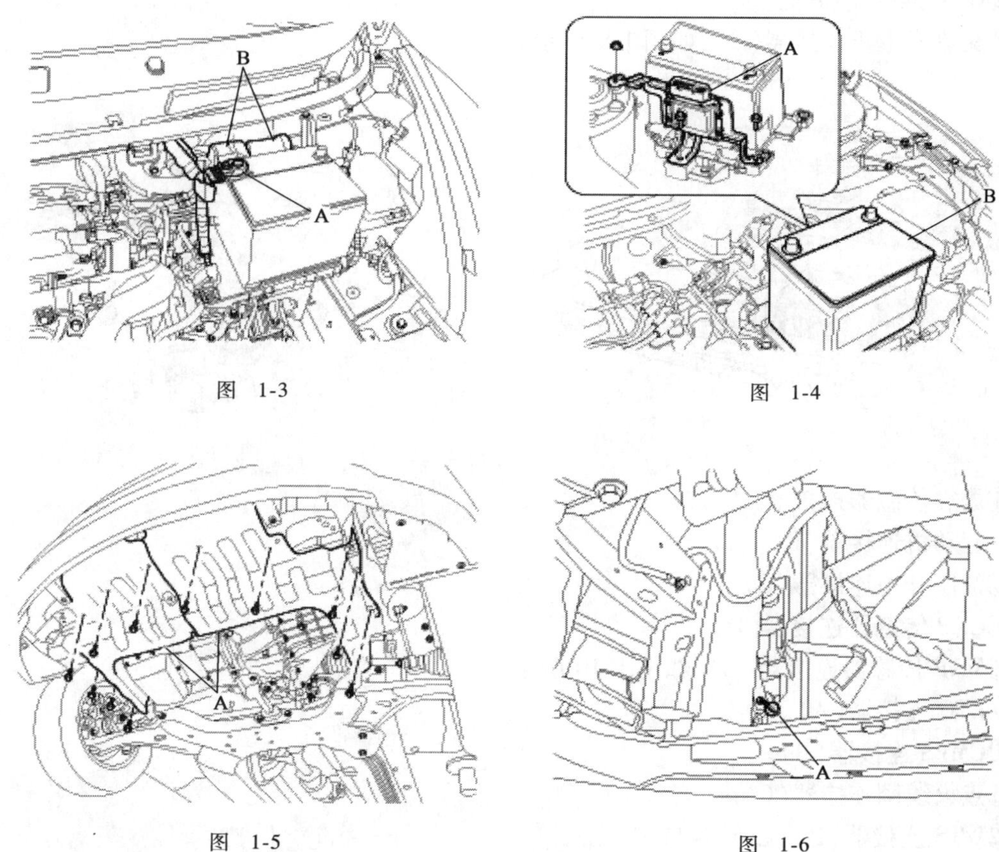

图 1-3

图 1-4

图 1-5

图 1-6

(7)拆卸散热器上部软管(A)和下部软管(B),如图 1-7 所示。

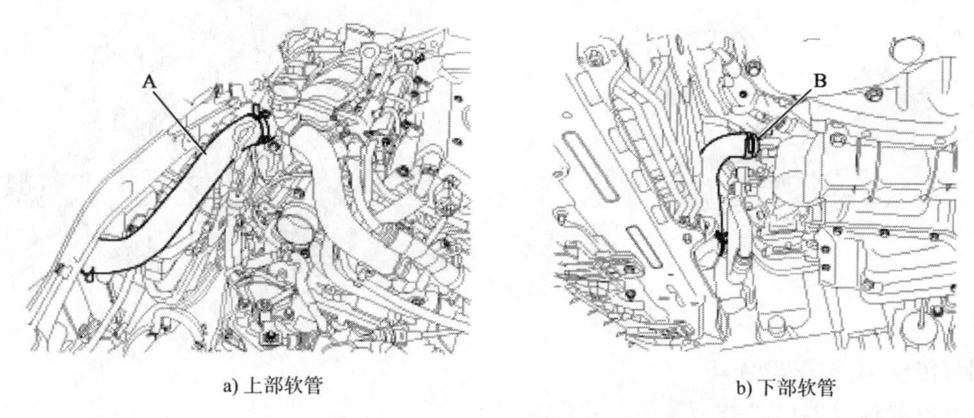

a) 上部软管

b) 下部软管

图 1-7

(8)回收制冷剂,拆卸高低压力管(参考维修手册空调系统部分)。

(9)分离线束连接器后,拆卸前保险杠(参考维修手册保险杠部分)。

(10)分离线束连接器后,拆卸导轨(A),拆卸前末端模块(FEM)(B)和冷却模块总成,如图 1-8 所示。

(11)分离发动机线束连接器并拆卸线束保护装置。

①喷油嘴连接器(A)。

②OCV 连接器(B)。

③交流发电机连接器(C),如图 1-9 所示。

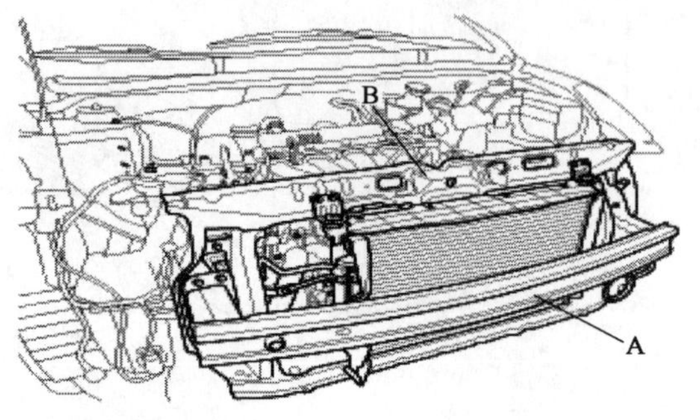

图 1-8

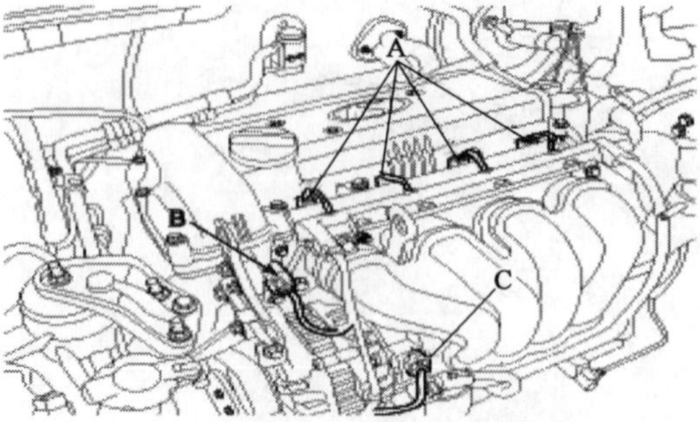

图 1-9

④爆震传感器连接器(A)。

⑤起动机连接器(B)。

⑥油压开关连接器(C)。

⑦CKP 传感器连接器(D)。

⑧MAP 传感器连接器(E),如图 1-10 所示。

⑨ETC 连接器(A)。

⑩CMPS 连接器(B)。

⑪点火线圈连接器(C)。

⑫WTS 连接器(D),如图 1-11 所示。

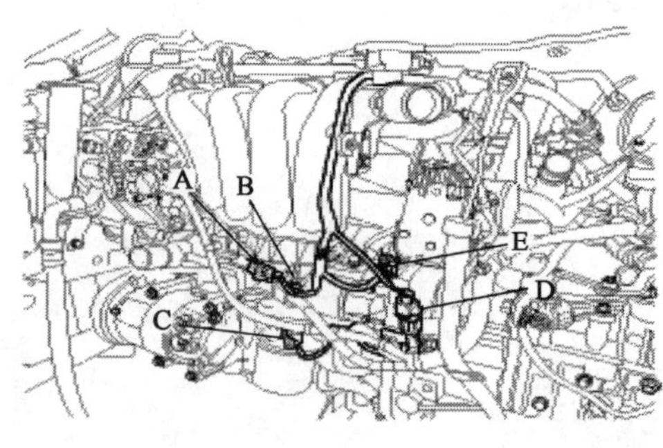

图 1-10

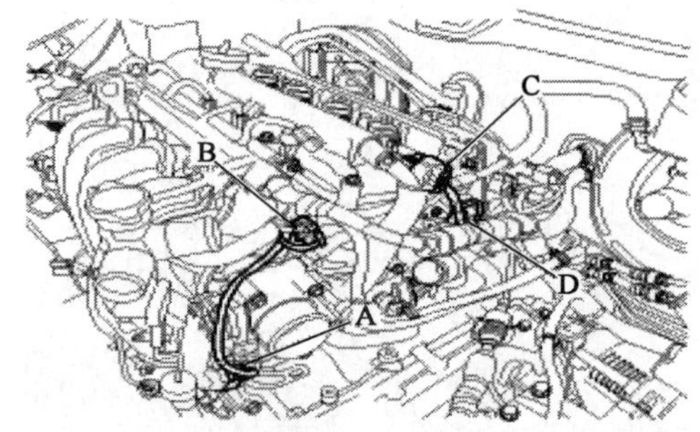

图 1-11

⑬氧传感器连接器(A)。

⑭电容器连接器(B)。

⑮PCSV 连接器(C),如图 1-12 所示。

(12)从熔断丝盒上分离(+)导线(A),如图 1-13 所示。

(13)分离制动助力器真空软管(A)、PCV 软管(B)和燃油软管(C),如图 1-14 所示。

(14)分离 PCSV 软管(A)和加热器软管(B),如图 1-15 所示。

(15)从变速器上拆卸变速器线束连接器和控制导线(参考 MT 或 AT 部分)。

(16)拆卸前消音器(A),如图 1-16 所示。

规定力矩:39.2~58.8N·m。

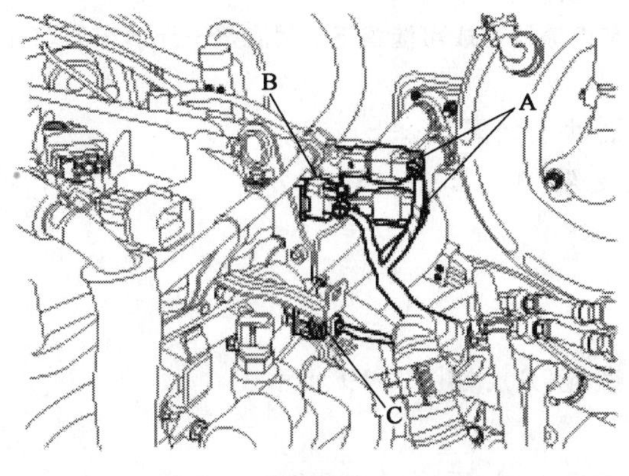

图 1-12

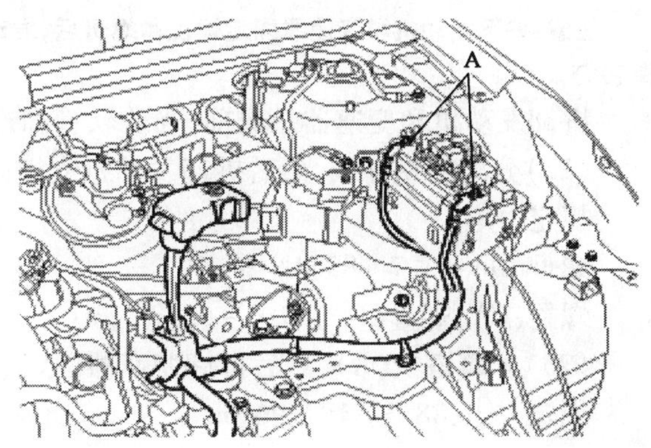

图 1-13

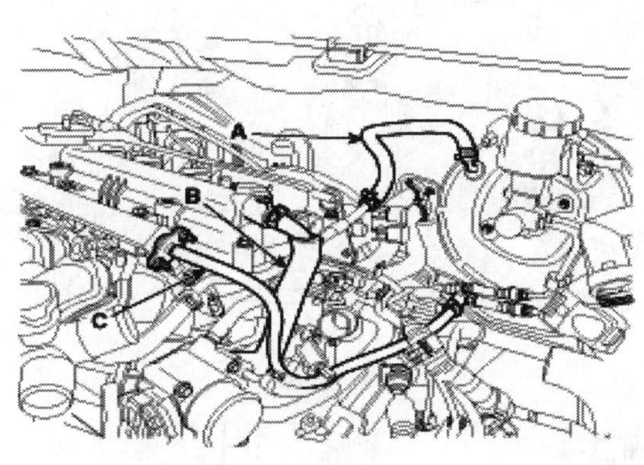

图 1-14

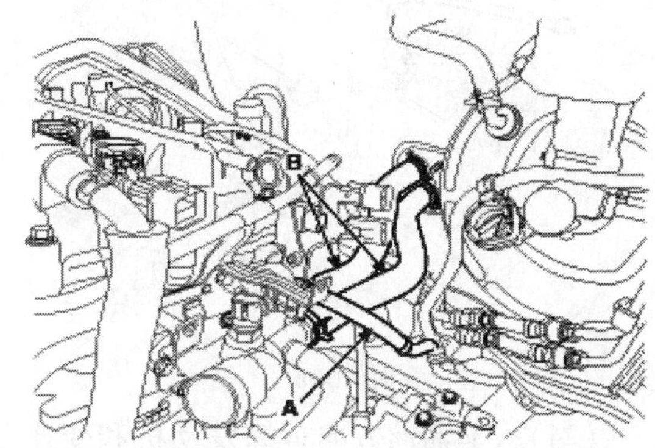

图 1-15

(17)拆卸后滚动止动块(A),如图 1-17 所示。

规定力矩:

螺栓(B):49.0～63.7N·m。

螺栓(C):107.9～127.5N·m。

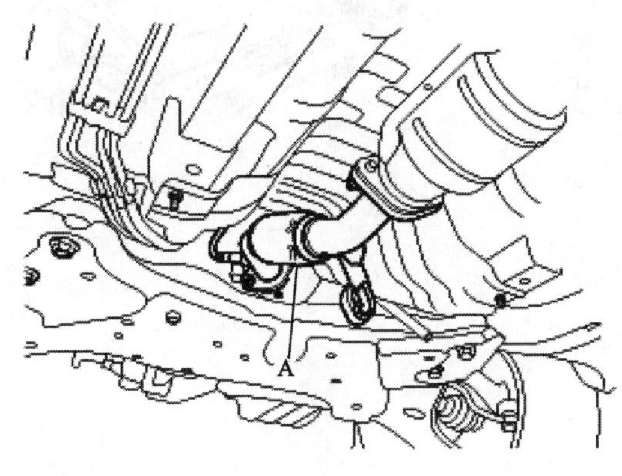

图 1-16

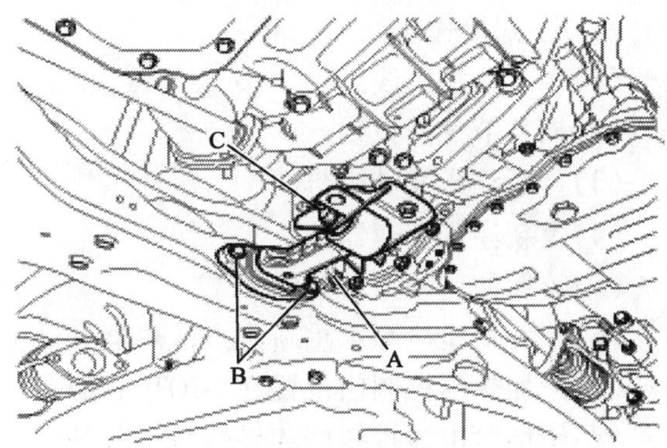

图 1-17

(18)拆卸前轮。

(19)拆卸驱动轴锁销并拧下带垫圈的锁止螺母(参考 DS 部分——前桥)。

(20)拆卸下摆臂球节、稳定连杆和转向横拉杆(参考 SS 部分——前悬架)。

(21)使用落地式千斤顶,支撑发动机和变速器总成。

注意:拧下发动机和变速器固定螺栓和螺母后,发动机和变速器总成可能落下。用底盘千斤顶牢固地支撑它们。

拆卸发动机和变速器总成前,确认软管和连接器处于分离状态。

(22)分离搭铁导线,然后拆卸发动机支撑固定支架(A),如图 1-18 所示。

规定力矩:

螺母(B):63.7~83.4N·m。

螺栓(C),螺母(D):49.0~63.7N·m。

(23)分离搭铁(A),然后拆卸变速器固定支架螺栓(B),如图 1-19 所示。

规定力矩:88.3~107.9N·m。

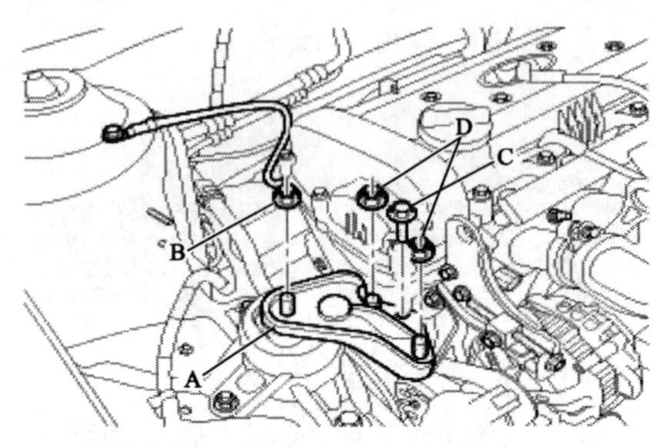

图 1-18

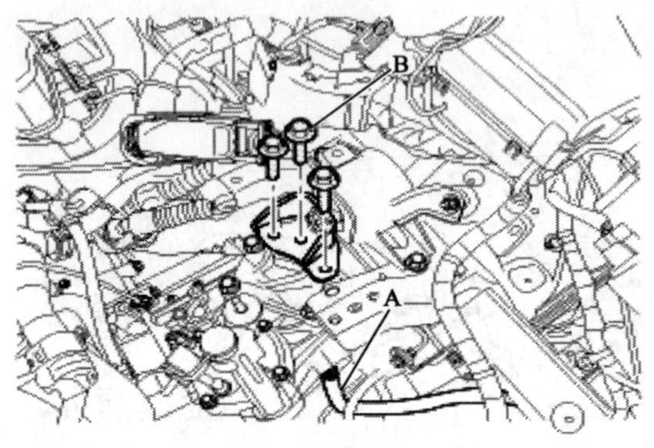

图 1-19

(24)从车辆前方向拆卸发动机和变速器总成,如图 1-20 所示。

注意:拆卸发动机和变速器总成时,注意不要损坏任何周围部件或车身部件。

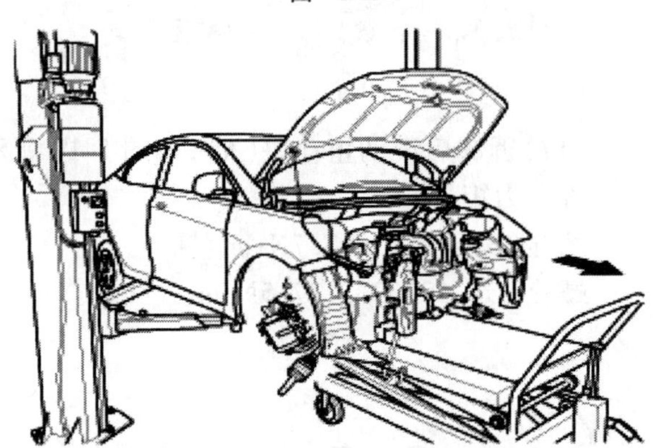

图 1-20

四、安装

按拆卸的相反顺序进行安装。

执行下列操作:

(1)调节换挡拉线。

(2)调节节气门拉线。

(3)重新注入发动机机油

(4)重新注入变速器油。

(5)重新注入动力转向液。

(6)把发动机冷却水重新注入散热器和储液箱内。

(7)把加热器控制钮设置在"HOT"位置。

(8)清洁蓄电池接线柱和导线端子并装配它们。

(9)检查燃油是否泄漏。

①在装配燃油管路后,将点火开关置于"ON"(不要起动发动机),使燃油泵运转约 2s,并加压燃油管路。

②重复上述操作两次或三次,检查燃油管路内的任何点是否泄漏燃油。

(10)从冷却系统放气。

①起动发动机并运转它,直到它暖机为止(直到散热器风扇工作3次或4次)。

②停止发动机。检查散热器液面,如果需要进行添加。这样会使收集的空气从冷却系统排出。

③牢固地盖上散热器盖,然后再次运转发动机并检查是否泄漏。

任务2 瑞纳轿车发动机正时轮系统拆装

一、发动机正时轮系结构图(图1-21)

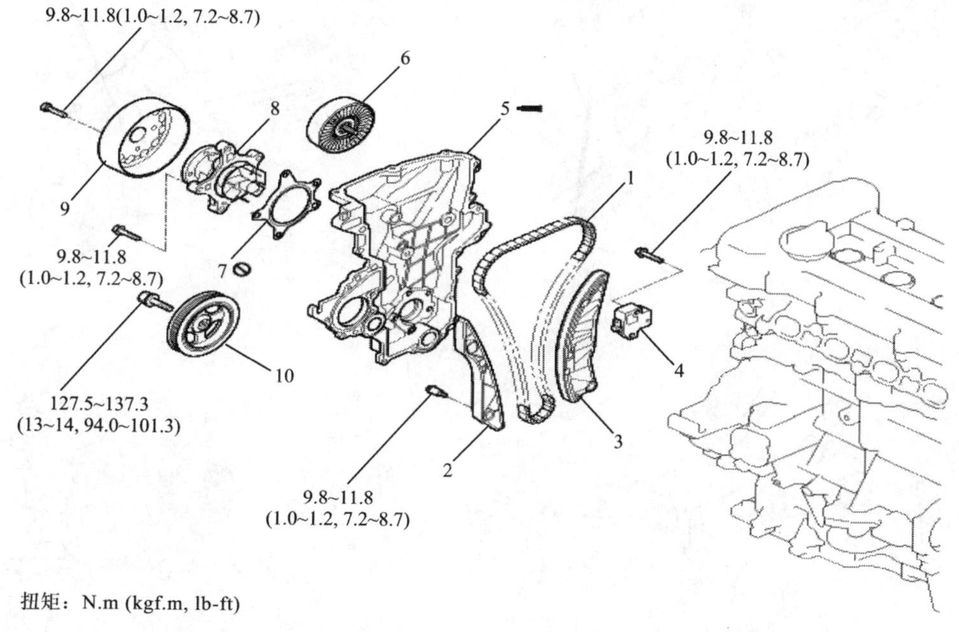

图 1-21

1-正时链条;2-正时链导轨;3-正时链臂;4-正时链自动张紧器;5-正时链盖;6-驱动皮带惰轮;7-水泵衬垫;8-水泵;9-水泵皮带轮;10-曲轴皮带轮

二、正时轮系拆卸

此程序不需要拆卸发动机总成。

(1)拧下水泵皮带轮螺栓和驱动惰轮固定螺栓。

(2)拆卸驱动皮带。

①逆时针转动自动张紧器拆卸驱动皮带,如图1-22所示。

②拧松固定螺栓(A),然后按所需松紧度按顺时针方向调整螺栓(B),如图1-23所示。

③拆卸驱动皮带(A),如图1-24所示。

(3)拆卸交流发动机(A),如图1-25所示。

(4)拆卸交流发动机(A)和支架,如图1-26所示。

(5)拆卸右前车轮。

(6)拆卸发动机固定支架(A),如图 1-27 所示。

注意:用千斤顶支撑发动机,不要让它倾斜。

(7)拆卸交流发电机支架(B)。

(8)拆卸发动机支撑支架(A),如图 1-28 所示。

(9)拆卸水泵皮带轮(A),如图 1-29 所示。

(10)拆卸水泵(A),如图 1-30 所示。

(11)拆卸驱动皮带惰轮(A),如图 1-31 所示。

(12)分离点火线圈连接器(A)和通风软管(B),如图 1-32 所示。

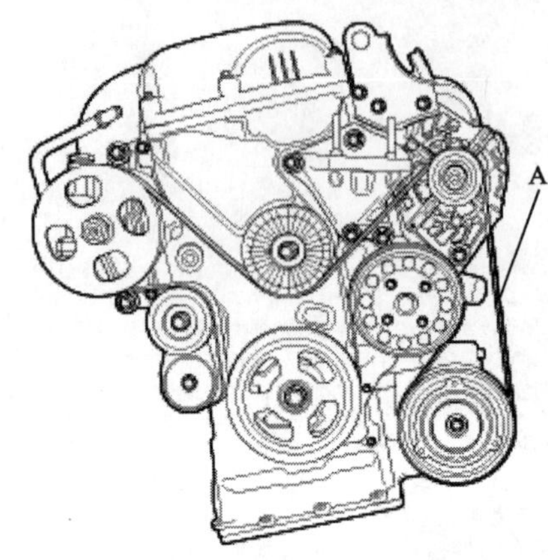

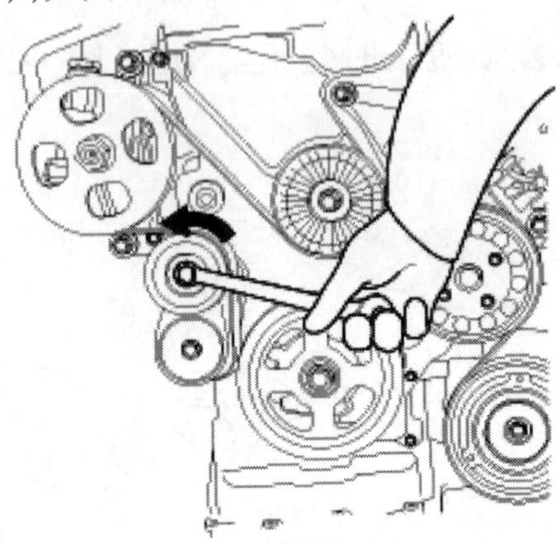

图 1-22

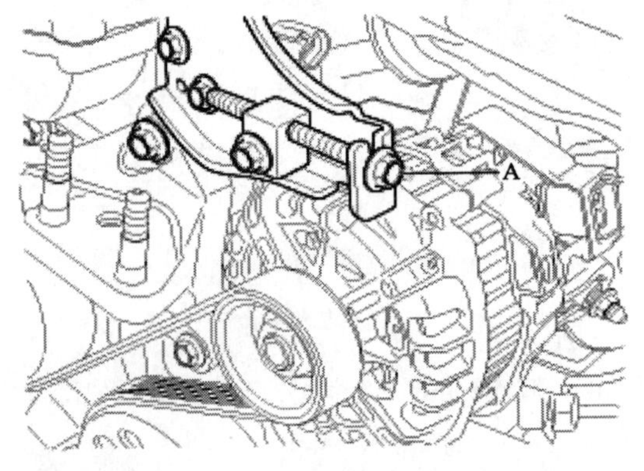

图 1-23

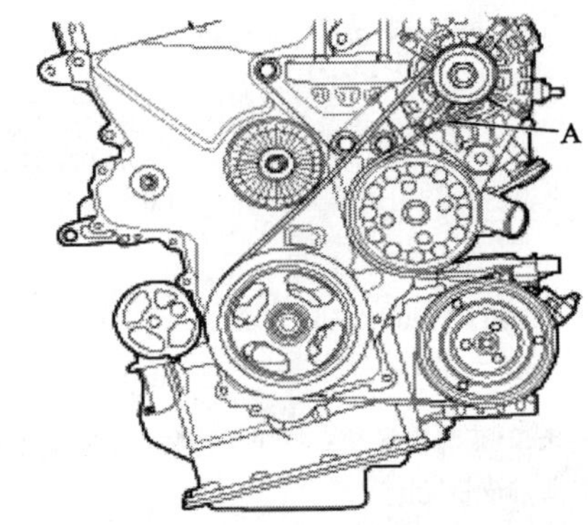

图 1-24

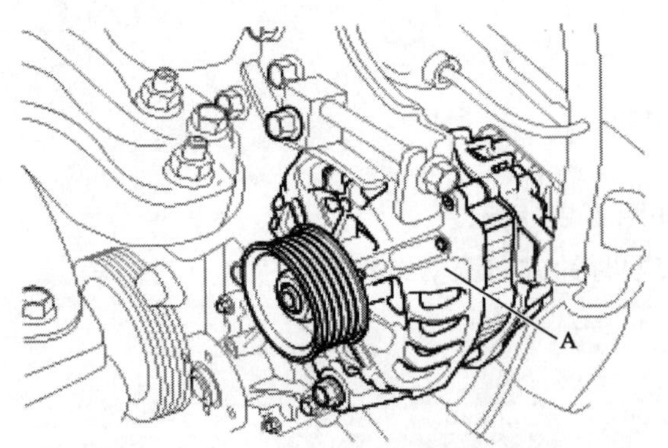

图 1-25

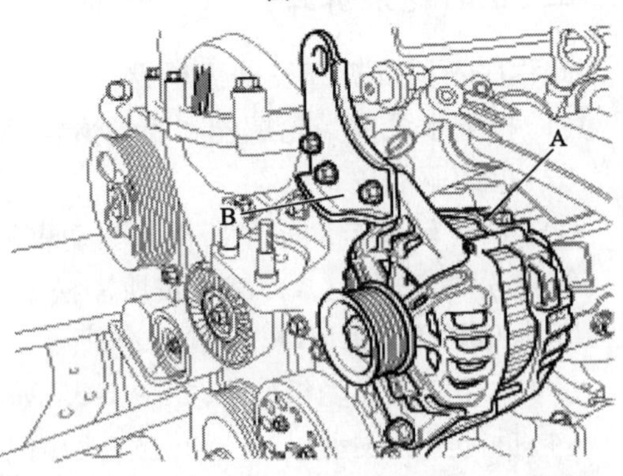

图 1-26

(13)分离曲轴箱强制通风装置(PCV)软管(A)和 PCSV 软管(B),如图 1-33 所示。

(14)拆卸点火线圈(A),如图 1-34 所示。

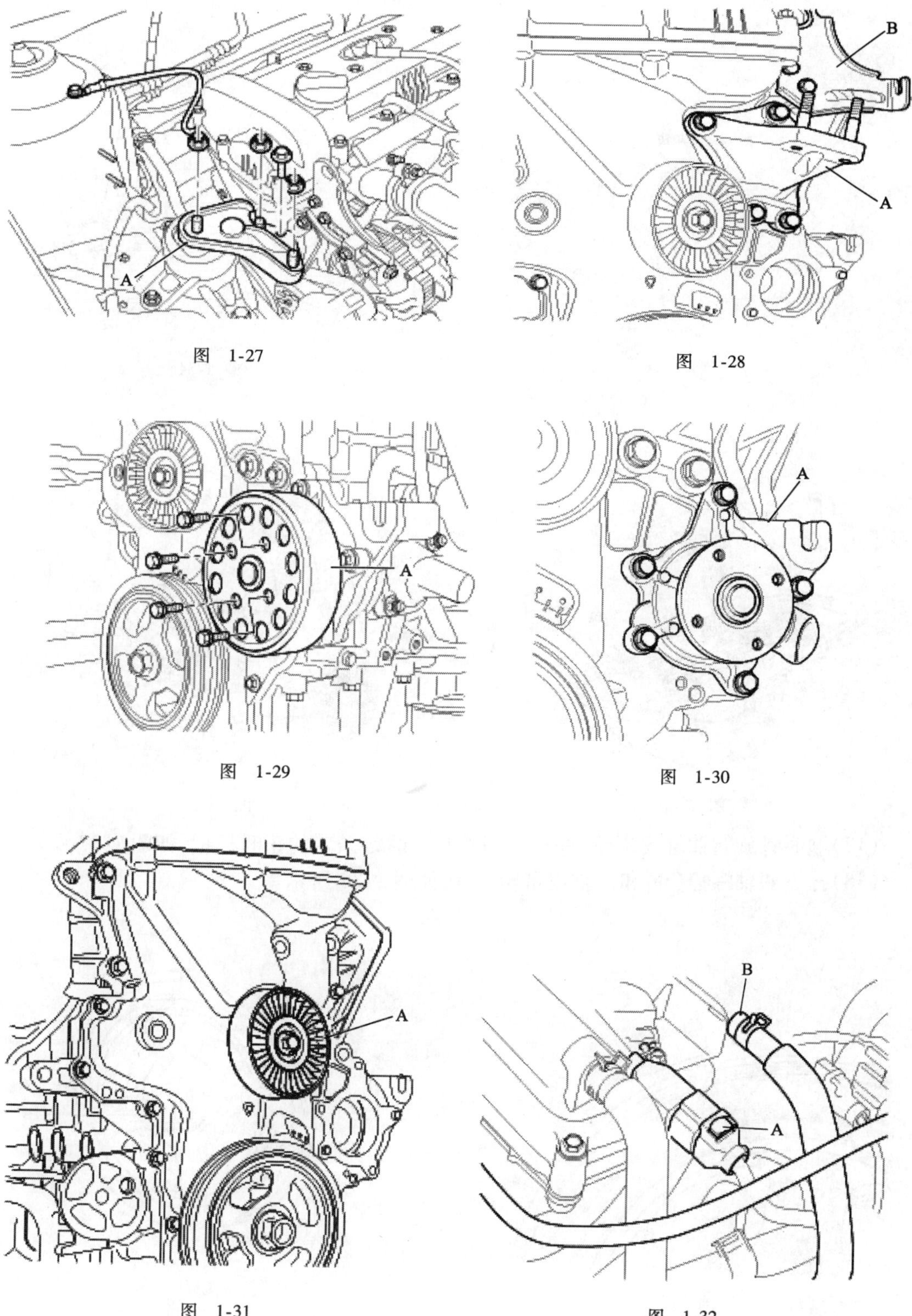

图 1-27

图 1-28

图 1-29

图 1-30

图 1-31

图 1-32

(15)拆卸衬垫(B)和汽缸盖罩(A),如图 1-35 所示。

(16)将车辆举升到适当位置,拆卸底盖(A),如图 1-36 所示。

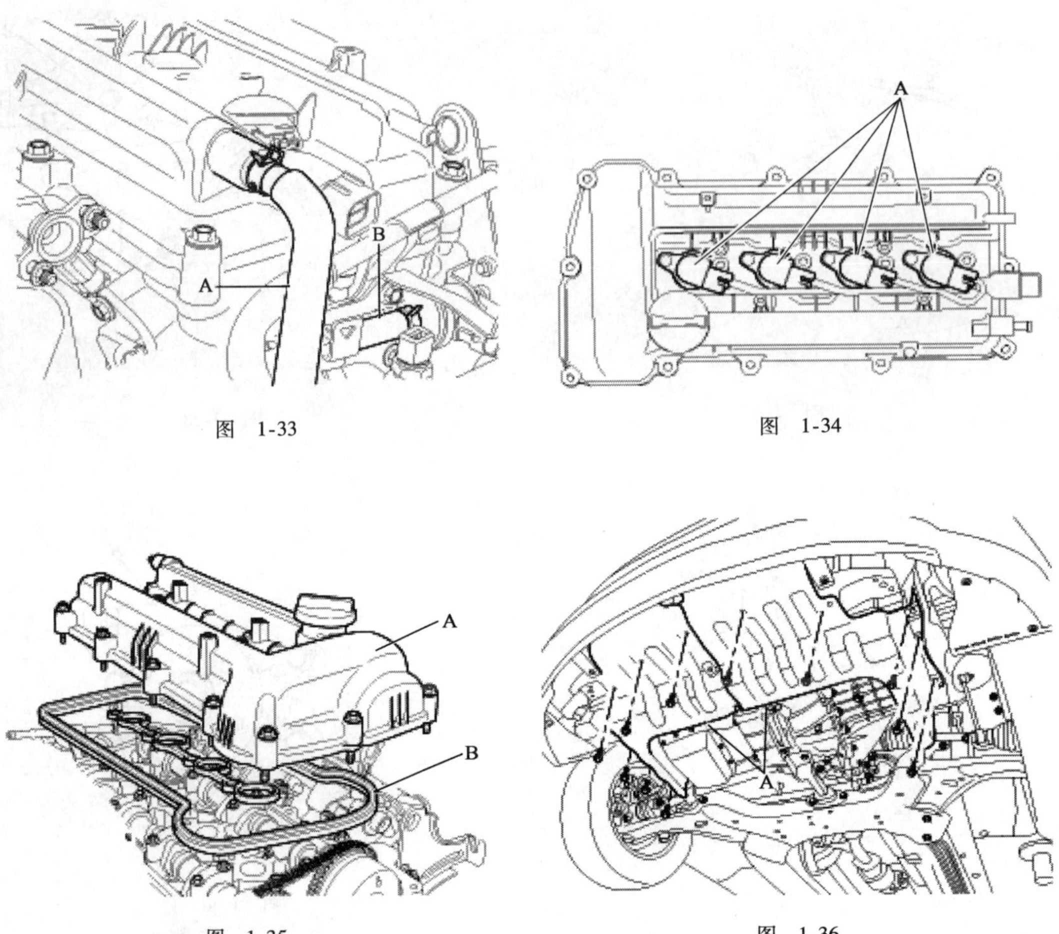

图 1-33

图 1-34

图 1-35

图 1-36

(17)顺时针旋转曲轴皮带轮,并对齐凹槽和正时链条盖的正时标记,如图 1-37 所示。

(18)拧下曲轴螺栓(B)和曲轴皮带轮(A),如图 1-38 所示。

图 1-37

图 1-38

(19)拆卸正时链条盖(A),如图 1-39 所示。

(20)对齐凸轮轴链轮正时标记和汽缸盖的上表面,将 1 号汽缸设置在 TDC 位置。

此刻检查曲轴的定位销是否朝向发动机上方,如图 1-40 所示。

注意:对齐凸轮轴链轮(In,Ex:2)和曲轴链轮的正时标记,在正时链(3 处)作标记。

(21)拆卸液压张紧器(A),如图 1-41 所示。

注意:拆卸张紧器前,在上止点用销通过孔(B)来固定张紧器的活塞。

(22)拆卸正时链条张紧器臂(A)和导轨(B),如图 1-42 所示。

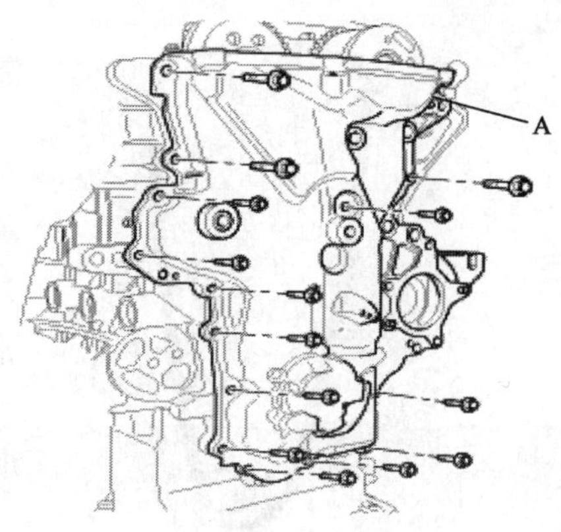

图 1-39

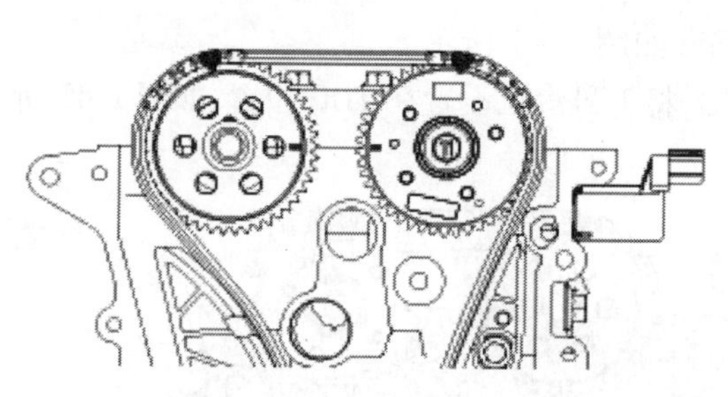

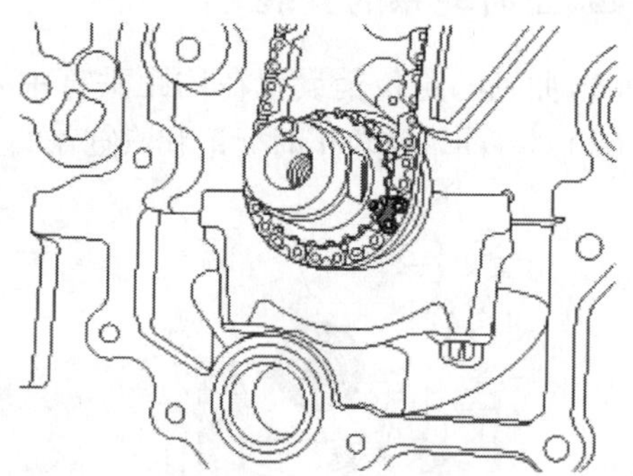

图 1-40

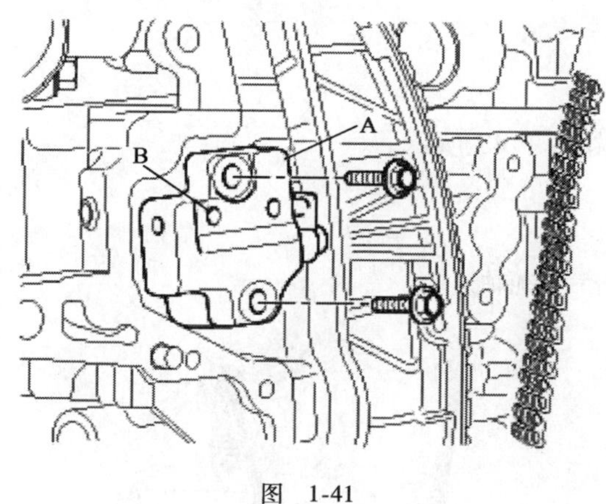

图 1-41

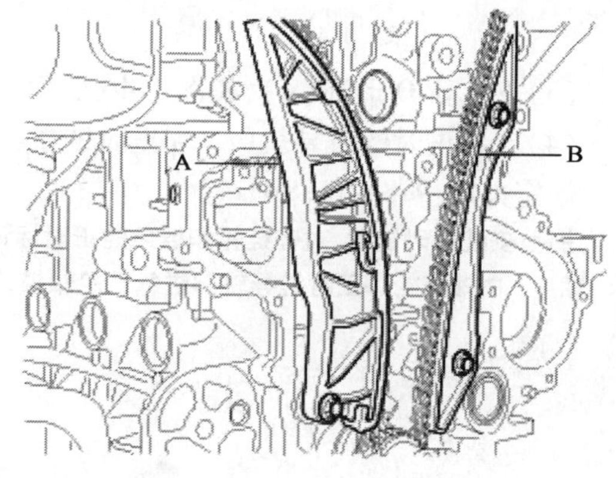

图 1-42

(23)拆卸正时链条(A),如图 1-43 所示。

三、检查

检查链轮、液压张紧器、链条导轨、张紧器臂。

(1)检查曲轴链轮和曲轴链轮轮齿的不正常磨损、裂纹或损坏的情况。按需求更换。

(2)检查链条张紧器臂和导轨接触面的不正常磨损、裂纹或损坏的情况。按需求更换。

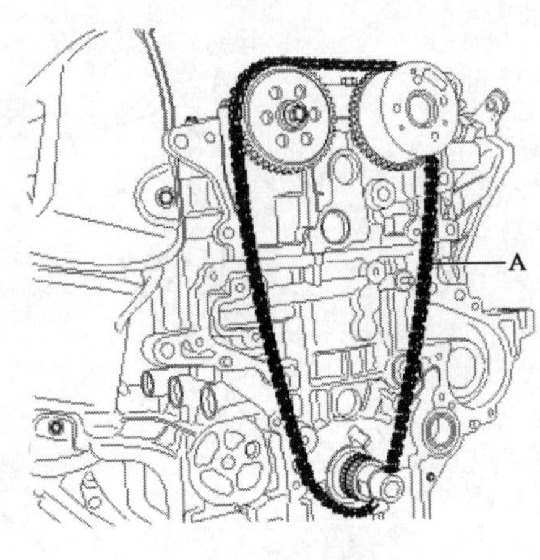

图 1-43

(3)检查液压张紧器活塞行程及棘轮工作情况。按需求更换。

检查皮带,惰轮,皮带轮。

(1)检查惰轮是否有过度漏油、转动异常或振动,按需要更换。

(2)检查皮带的保养情况以及 V 形加强肋部件的异常磨损情况,按需要更换。

(3)检查皮带轮转动期间的振动情况以及 V 形加强肋部件的积油或积尘情况,按需要更换。

注意:

①不要弯曲、扭曲或翻转正时皮带。

②不要让正时皮带接触机油、水和蒸汽。

四、正时轮系的安装

(1)曲轴的定位销设置在约距垂直中心线 3°,如图 1-44 所示。

(2)对齐曲轴链轮正时标记和汽缸盖的上表面,将 1 号汽缸设置在 TDC 位置,如图 1-45 所示。

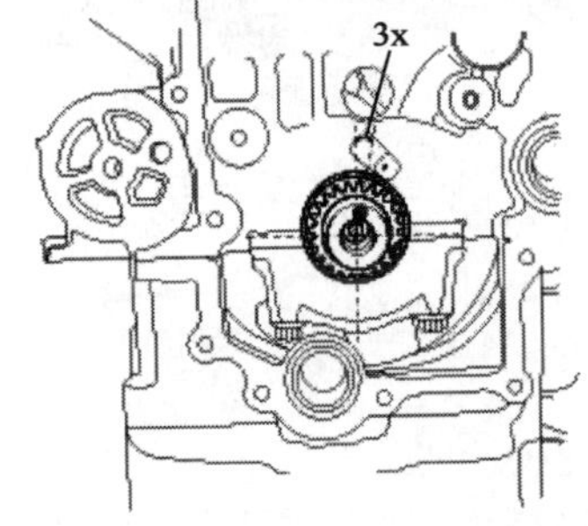

图 1-44

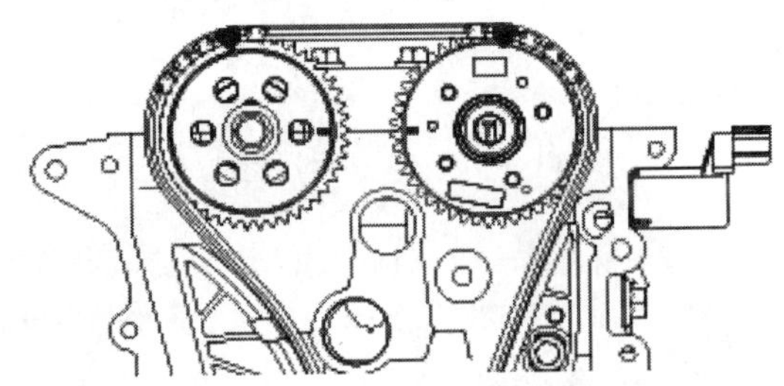

图 1-45

(3)安装新 O 形环(A),如图 1-46 所示。

(4)安装正时链条导轨(A)和正时链条(B),如图 1-47 所示。

规定力矩:9.8 ~11.8N·m。

注意:安装正时链时,对齐链轮和链条的正时标记。

顺序:曲轴链轮→正时链导轨→进气凸轮轴链轮→排气凸轮轴链轮。

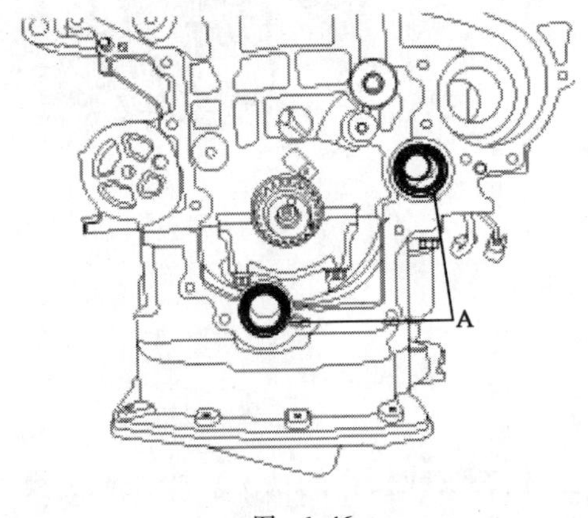

图 1-46

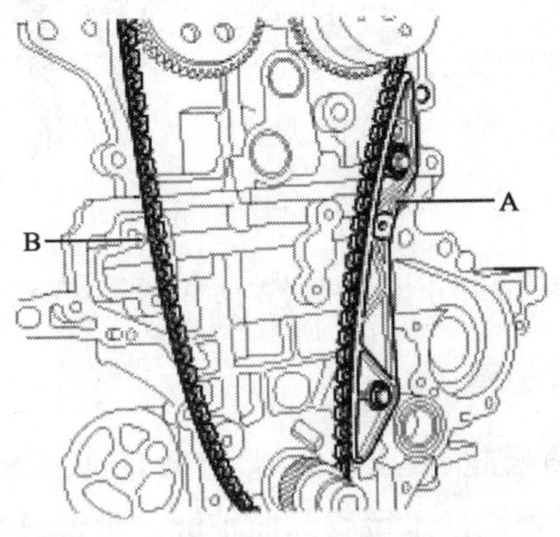

图 1-47

(5)安装链条张紧器臂(A)，如图 1-48 所示。

规定力矩:9.8 ~11.8N·m。

(6)安装液压张紧器(A)，拆卸销(B)，如图 1-49 所示。

规定力矩:9.8 ~11.8N·m。

注意:重新检查曲轴和凸轮轴上的上止点(TDC)标记。

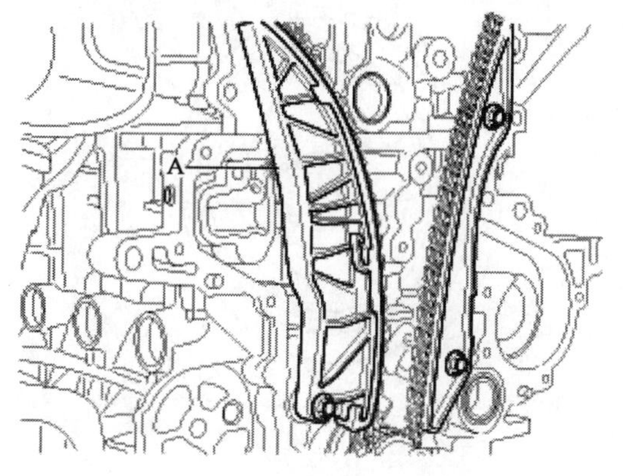

图 1-48

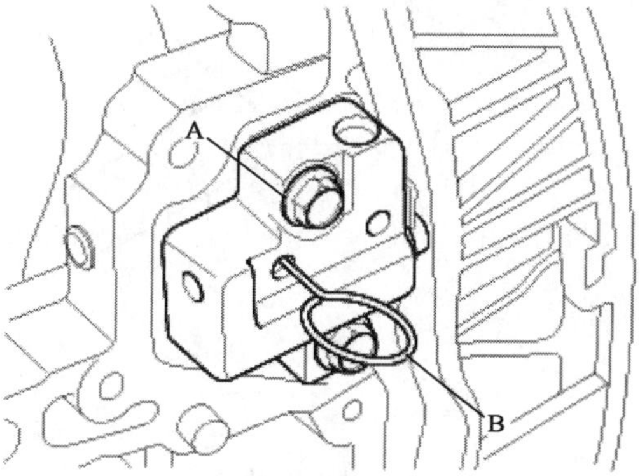

图 1-49

(7)安装正时链条盖(A)，如图 1-50 所示。

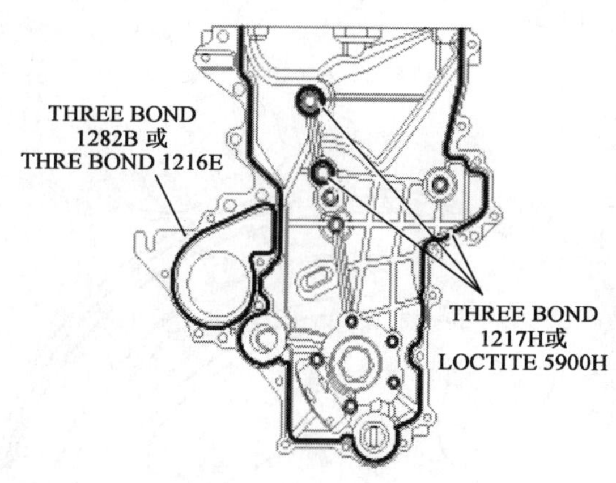

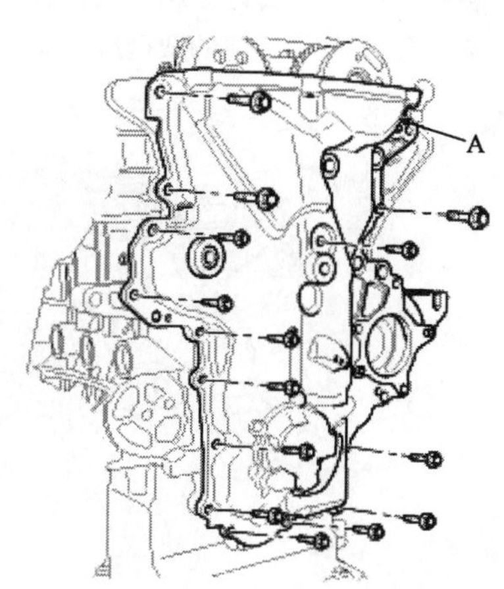

图 1-50

①安装前，清除汽缸体和梯形架表面的硬化密封胶。

②在汽缸盖和汽缸体之间的表面涂密封胶(TB 1217H 或 LOCTITE 5900H)。

密封胶宽度: 3 ~5mm。

③在正时链条盖的水泵接触部分应用液体衬垫 THREE BOND 1282B 或 THREE BOND 1216E，在其他部分应用 THREE BOND 1217H 或 LOCTITE 5900H。在 5min 内重新装配盖(A)。

密封胶宽度: 3.5 ~4.5mm。

注意:确定清除表面上的机油或尘埃。

④对齐汽缸体的定位销和油泵的孔。

规定力矩:

12mm 螺栓:18.6 ~23.5N·m。

10mm 螺栓:9.8 ~11.8N·m。

注意:安装后,半个小时之内不要运行发动机或在盖上施加压力。

(8)使用专用工具 SST(09455-21200),装配正时链条盖油封(A),如图 1-51 所示。

(9)安装曲轴皮带轮(A), 如图 1-52 所示。

规定力矩:127.5 ~ 137.3N·m。

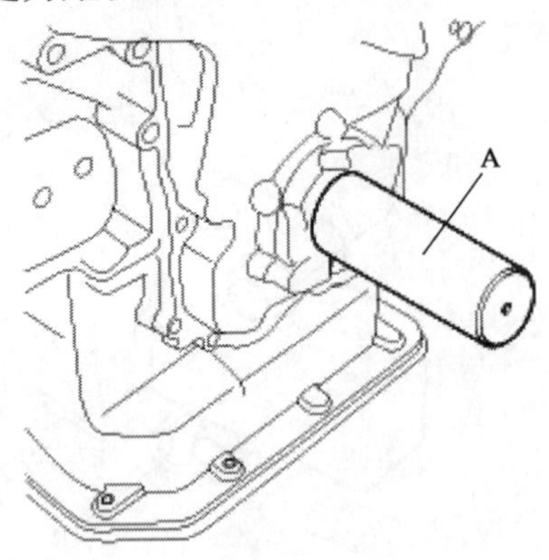

图 1-51

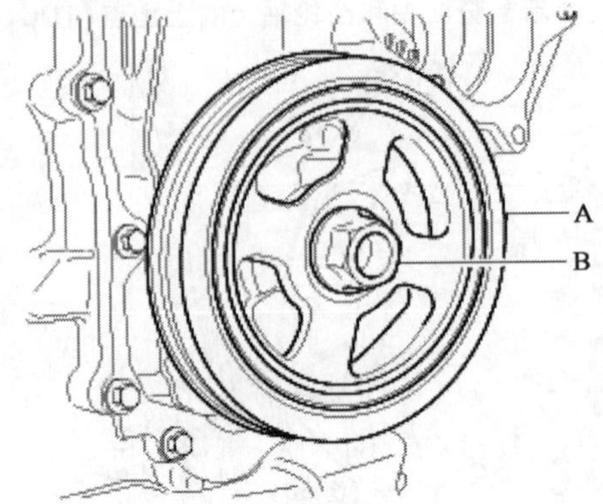

图 1-52

注意:

①安装皮带轮时,拆卸起动机,然后固定 SST(09231—2B100)(图 1-53)。

②安装皮带轮时,皮带轮的凹槽应朝向外侧(图 1-54)。

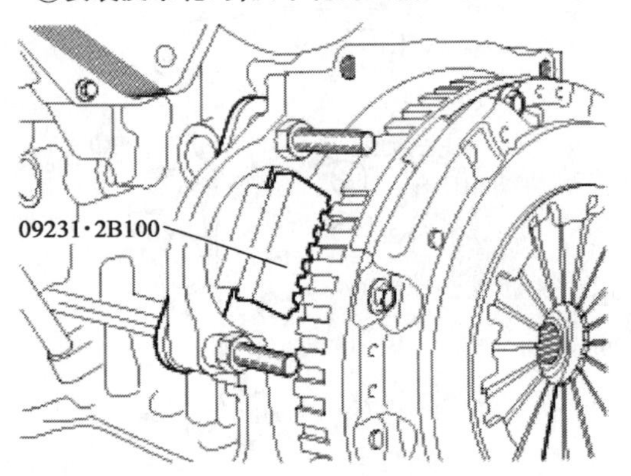

图 1-53

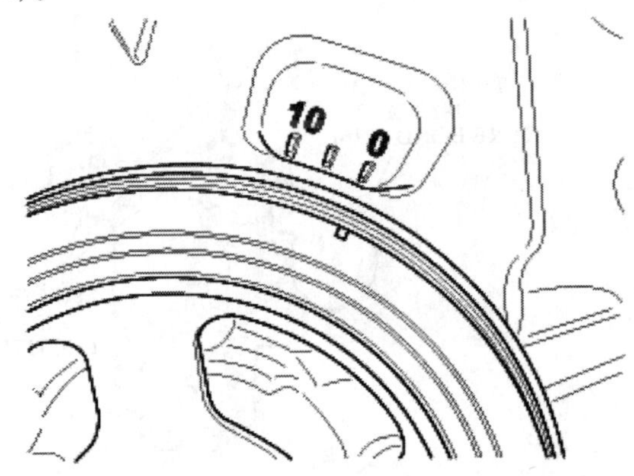

图 1-54

(10)将车辆举升到适当位置,并安装好保险。安装下盖(A),如图 1-55 所示。

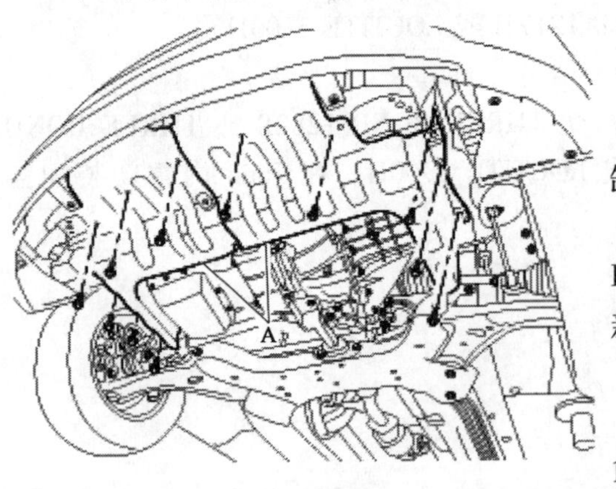

图 1-55

规定力矩:8.8 ~ 10.8N·m。

安装前右车轮和轮胎。

(11)安装汽缸盖罩盖前,清除正时链盖和汽缸盖上表面的机油、灰尘或硬化的密封胶。

(12)在汽缸盖罩上涂抹液态密封胶 THREE BOND 1217H 或 LOCTITE 5900H 后,在 5min 内重新装配。

密封胶宽度:2.0 ~ 2.5mm。

(13)使用新衬垫(B)安装汽缸盖(A),如图 1-56 所示。

注意:不要再次使用拆卸下来的衬垫。

(14)按顺序和步骤拧紧汽缸盖罩螺栓(A)，如图1-57所示。

规定力矩：

第一次：3.9～5.9N·m。

第二次：7.8～9.8N·m。

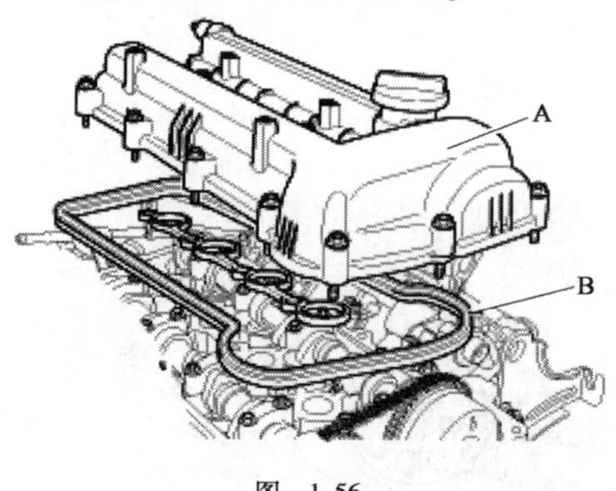

图 1-56

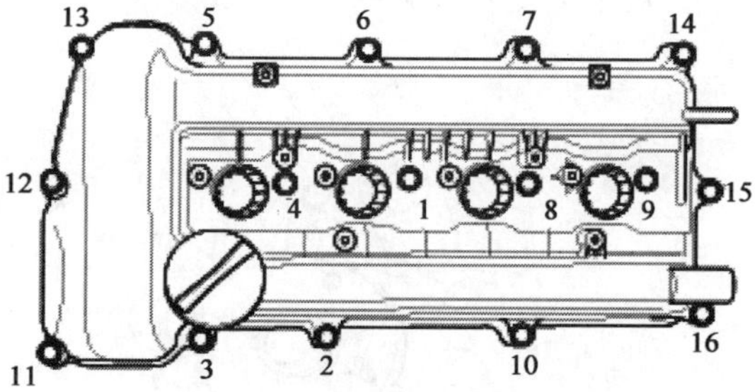

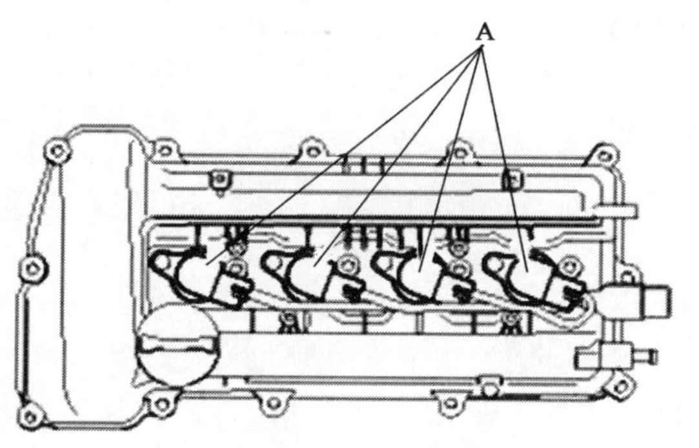

图 1-57

(15)安装点火线圈螺栓(A)，如图1-58所示。

规定力矩:9.8～11.8N·m。

(16)安装曲轴箱强制通风装置(PCV)软管(A)和PCSV软管(B)，如图1-59所示。

图 1-58

图 1-59

(17)连接点火线圈连接器(A)和通风软管(B)，如图1-60所示。

(18)安装驱动皮带惰轮(A)，如图1-61所示。

规定力矩:42.2～53.9N·m。

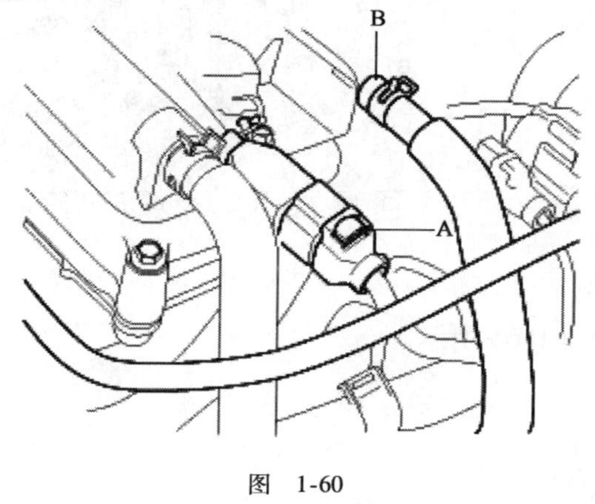

图 1-60

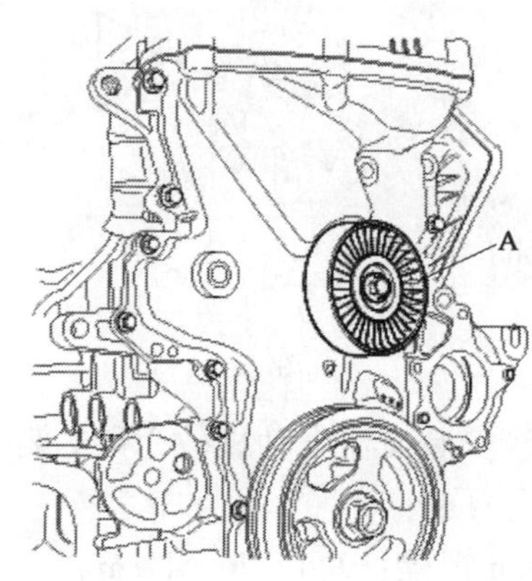

图 1-61

(19)安装水泵(A)和衬垫。按下面顺序拧紧螺栓,如图 1-62 所示。

规定力矩:9.8 ~11.8N·m。

(20)安装水泵皮带轮(A)。对角线拧紧螺栓,如图 1-63 所示。

规定力矩:9.8 ~11.8N·m。

(21)安装发动机支架(A)。

规定力矩:29.4 ~41.2N·m。

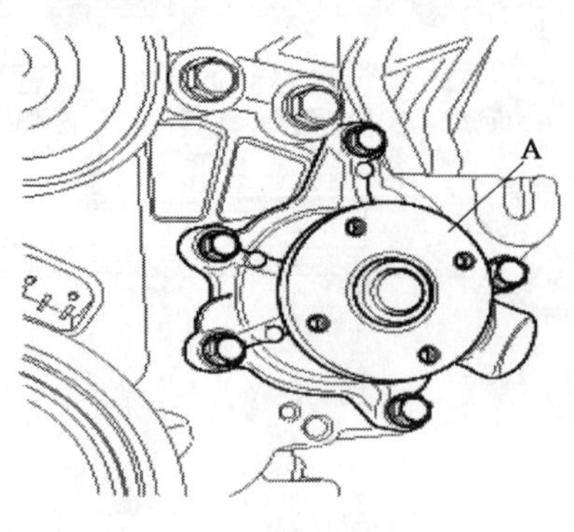

图 1-62

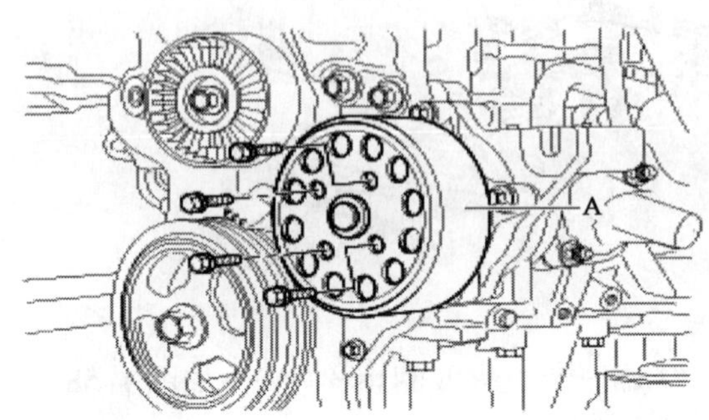

图 1-63

(23)安装交流发动机支架(B), 如图 1-64 所示。

规定力矩:19.6 ~26.5N·m。

(24)安装发动机固定支架(A),如图 1-65 所示。

规定力矩:

螺母(B):63.7 ~83.4N·m。

螺栓(C)和螺母(D):49.0 ~63.7N·m。

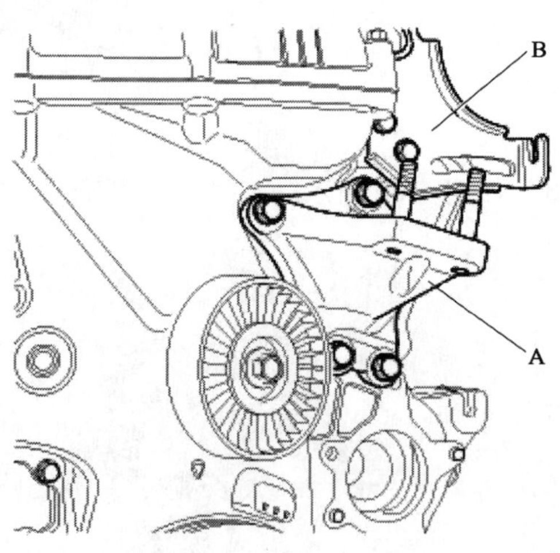

图 1-64

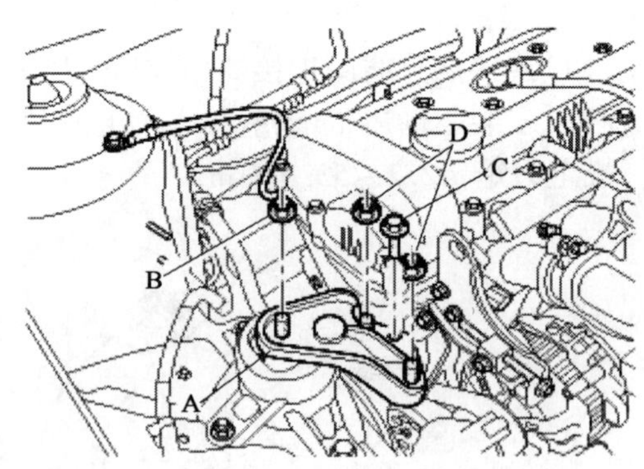

图 1-65

(25)安装交流发动机(A)和支架(B) 如图 1-66 所示。

规定力矩:

12mm 螺栓:19.6 ~26.5N·m。

14mm 螺栓:29.4 ~41.2N·m。

支架(B):19.6 ~26.5N·m。

(26)安装交流发动机(A),如图 1-67 所示。

规定力矩:

12mm 螺栓:19.6 ~26.5N·m。

14mm 螺栓:29.4 ~41.2N·m。

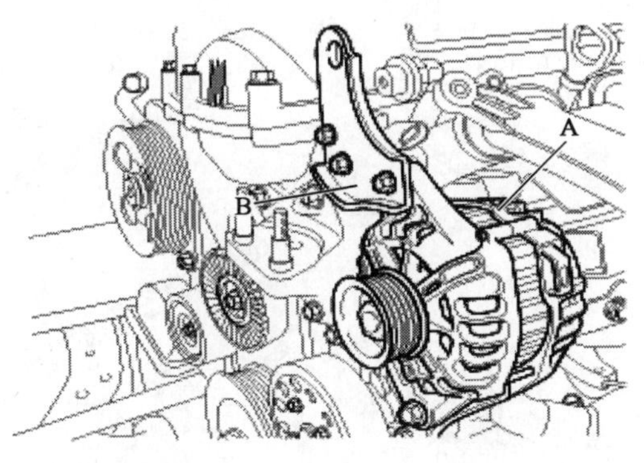

图 1-66

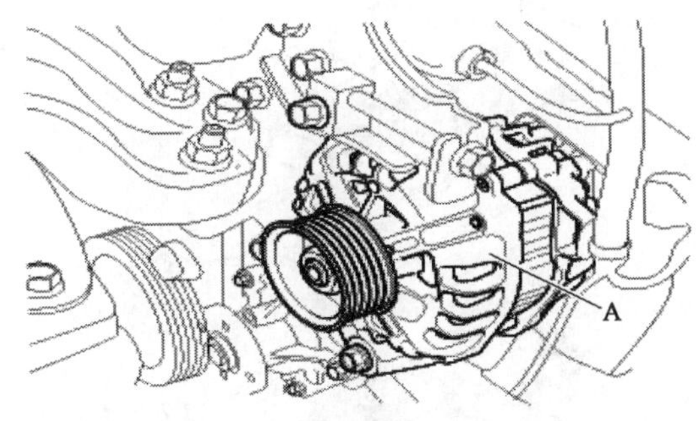

图 1-67

(27)安装驱动皮带(A)。

①安装驱动皮带:曲轴皮带轮→水泵皮带轮→交流发电机皮带轮→动力转向皮带轮→自动张紧器惰轮皮带,如图 1-68 所示。

②通过逆时针转动自动张紧器惰轮皮带把驱动螺栓置于惰轮上,缓慢释放自动张紧器皮带轮,如图 1-69 所示。

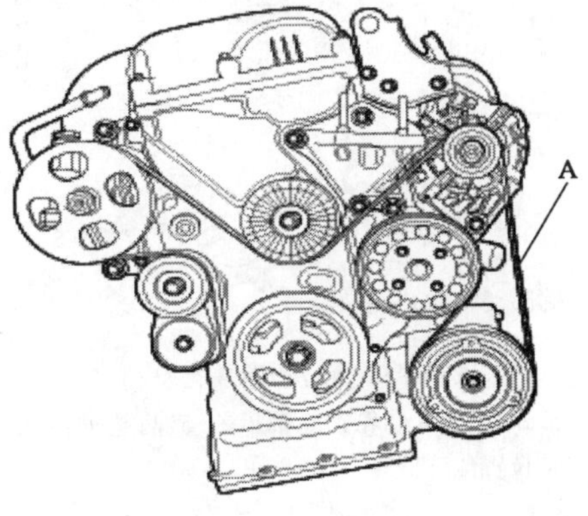

图 1-68

(28)通过拧紧交流发电机调整螺栓(A)调整张力,如图 1-70 所示。

张力:

新皮带:882.6 ~980.7N。

旧皮带:637.4 ~735.5N。

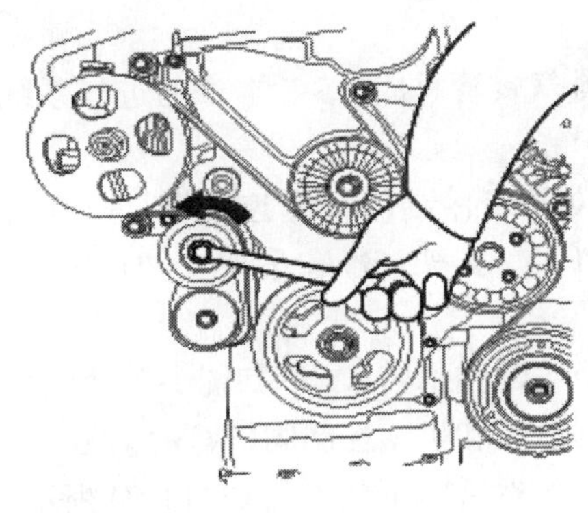

图 1-69

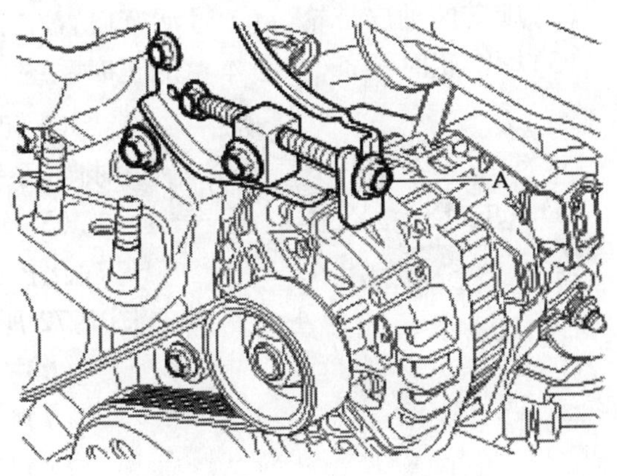

图 1-70

任务3　汽缸盖的拆检工艺

一、汽缸盖结构图(图1-71)

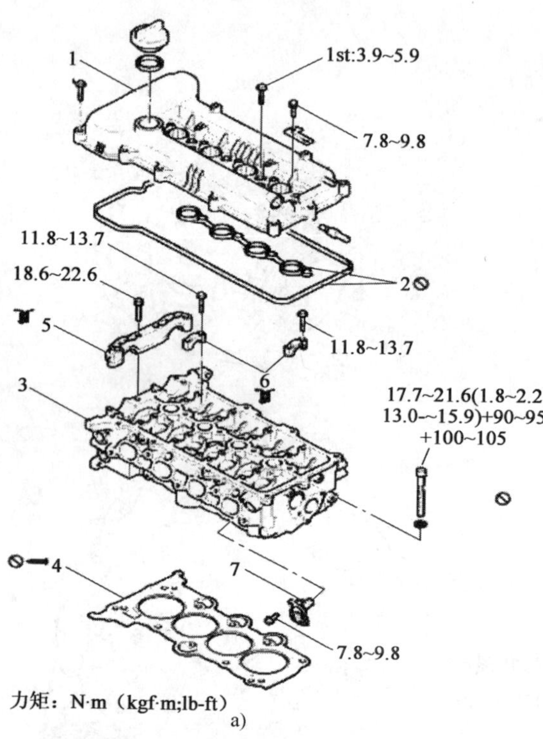

a)

1-汽缸盖罩盖;2-汽缸盖罩盖衬垫;3-汽缸盖总成;4-汽缸盖衬垫;5-凸轮轴前轴承盖;6-凸轮轴轴承盖;7-凸轮轴位置传感器

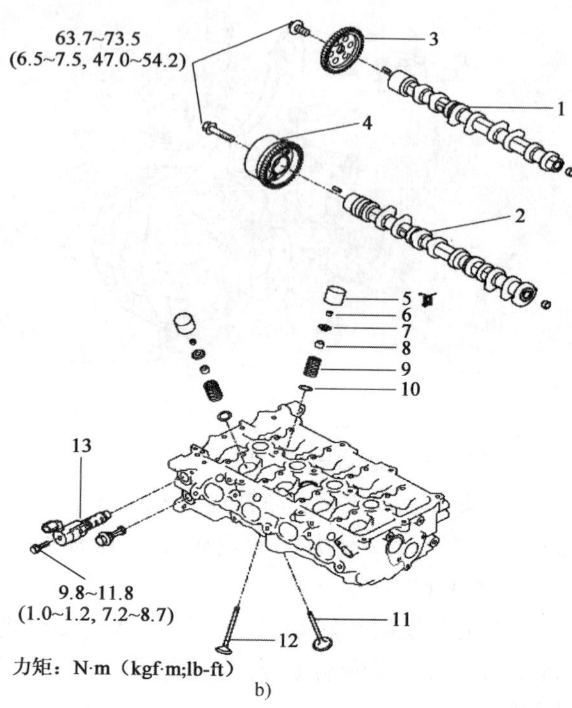

b)

1-排气凸轮轴;2-进气凸轮轴;3-排气凸轮轴链轮;4-CVVT总成;5-机械式间隙调整装置(MLA);6-锁片;7-挡圈;8-气门杆油封;9-气门弹簧;10-气门弹簧座;11-进气门;12-排气门;13-机油控制阀(OCV)

图　1-71

二、汽缸盖的拆卸

(1)标记所有线束和软管,避免错接。

(2)旋转曲轴皮带轮,将1号活塞设置在上止点位置。

(3)拆卸正时链条(参考本章的正时系统)。

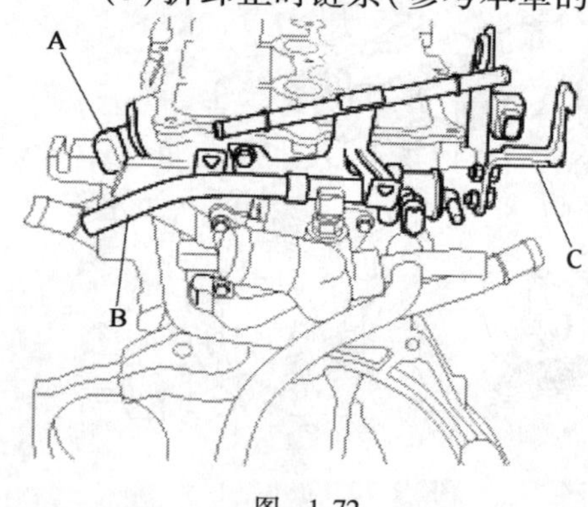

图　1-72

(4)拆卸进气和排气歧管总成(参考本章的进气系统和排气系统)。

(5)分离凸轮轴位置传感器(CMP)连接器(A)并拆卸净化控制电磁阀(PCSV)支架(B)和吊架支架(C),如图1-72所示。

(6)按顺序拆卸凸轮轴轴承盖(A),如图1-73所示。

(7)拆卸水温控制总成和机油控制阀(OCV)。

(8)拆卸汽缸盖螺栓,然后拆卸汽缸盖,如图1-74所示。

①按显示的顺序,在各通道内依次均匀地拧下和拆

卸 10 个汽缸盖的螺栓。

注意:不按顺序拆卸螺栓会导致汽缸盖扭曲或裂纹。

②用橡胶榔头敲击振动汽缸盖,从汽缸体拆卸汽缸盖,并把汽缸盖放置在木块上。

注意:不要损坏汽缸盖和汽缸体的接触面。

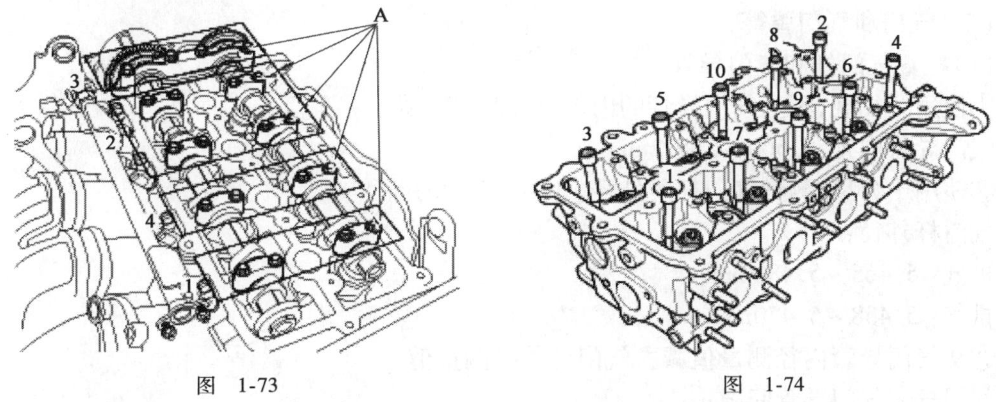

图 1-73　　图 1-74

三、气门组的分解

(1)拆卸 MLA(机械式间隙调整装置)、气门、气门弹簧时做记号,以便使各项重新安装在原始位置上。

(2)拆卸气门,如图 1-75 所示。

①使用 SST(09222-3K000)压缩气门弹簧并拆卸锁片。

②拆卸弹簧挡圈。

③拆卸气门弹簧。

④拆卸气门。

⑤拆卸气门杆油封。

⑥使用磁铁,拆卸弹簧座。

四、检查

(一)汽缸盖

(1)检查平面度。

使用精密的直尺和厚薄规,测量接触汽缸体和歧管的表面是否翘曲,如图 1-76 所示。

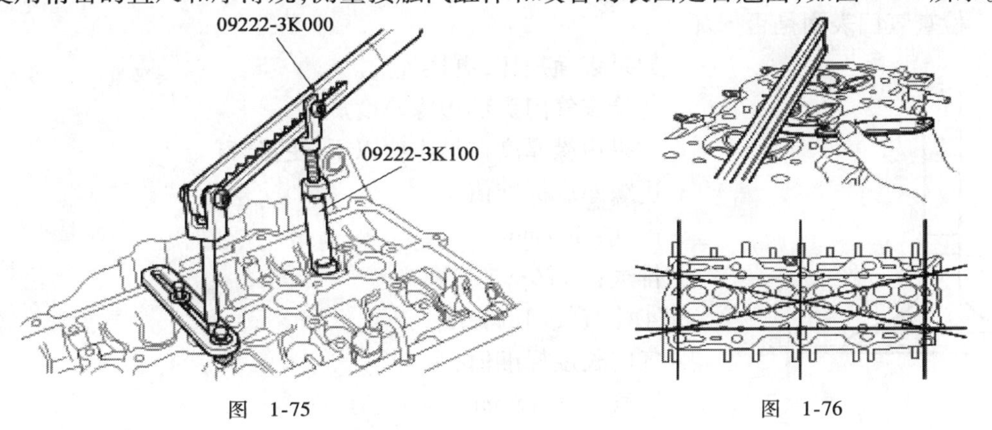

图 1-75　　图 1-76

汽缸盖衬垫表面的平面度：

标准：0.05mm 以下。

(2)检查是否有裂纹。

检查燃烧室、进气孔、排气孔和汽缸体表面是否裂纹。如果裂纹，更换汽缸盖。

(二)气门和气门弹簧

(1)检查气门杆和气门导管。

①使用测径规，测量气门导管的内径，如图 1-77 所示。

气门导管内径：5.500~5.512mm。

②使用千分尺，测量气门杆的外径，如图 1-78 所示。

气门杆外径：

进气：5.465~5.480mm。

排气：5.458~5.470mm。

③从气门导管内径测量值减去气门杆外径测量值。

气门杆至气门导管间隙：

进气：0.020~0.047mm。

排气：0.030~0.054mm。

如果间隙大于规定值，更换气门或汽缸盖。

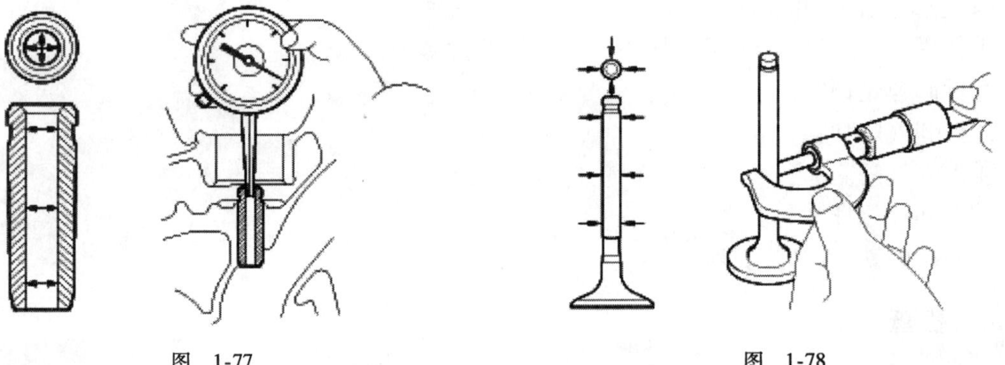

图 1-77　　图 1-78

(2)检查气门。如图 1-79 所示。

①检查气门面角。

②检查气门表面是否损坏。

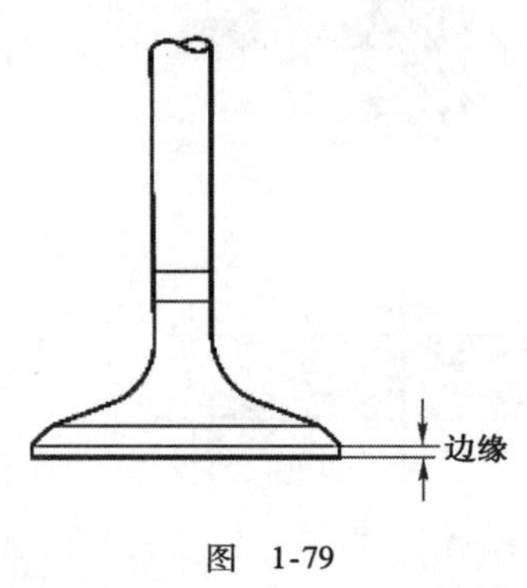

图 1-79

如果表面损坏，更换气门。

③检查气门头部边缘厚度。

如果边缘厚度在最小值以下，更换气门。

边缘厚度标准值：

进气：1.1mm。

排气：1.26mm。

④检查气门的长度。

气门长度标准值：

进气：93.15mm。

排气：92.60mm。

⑤检查气门杆尖端表面的磨损情况。

如果气门杆顶端磨损，更换气门。

(3)检查气门座

①检查气门座是否有过热及与气门面不适当接触的迹象。如果气门座磨损，更换汽缸盖。

②检查气门导管磨损情况。如果气门导管磨损，更换汽缸盖。

(4)检查气门弹簧。如图1-80所示。

①使用钢角尺，测量气门弹簧的不直度。

②使用游标卡尺，测量气门弹簧的自由长度。

气门弹簧标准值

自由高度:45.1mm(1.7755in)。

不直度:1.5°以下。

(三)凸轮轴

(1)检查凸轮高度。

使用千分尺，测量凸轮高度，如图1-81所示。

凸轮高度：

进气：43.85mm(1.7264in)。

排气：42.85mm(1.6870in)。

如果凸轮高度在规定值以下，更换凸轮轴。

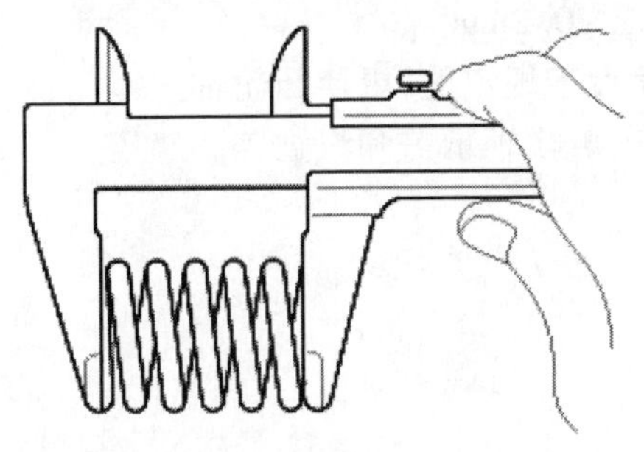

图 1-80

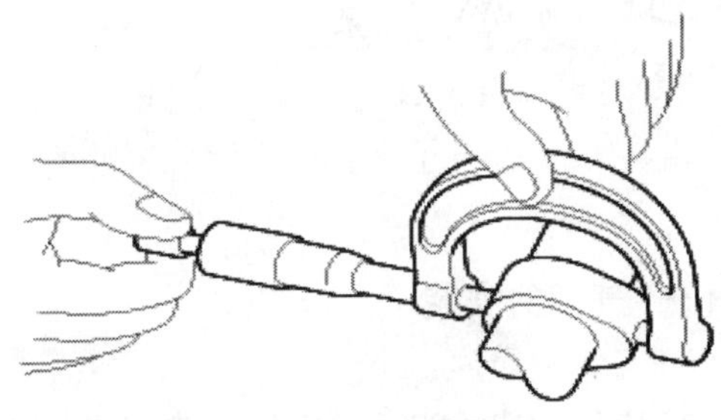

图 1-81

(2)检查凸轮轴轴颈间隙，如图1-82所示。

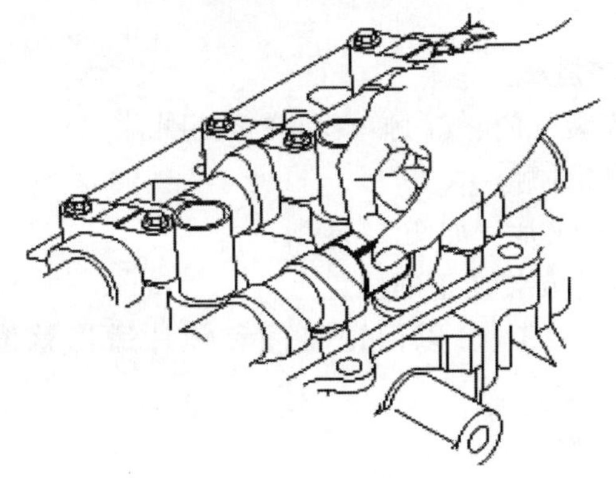

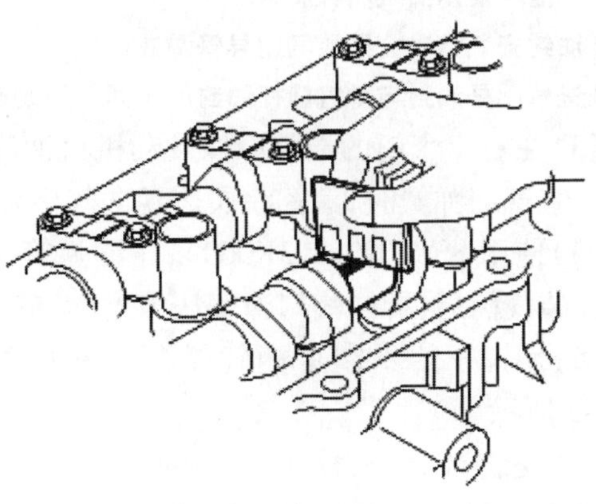

图 1-82

①清洁轴承盖和凸轮轴轴颈。

②在汽缸盖上安装凸轮轴。

③在每一个凸轮轴轴颈放置一个塑料规。

④安装轴承盖,并按规定扭矩拧紧螺栓。

规定力矩:

M6 螺栓:11.8 ~13.7N·m。

M8 螺栓:18.6 ~22.6N·m。

注意:不要转动凸轮轴。

⑤拆卸轴承盖。

⑥测量塑料的最宽部分。

轴承油膜间隙:

标准:0.027 ~0.058mm。

极限值:0.1mm。

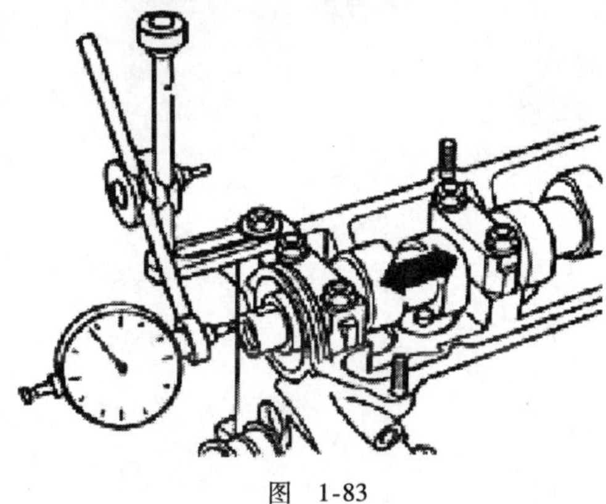

图 1-83

如果油膜间隙在规定值以上,更换凸轮轴。如果必要,更换轴承盖和汽缸盖。

(3)检查凸轮轴轴向间隙。

①安装凸轮轴。

②使用百分表,前后移动凸轮轴,测量轴向间隙。如图 1-83 所示。

凸轮轴轴向间隙:

标准:0.1 ~0.2mm。

如果间隙大于规定值,更换凸轮轴。

如果需要,更换轴承盖和汽缸盖。

五、安装

(一)气门的安装

(1)安装弹簧座。

(2)使用 SST(09222-2B100),按入新油封。

注意:

①不能再使用旧气门杆油封。

②油封安装错误会导致气门导管漏油。

③进气门杆油封与排气门杆油封的不同。组装时不要混淆。

(3)在每个气门的端部涂抹发动机机油后,安装气门、气门弹簧和弹簧挡圈。

安装气门弹簧时,陶瓷涂层应朝向气门弹簧挡圈侧。

(4)使用 SST(09222-3K000),压缩弹簧并安装锁片。如图 1-84 所示。

安装气门后,拆卸气门弹簧压缩器前,确定锁片安装在正确位置上。

(5)用锤子的木制手柄轻敲各个汽门杆端 2 ~3 次,以保证气门和锁片适当就位,如图 1-85 所示。

(6)安装 MLA(机械式间隙调整装置)。

用手检查 MLA 旋转是否顺畅。

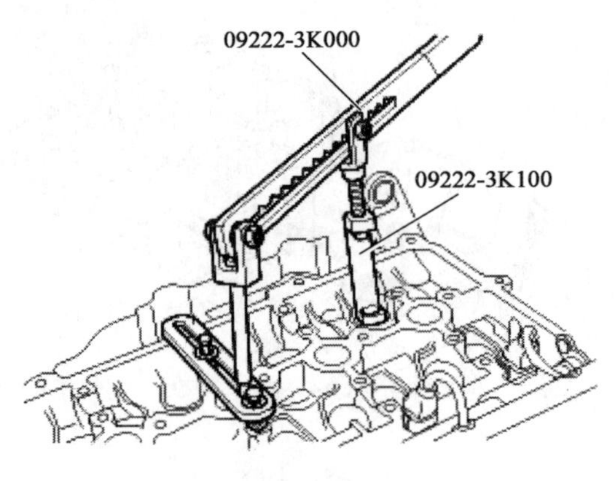

图 1-84

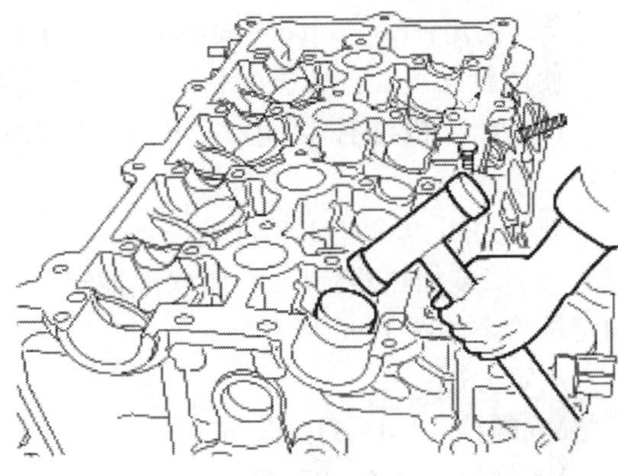

图 1-85

(二)汽缸盖的安装

要求:

①彻底地清洁所有的部件,以便装配。

②一定要使用新汽缸盖衬垫和歧管衬垫。

③一定要使用新汽缸盖螺栓。

④汽缸盖衬垫是金属衬垫,注意不要弯曲。

⑤旋转曲轴,使1号活塞在上止点上。

(1)安装汽缸盖总成。

①安装前,从汽缸体和汽缸盖表面清除硬化的密封胶。

②安装汽缸盖衬垫前,在汽缸体的上表面涂抹密封胶,并在5min内重新装配衬垫,如图1-86所示。

密封胶宽度:2.0~3.0mm。

位置:1.0~1.5mm。

规格:TB 1217H或LOCTITE 5900H。

③在汽缸体上安装汽缸盖衬垫后,在汽缸盖衬垫上涂抹密封胶,在5min内装配,如图1-87所示。

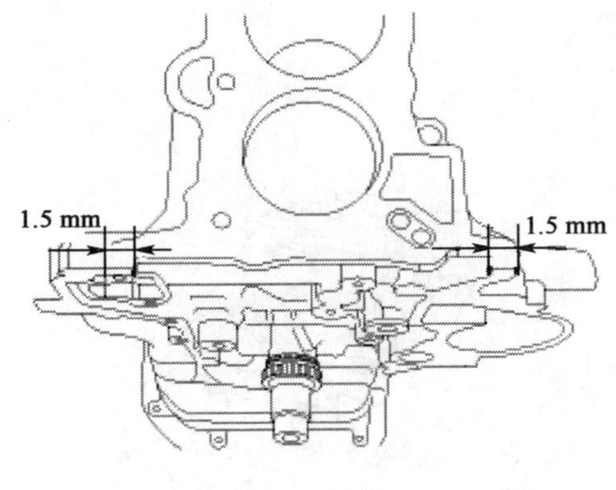

图 1-86

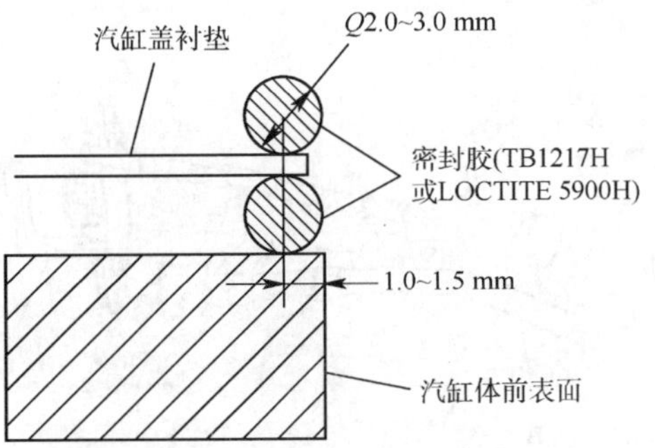

汽缸盖衬垫
Ø2.0~3.0 mm
密封胶(TB1217H
或LOCTITE 5900H)
1.0~1.5 mm
汽缸体前表面

图 1-87

(2)安装汽缸盖时,注意不要损坏衬垫。

(3)安装汽缸盖螺栓和垫圈。

按顺序在各通道内拧紧汽缸盖的10个螺栓,如图1-88所示。

规定力矩:17.7 ~ 21.6N·m + 90 ~ 95° + 100 ~ 105°。

使用新品汽缸盖螺栓。

(4)安装机油控制阀(OCV)(A),如图 1-89 所示。

规定力矩:9.8 ~ 11.8N·m。

(5)安装加热器管后,拧紧水温控制总成(A)的固定螺栓。如图 1-90 所示。

规定力矩:

M6 螺栓:9.8 ~ 11.8N·m。

M8 螺栓:18.6 ~ 23.5N·m。

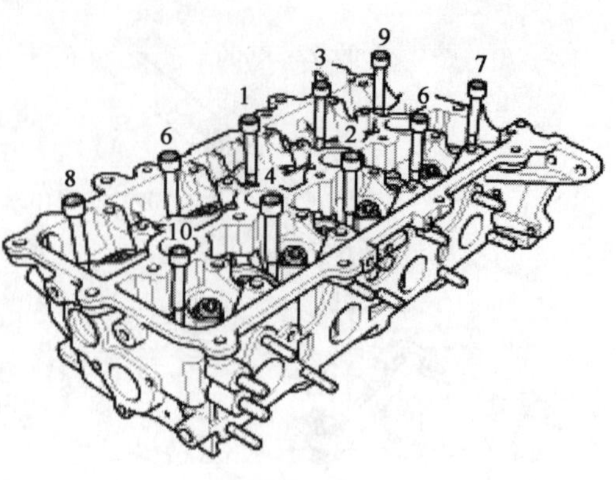

图 1-88

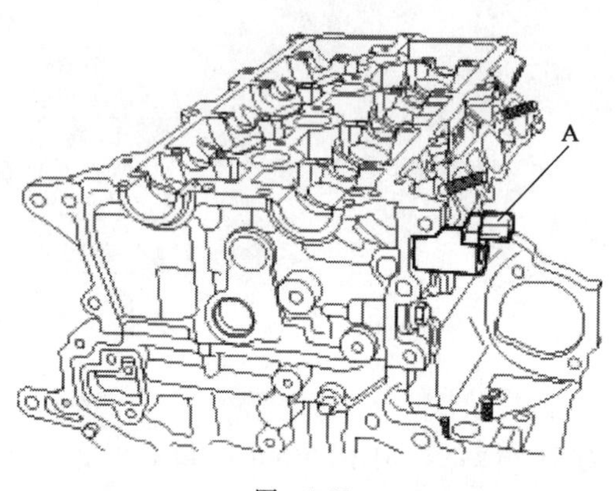

图 1-89

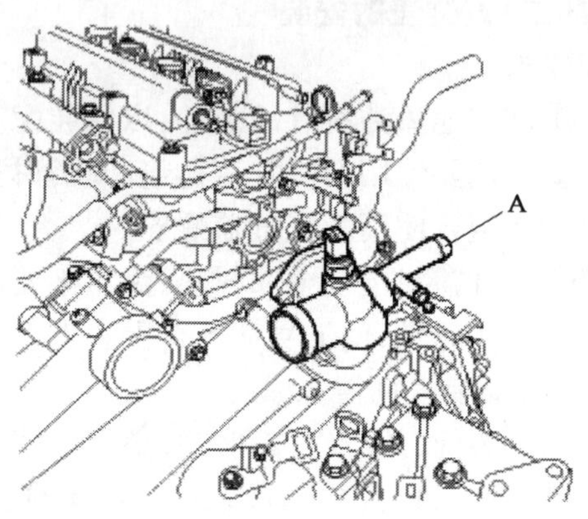

图 1-90

(6)连接凸轮轴位置传感器(CMP)连接器(A),安装净化控制电磁阀(PCSV)支架(B)和总成吊架(C),如图 1-91 所示。

(7)安装凸轮轴。

①安装前,在轴颈上涂抹发动机机油。

②安装后,检查气门间隙。

(8)按如图 1-92 所示顺序安装凸轮轴轴承盖。

规定力矩:

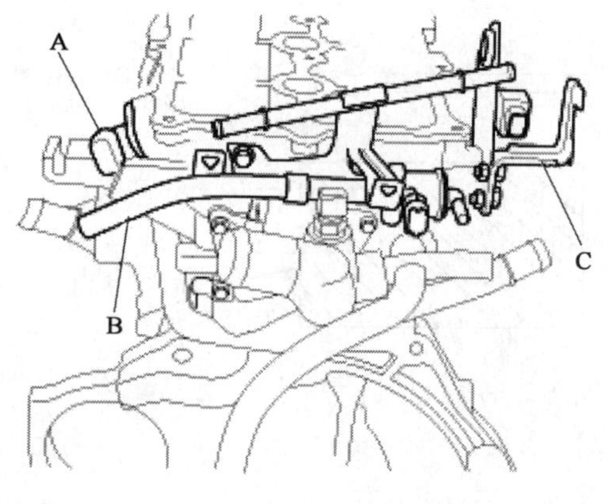

图 1-91

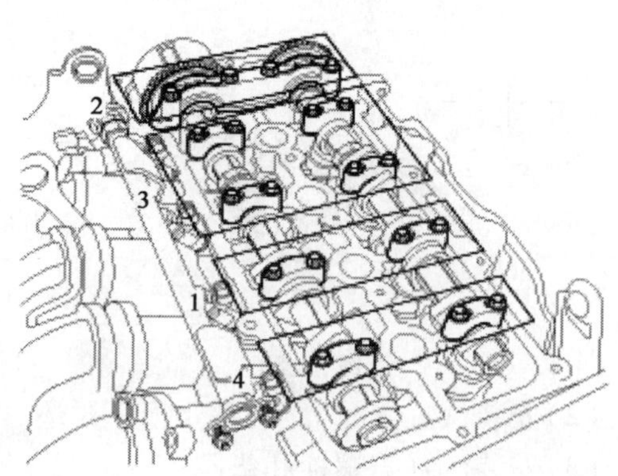

图 1-92

M6 螺栓:11.8～13.7N·m。

M8 螺栓:18.6～22.6N·m。

(9)安装进气和排气歧管。

可参考本章节的进气和排气系统。

(10)安装正时链条。

可参考本章的正时系统。

任务 4　汽缸体的拆检工艺

一、发动机汽缸体结构图(图 1-93)

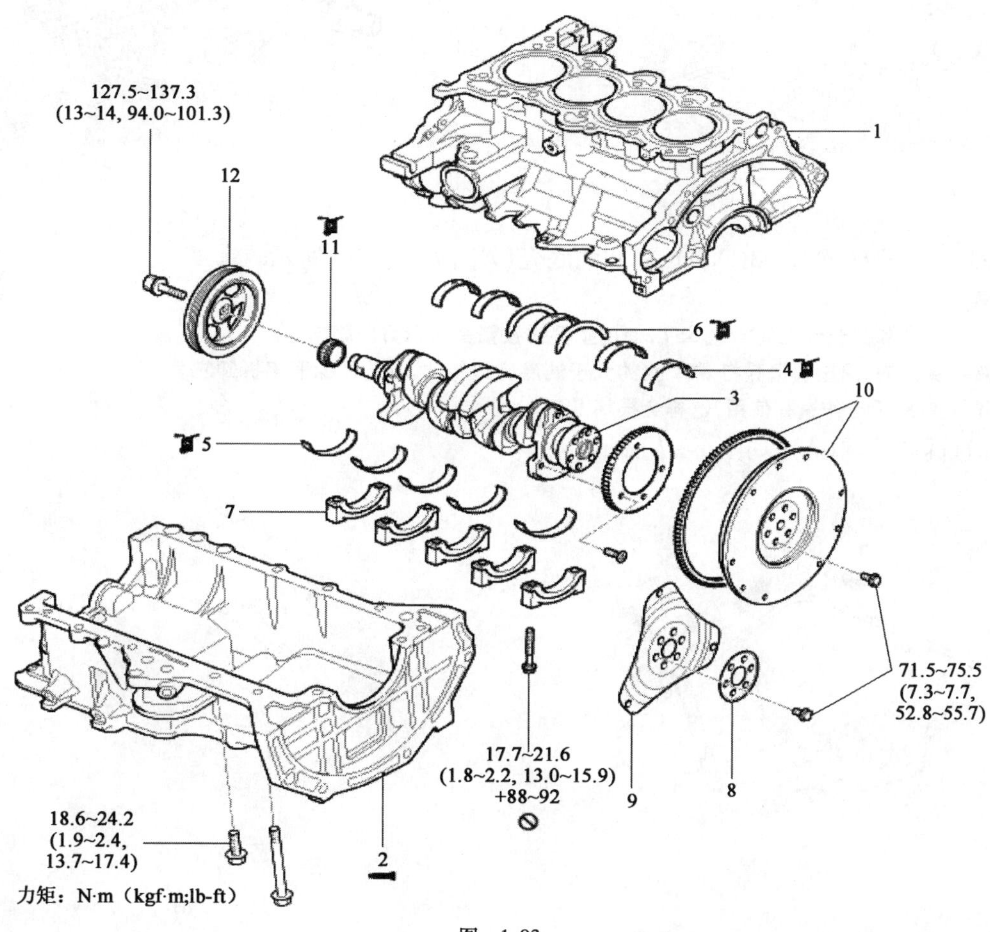

图　1-93

1-汽缸体;2-梯形架;3-曲轴;4-曲轴上轴承;5-曲轴下轴承;6-止推轴承;7-主轴承盖;8-适配器板;9-驱动盘;10-飞轮和齿圈;11-曲轴链轮;12-曲轴皮带轮

二、汽缸体的分解

此程序需要拆卸发动机(参考本章的发动机和变速器总成拆卸)。

(1)M/T:拆卸飞轮。

(2)A/T:拆卸驱动盘。

(3)将发动机安装到发动机台架上以便分解。
(4)拆卸正时链(参考本章的正时链条)。
(5)拆卸汽缸盖(参考本章的汽缸盖)。
(6)拆卸油标尺管。
(7)拆卸爆震传感器(A)和机油滤清器(B)，如图 1-94 所示。
(8)拆卸油压开关(A)。如图 1-95 所示。

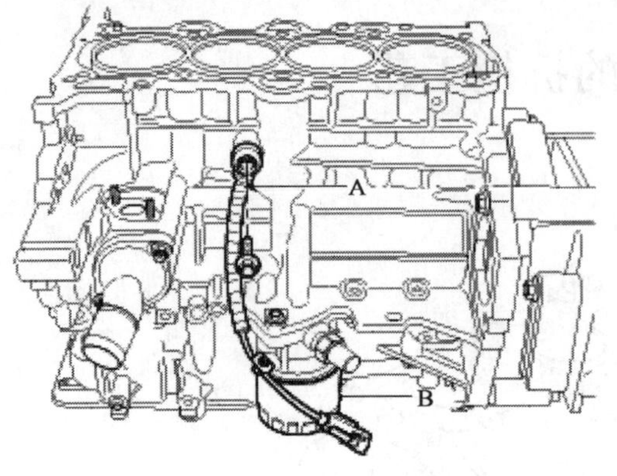

图 1-94

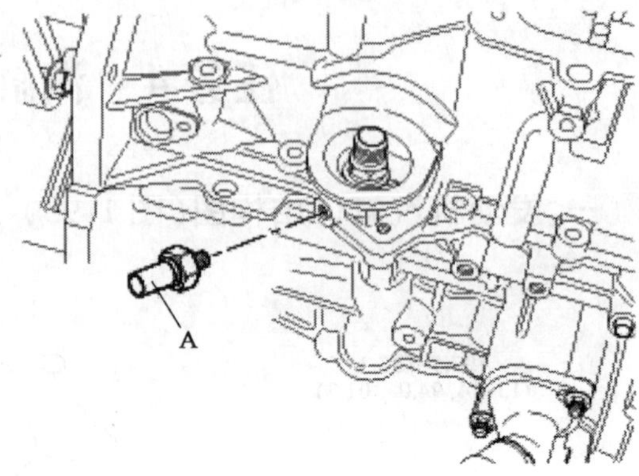

图 1-95

(9)使用 SST(09215-3C000)，拆卸油底壳(A)，如图 1-96 所示。

注意：

①在油底壳和梯形架之间插入 SST，使用塑料锤按箭头所示方向敲击它。

②按箭头方向，用塑料锤敲打 SST 大约大于油底壳边缘 2/3 后，从梯形架拆卸它。

③不要把 SST 当作撬杆使用，这样会损坏 SST。

(10)拆卸滤网(A)，如图 1-97 所示。

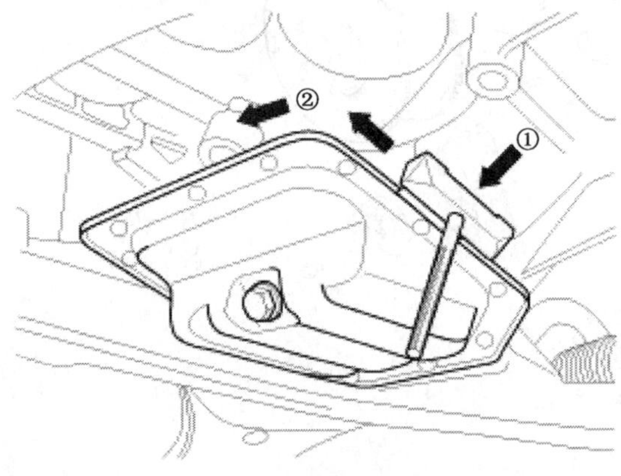

图 1-96

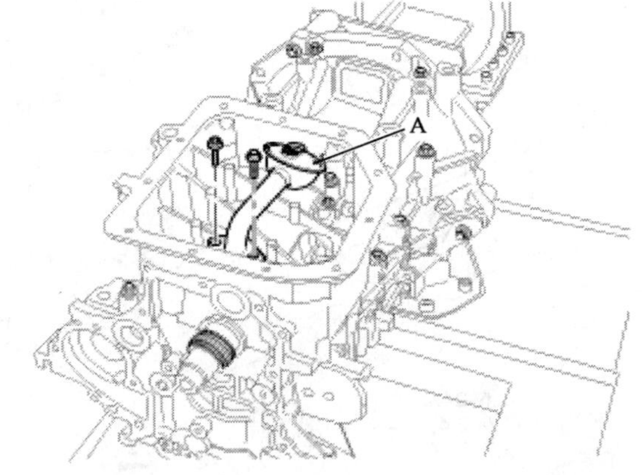

图 1-97

(11)拆卸后油封(A)，如图 1-98 所示。
(12)拆卸梯形架(A)，如图 1-99 所示。
(13)检查连杆轴向间隙。
(14)拆卸连杆盖并检查油膜间隙。
(15)拆卸活塞和连杆总成。
①使用缸口绞刀，刮除汽缸顶部所有的积炭。
②向汽缸体顶部推活塞、连杆总成和上轴承。

a. 将轴承、连杆和连杆盖放在一起。
b. 以正确的顺序排列活塞和连杆总成。
(16)拆卸曲轴轴承盖并检查油膜间隙。
(17)检查曲轴轴向间隙。
(18)将曲轴(A)举出发动机,并小心不要损坏轴颈,如图 1-100 所示。

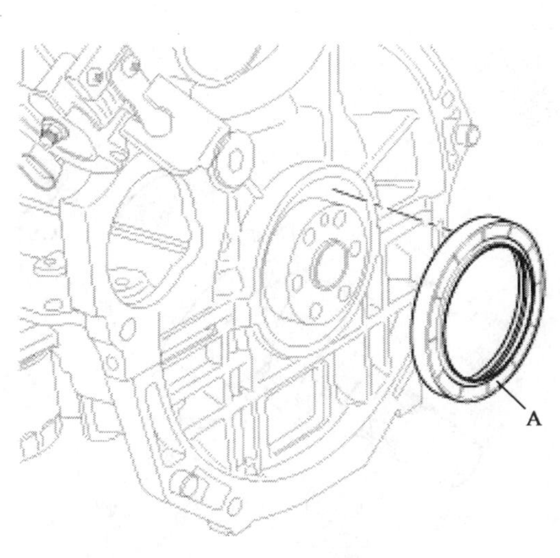

图 1-98

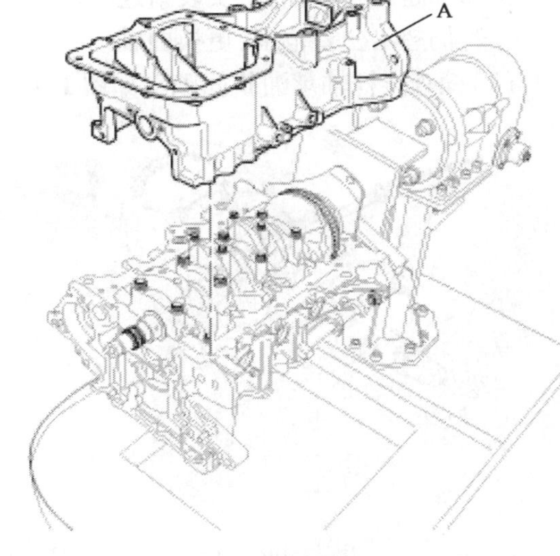

图 1-99

(19)检查活塞和活塞销之间的间隙。
在活塞销上来回移动活塞。
如果感到任何的阻碍,更换活塞和活塞销。
(20)拆卸活塞环,如图 1-101 所示。
①使用活塞环拆卸钳,拆卸 2 个压缩环。
②用手拆卸两个侧轨和油环。
以正确的顺序排列活塞环。

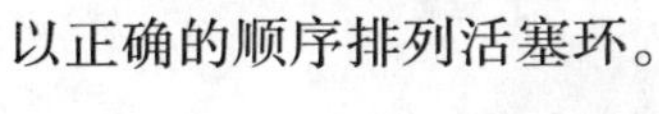

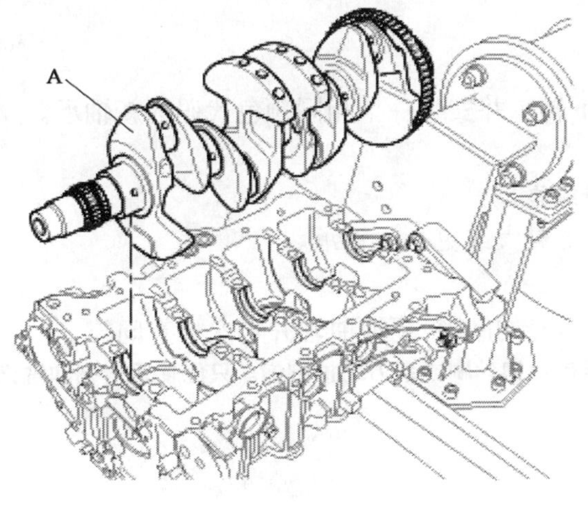

图 1-100

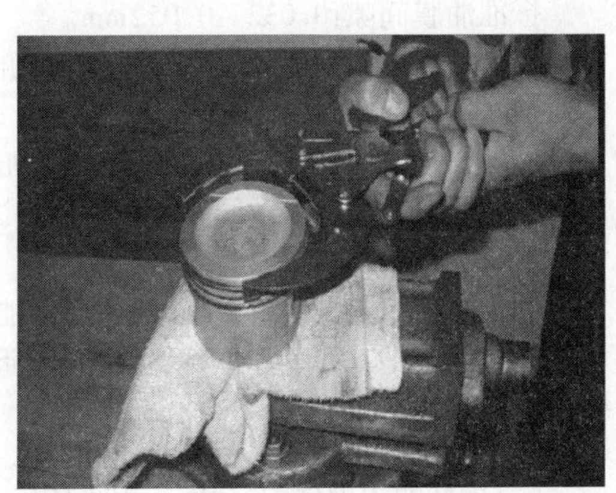
图 1-101

三、检查

（一）连杆和曲轴

（1）检查连杆轴向间隙。如图 1-102 所示使用厚薄规，来回移动连杆，测量轴向间隙。

轴向间隙：

标准值：0.15 ~ 0.30；最大值：0.35mm。

①如果超出公差范围，安装新连杆。

②若仍超出公差范围，更换曲轴。

（2）检查连杆轴承油膜间隙。如图 1-103 所示。

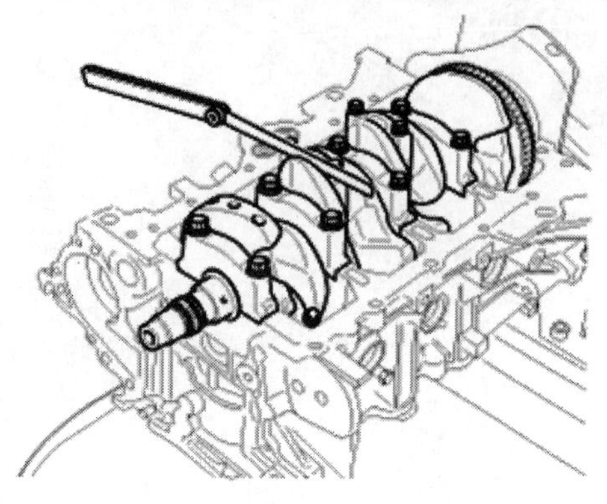

图 1-102

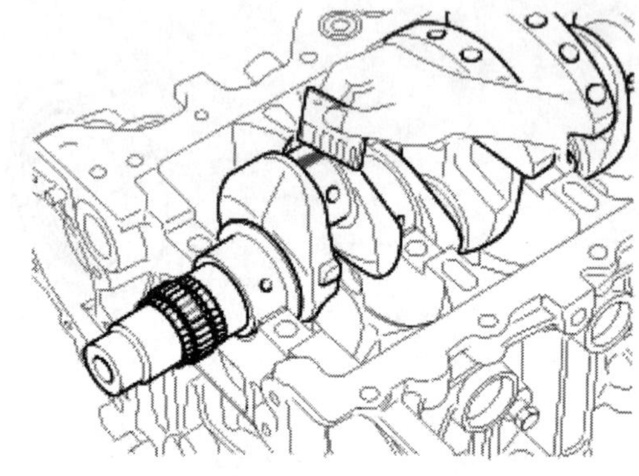

图 1-103

①检查连杆和盖上的装配标记，以确保正确组装。

②拧下 2 个连杆盖螺栓。

③拆卸连杆盖和下轴承。

④清洁连杆轴颈和轴承。

⑤将塑料规横向放置在连杆轴颈上。

⑥重新装配下轴承和盖，并拧紧螺栓。不要重复使用螺栓。

规定力矩：17.7 ~ 21.6N·m + 88 ~ 92°不要转动曲轴。

⑦拆卸 2 个螺栓、连杆盖和下轴承。

⑧测量塑料的最宽部分。

标准油膜间隙：0.032 ~ 0.052mm。

⑨如果测量的塑料规太宽或太窄，拆卸上、下轴承并安装一个相同颜色代码的新轴承。重新检查油膜间隙。

注意：不要为调整间隙而锉平、加入垫片或刮削轴承或盖。

⑩如果塑料规仍表示间隙不正确，使用下一个更大或更小的轴承。重新检查油膜间隙。

如果使用相应更大或更小轴承，仍不能获得适合的间隙，更换曲轴并再次检查间隙。

注意：若由于灰尘和污垢的沉积无法识别标记，不要使用钢丝刷或刮刀刷掉它们。只能使用溶剂和洗涤剂清洁。

a. 连杆标记位置。

（a）连杆的识别标记，如图 1-104 所示。

（b）连杆选配尺寸选择表 1-2。

b. 曲轴连杆轴颈直径标记位置。

(a)曲轴连杆轴颈直径的识别标记，如图 1-105 所示。

(b)曲轴选配尺寸选择表 1-3。

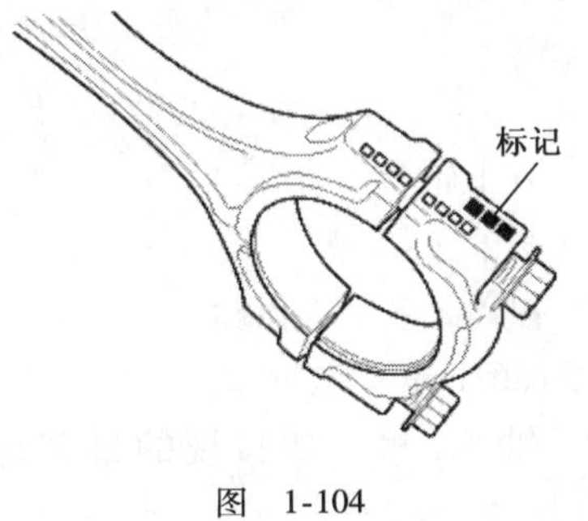

图 1-104

连杆选配尺寸选择表　　表 1-2

标记	连杆大端内径(mm)
A,0	45.000 ~ 45.006
B,00	45.006 ~ 45.012
C,000	45.012 ~ 45.018

曲轴选配尺寸选择表　　表 1-3

标记	曲轴连杆轴颈直径(mm)	标记	曲轴连杆轴颈直径(mm)
1	1 41.972 ~ 41.966	3	3 41.960 ~ 41.954
2	2 41.966 ~ 41.960		

c. 连杆轴承的颜色位置。

(a)连杆轴承的识别颜色位置，如图 1-106 所示。

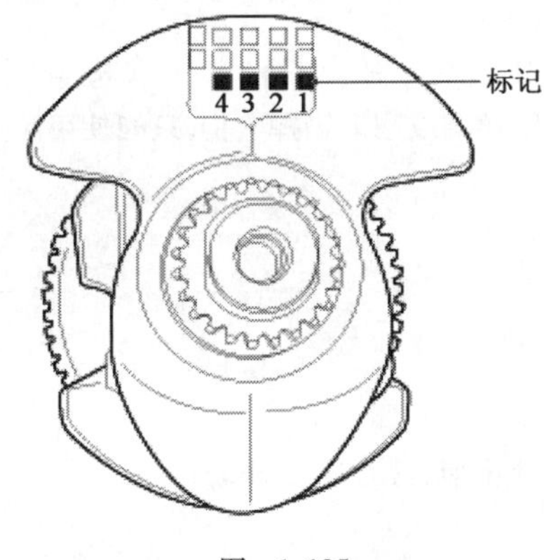

图 1-105

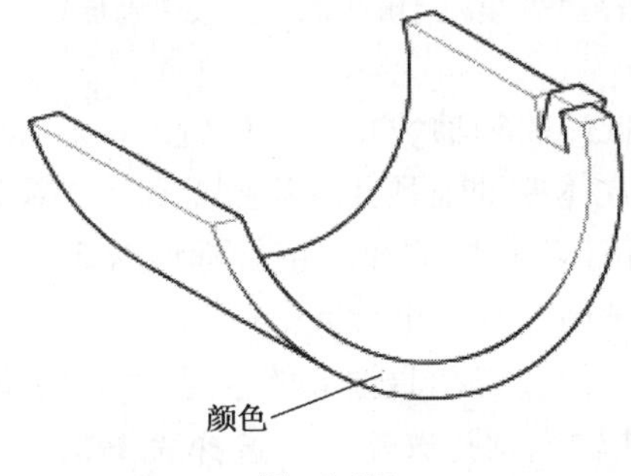

图 1-106

(b)连杆轴承选配尺寸选择表 1-4。

连杆轴承选配尺寸选择表　　表 1-4

标记	颜色	连杆轴承的厚度(mm)	标记	颜色	连杆轴承的厚度(mm)
A	蓝色	1.514 ~ 1.517	D	绿色	1.505 ~ 1.508
B	黑色	1.511 ~ 1.514	E	红色	1.502 ~ 1.505
C	无	1.508 ~ 1.511			

(3)检查连杆。

①重新安装连杆时，确认分解时在连杆和盖上做的汽缸号标记。安装新连杆时为适当固定轴承确定切槽在同一方向。

②若两端推力面有损坏，并且小头内径过度粗糙或磨损时更换连杆。

③使用连杆定位工具，检查连杆的弯曲和扭曲情况。

如果测量值接近维修极限，使用压床校正连杆。

一定要更换严重弯曲或变形的连杆。

连杆容许弯曲度:0.05mm/100mm 以下。

连杆容许扭曲度:0.1mm/100mm 以下 。

(4)检查曲轴轴承油膜间隙。

①检查主轴承至轴颈油膜间隙,拆卸主轴承盖和下轴承。

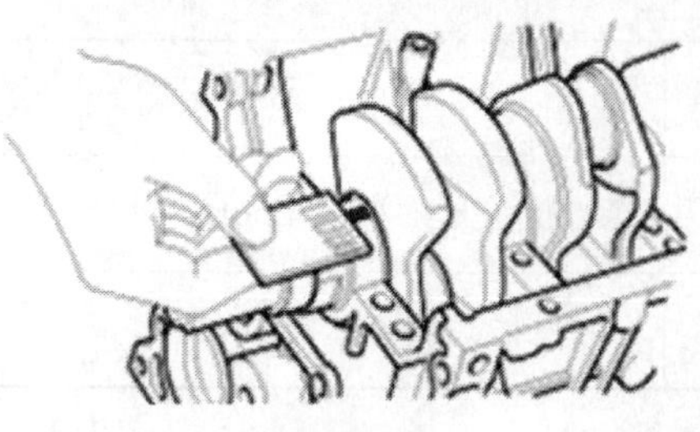

图 1-107

②用干净的毛巾清洁主轴颈和下轴承。

③将塑料规放在每一个主轴颈上。

④重新安装下轴承和盖,并拧紧螺栓。

规定力矩:17.7~21.6N·m+88~92°。

⑤再次拆卸盖和下轴承,测量塑料规的最宽部分,如图 1-107 所示。

标准油膜间隙:

编号 1,2,3,4,5:0.021~0.042mm。

⑥如果测的塑料规太宽或太窄,拆卸上、下轴承并安装一个相同颜色代码的新轴承(参考此章节曲轴主轴承选择表)。重新检查油膜间隙。

注意:不要为调整间隙而锉平、加入垫片或刮削轴承或盖。

⑦如果塑料规显示的间隙不正确,尝试更换更大或更小的轴承(参考此章节的曲轴主轴承选择表),重新检查油膜间隙。

如果使用相应更大或更小轴承,仍不能获得适合的间隙,更换曲轴并再次检查间隙。

注意:若由于灰尘和污垢的沉积无法识别标记。不要使用钢丝刷或刮刀刷掉它们,只能使用溶剂和洗涤剂清洁。

a. 汽缸体曲轴轴颈孔标记位置。

b. 汽缸体曲轴轴颈孔的识别标记,如图 1-108 所示。

(a)印于汽缸体侧面的字母标记着 5 个。

主轴颈内径的各个尺寸。

根据它们和印在曲轴上的字母(主轴颈尺寸标记)正确地选择轴承。

(b)曲轴轴颈孔选配尺寸选择表 1-5。

曲轴轴颈孔选配尺寸选择表 表 1-5

标　　记	曲轴连杆轴颈直径(mm)
A	52.000~52.006
B	52.006~52.012
C	52.012~52.018

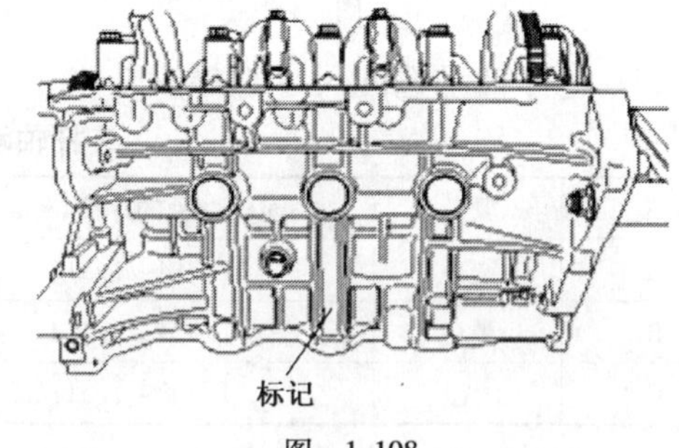

图 1-108

c. 曲轴主轴颈标记位置。

(a)曲轴主轴颈的识别标记,如图 1-109 所示。

(b)曲轴主轴颈选配尺寸选择表 1-6。

d. 曲轴主轴的颜色位置

(a)曲轴主轴的识别颜色位置,如图 1-110 所示。

曲轴轴颈选配尺寸选择表 表 1-6

标　　记	曲轴主轴颈外径(mm)	标　　记	曲轴主轴颈外径(mm)
1	47.960 ~47.954	3	3 47.948 ~47.942
2	47.954 ~47.948		

(b)曲轴主轴选配尺寸选择表 1-7。

曲轴主轴选配尺寸选择表 表 1-7

标　　记	颜色	连杆轴承的厚度(mm)	标　　记	颜色	连杆轴承的厚度(mm)
A	蓝色	2.026 ~2.029	D	绿色	2.017 ~2.020
B	黑色	2.023 ~2.026	E	红色	2.014 ~2.017
C	无	2.020 ~2.023			

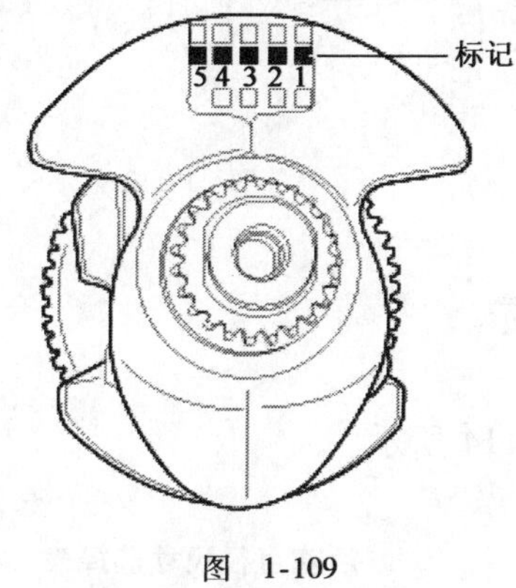

图 1-109

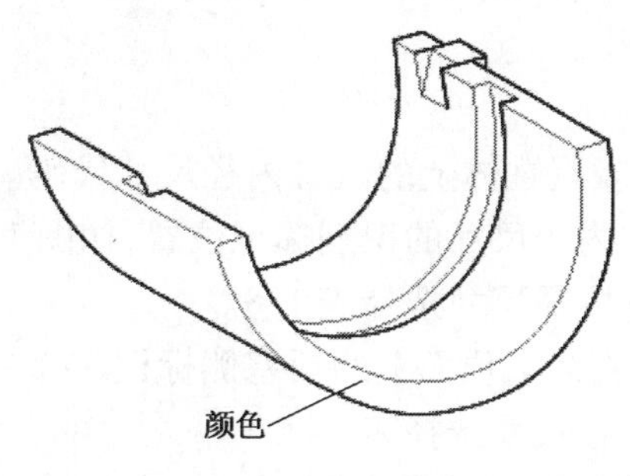

图 1-110

(5)检查曲轴轴向间隙。

使用百分表,用螺丝刀来回移动曲轴测量轴向间隙。

轴向间隙

标准: 0.05 ~0.25mm(0.0020 ~0.0098in)。

极限值: 0.30mm(0.0118in)。

如果轴向间隙大于最大值,更换中央轴承。

(二)汽缸体

(1)清除衬垫材料。

使用衬垫刮刀,清除汽缸体顶面的所有衬垫。

(2)清洁汽缸体。

使用软刷和溶剂,彻底地清洁汽缸体。

(3)检查汽缸体顶面的平面度。

如图 1-111 所示,使用精密直尺和塞尺,测量与汽缸盖接触的表面是否变形。

汽缸体平面度:

标准:大于 0.05mm;小于 0.02mm(100mm ×100mm)。

(4)检查汽缸内径。

查看汽缸是否有垂直刮痕。

如果存在很深刮痕,更换汽缸体。

(5)检查汽缸内径,如图 1-112 所示。

使用量缸表,在推力方向和轴向位置测量汽缸内径。

标准直径:77.00~77.03mm。

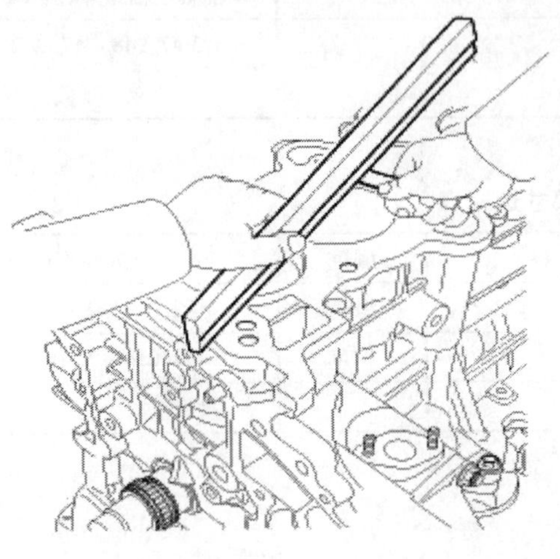

图 1-111

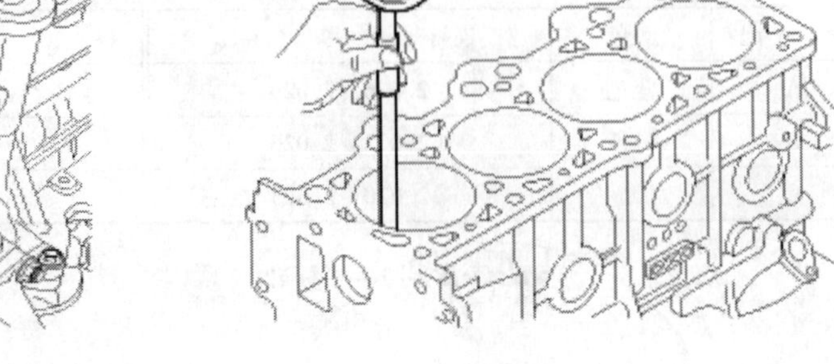

图 1-112

(6)检查汽缸体上的汽缸内径尺寸代码。

①汽缸内径尺寸的识别标记位置,如图 1-113 所示。

②汽缸内径尺寸选择表 1-8。

(7)检查活塞顶面上的活塞侧标记(A),如图 1-114 所示。

活塞直径尺寸选择表 1-9。

汽缸内径尺寸选择表 表 1-8

标 记	曲轴主轴颈外径(mm)
A	77.00~77.01
B	77.01~77.02
C	77.02~77.03

活塞直径尺寸选择表 表 1-9

标 记	曲轴主轴颈外径(mm)
A	76.97~76.98
B	76.98~76.99
C	76.99~77.00

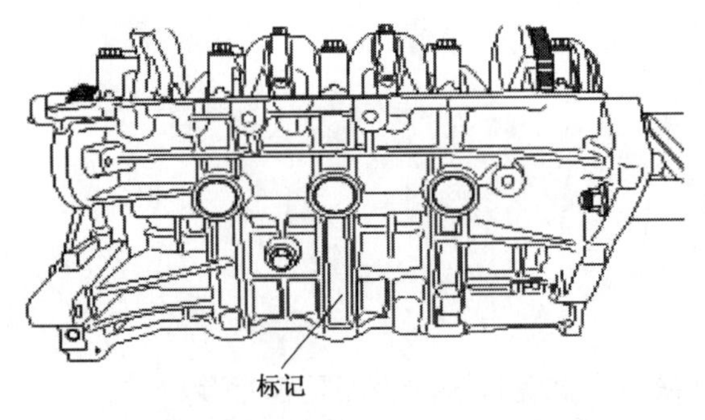

图 1-113

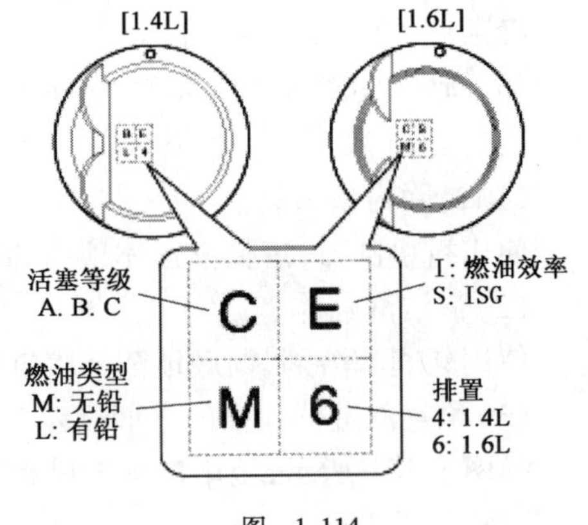

图 1-114

(8)依照汽缸内径等级选择相应的活塞。

活塞到汽缸间隙:0.02~0.04mm。

(三)活塞和活塞环

(1)清洁活塞。

①使用衬垫刮刀,清除活塞顶部的所有积碳。

②使用环槽清洁工具或断裂环，清洁活塞环槽。

③使用溶剂和刷子，彻底地清洁活塞。

注意：不要使用钢丝刷。

(2)活塞外径的标准测量是在距离活塞顶部33.9mm处测量。如图1-115所示。

标准直径：76.97～77.00mm。

(3)计算汽缸内径和活塞外径的差值。

活塞到汽缸的间隙：0.02～0.04mm。

(4)检查活塞环侧隙。

使用厚薄规测量新活塞环和环槽壁的间隙，如图1-116所示。

活塞环侧隙：

1号环：0.03～0.07mm。

2号环：0.03～0.07mm。

油环：0.06～0.15mm。

极限值：

1号环：0.1mm。

2号环：0.1mm。

油环：0.2mm。

如果间隙大于最大值，更换活塞。

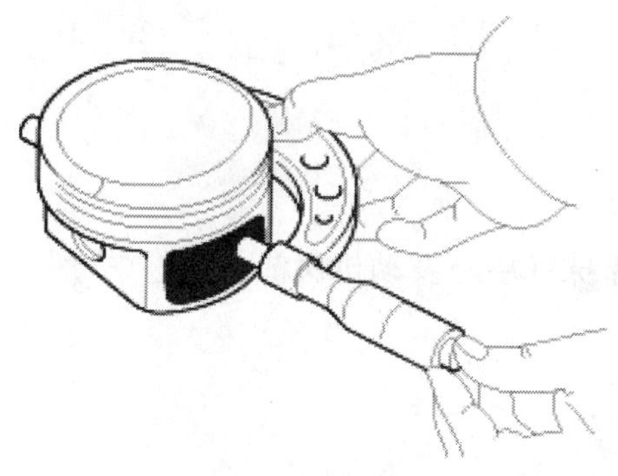

图 1-115

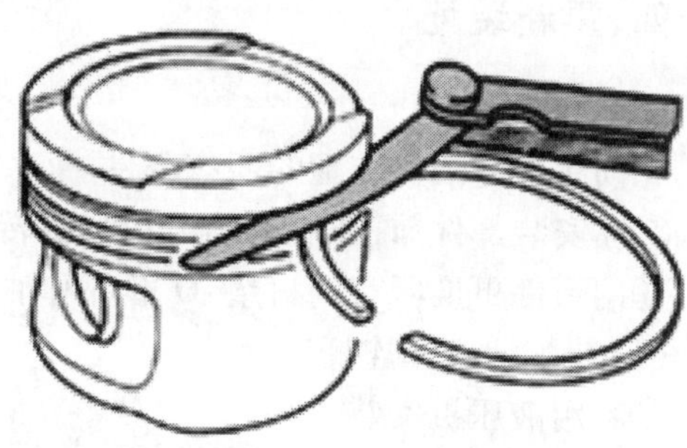

图 1-116

(5)检查活塞环端隙。

为测量活塞环端隙，将活塞环插入汽缸内。用活塞轻压入活塞环使它与汽缸壁成直角。使用塞尺测量间隙，如图1-116所示。

如果间隙超过维修极限值，更换活塞环，如图1-117所示。

如果间隙太大，再次检查汽缸内径，如果缸径超过维修极限值，则必须重新加工汽缸。

活塞环端隙：

标准值：

1号环：0.14～0.28mm。

2号环：0.30～0.45mm。

油环：0.20～0.70mm。

极限值：

1号环：0.3mm。

2 号环：0.5mm。

油环：0.8mm。

（四）活塞销

(1)测量活塞销外径，如图 1-118 所示。

活塞销直径:18.001 ~18.006mm。

(2)测量活塞销到活塞销孔的间隙。

活塞销到活塞间隙:0.010 ~0.020mm。

(3)检查活塞销外径和连杆小端内径之间的差值。

活塞销至连杆间隙:0.032 ~0.016mm。

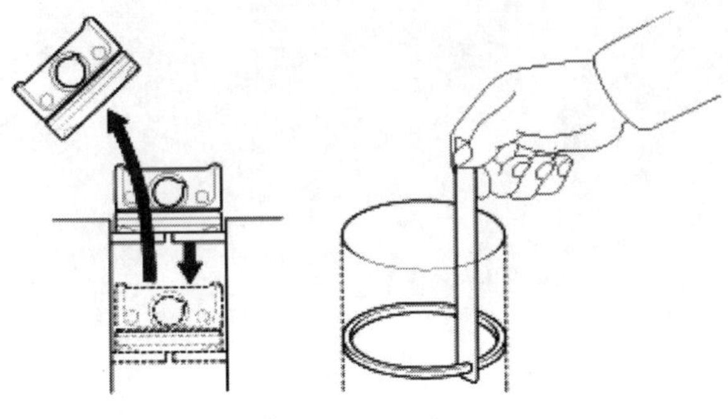

图 1-117

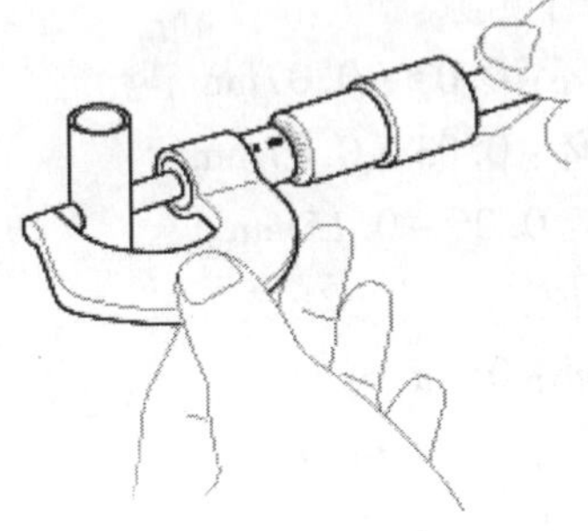

图 1-118

四、重新装配

要求：

①彻底地清洁要装配的所有部件。

②在安装部件前，在所有的滑动和旋转部件表面涂抹一层新发动机机油。

③用新件更换所有的衬垫、O 形环和油封。

(1)装配活塞和连杆。

①利用液压机安装。

②活塞朝前标记和连杆朝前标记必须面向发动机的正时链侧，如图 1-119 所示。

(2)安装活塞环。

①用手安装油环隔圈和 2 侧轨。

②使安装标记朝上，使用活塞环拆装钳安装 2 个汽环，如图 1-120 所示。

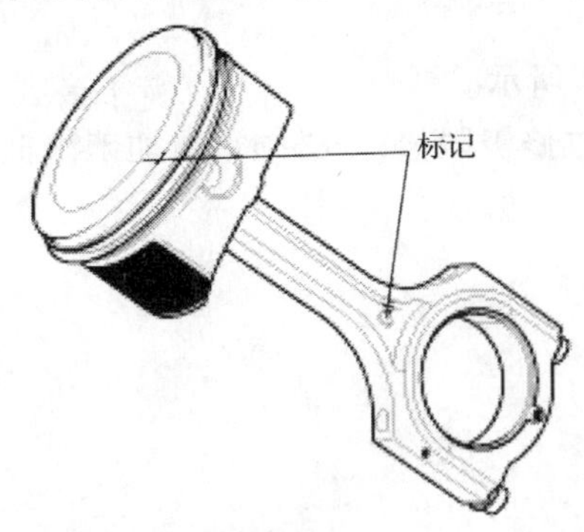

图 1-119

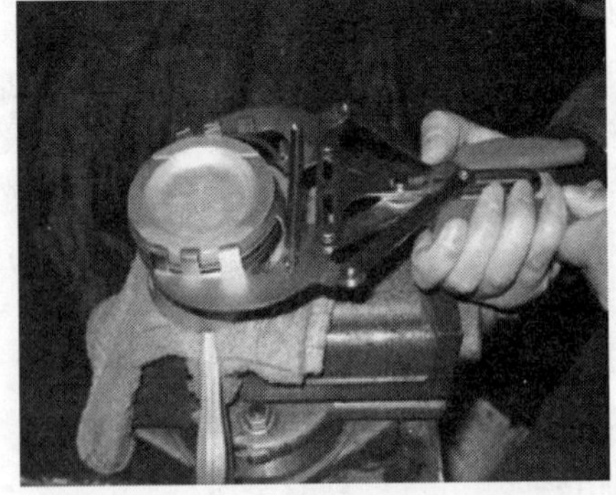

图 1-120

③活塞环开口部应按如图所示的安装，如图 1-121 所示。

(3)安装连杆轴承。

①将轴承(A)凸键与连杆或连杆盖(B)的凹槽对齐。

②在连杆和连杆盖(B)上安装轴承(A)，如图 1-122 所示。

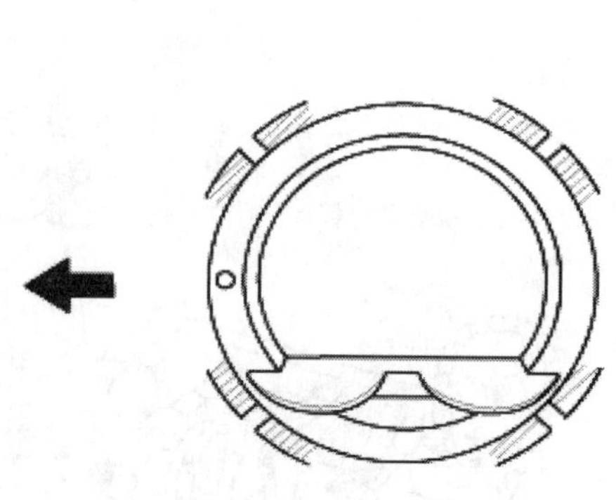

图 1-121

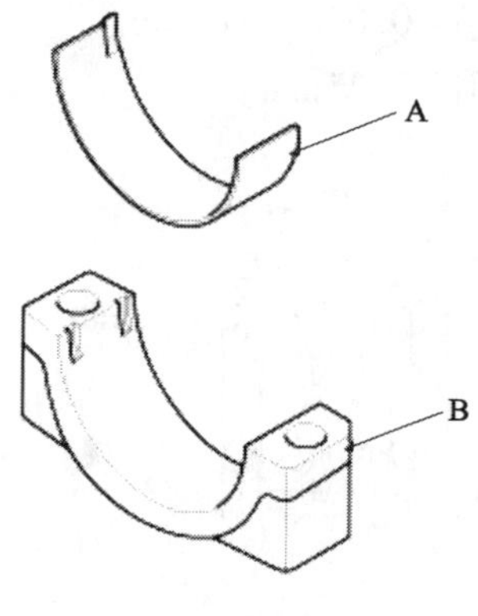

图 1-22

(4)安装曲轴主轴承，如图 1-123 所示。

注意：上轴承有油槽孔，下轴承没有。

①对齐汽缸体凹槽和轴承凸块，推入 5 个上轴承(A)。

②对齐主轴承盖的凹槽与轴承凸起，推入 5 个下轴承。

(5)安装止推轴承，如图 1-124 所示。

在汽缸体的 3 号轴颈位置安装止推轴承(A)，油槽朝外。

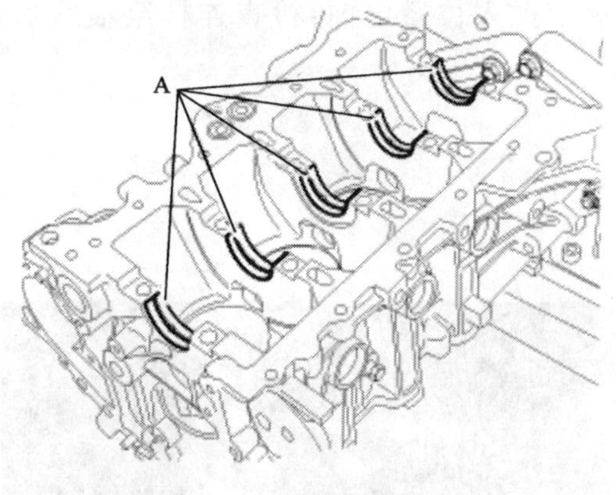

图 1-123

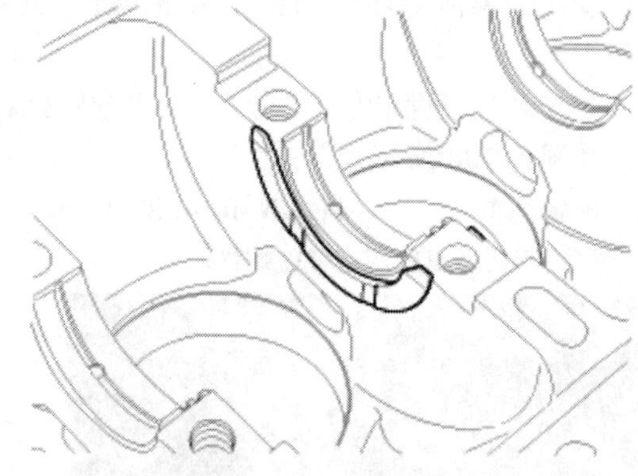

图 1-124

(6)将曲轴安置在汽缸体上。

(7)将主轴承盖安装在汽缸体上。

(8)安装主轴承盖螺栓。

①在螺纹上和轴承盖螺栓下涂抹一层发动机机油。

②按所示顺序在各通道内，安装并均一拧紧 10 个轴承盖螺栓，如图 1-125 所示。

规定力矩：17.7 ~ 21.6N·m + 88 ~ 92°。

注意：a. 按两个渐进步骤拧紧主轴承盖螺栓。

b. 更换任何破裂或变形的轴承盖螺栓。

c. 不要再次使用主轴承盖螺栓。

③检查曲轴是否平滑转动。

(9)检查曲轴轴向间隙,如图 1-126 所示。

在曲轴前端安装百分表,左右移动曲轴,百分表上所读取的数值,即为曲轴轴向间隙。

轴向间隙:

标准值: 0.07 ~0.19mm。

最大值: 0.25mm。

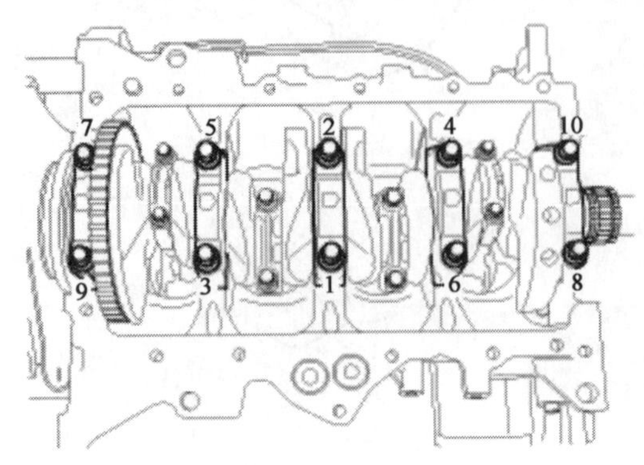

图 1-125

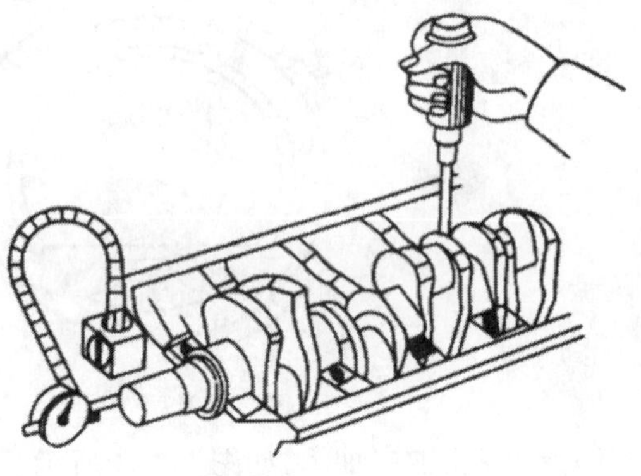

图 1-126

(10)安装活塞和连杆总成。

安装活塞前,在环槽和汽缸内径上涂抹一层机油。

①安装活塞环压缩器,并检查环是否稳固就位,然后将活塞安置在汽缸内,并用锤子的木制手柄轻敲它,如图 1-127 所示。

②在分离活塞环压缩器后停止敲击,并在将活塞推入位置之前,检查连杆至轴颈是否对齐。

③安装连杆盖和轴承,分 2 ~3 次拧紧螺栓。

如图 1-128 所示。

规定力矩:17.7 ~21.8N·m +88 ~92°。

注意:不要重复使用连杆盖螺栓。

图 1-127

图 1-128

(11)在梯形架上涂抹密封胶,如图 1-129 所示。

要求:

①在梯形架导轨部分涂抹一层密封胶 THREE- BOND 1217H 或 LOCTITE 5900H 后,在

5min 内装配。

②如果密封胶涂抹在汽缸体底部,同样在梯形架上涂抹密封胶。

③沿螺栓孔内侧涂抹密封胶。

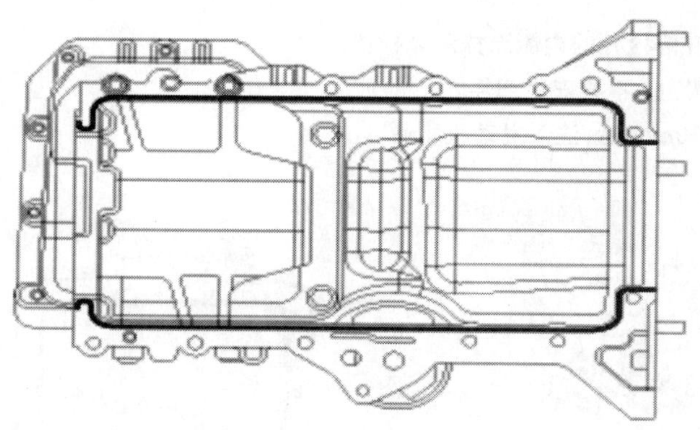

图 1-129

(12)安装梯形架(A),如图 1-130 所示。

规定力矩:18.6~24.2N·m。

(13)安装后油封。

①在新油封唇上涂抹一层发动机机油。

②使用 SST(09231-H1100,09231-2B200)和小锤,将油封敲入直至油封表面与后油封挡圈边缘齐平,如图 1-131 所示。

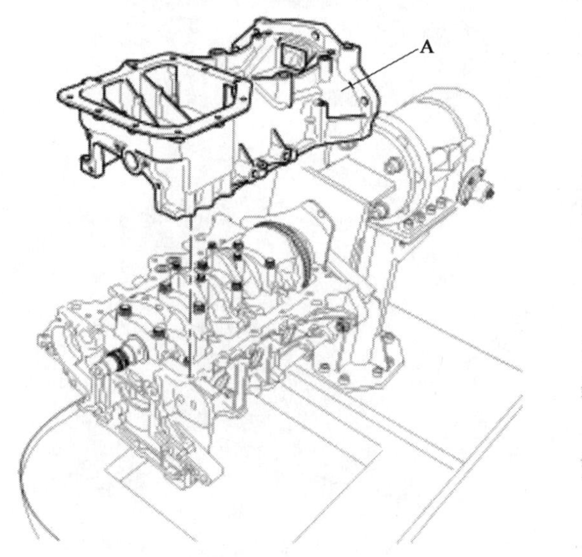

图 1-130

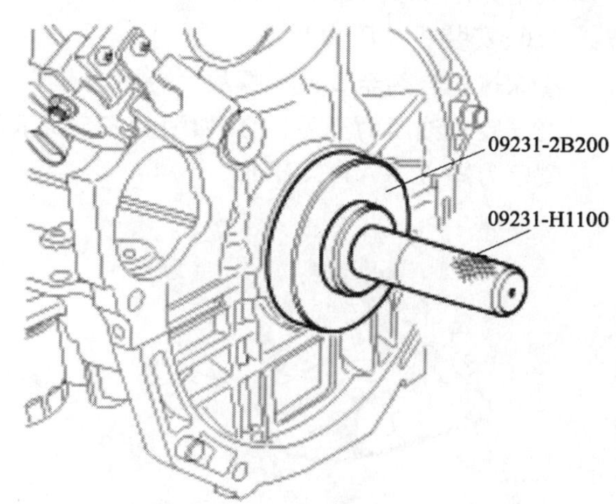

图 1-131

(14)安装集滤器(A),如图 1-132 所示。

用 2 个螺栓安装新衬垫和集滤器。

规定力矩:19.6~26.5N·m。

(15)安装油底壳。

①用剃刀刀片和衬垫刮刀,清除衬垫表面所有旧密封物。

在涂抹液体衬垫前，检查接合面是否干净和干燥。

②从远离油底壳的内部周围1mm处开始涂抹宽 ϕ3mm 的液体衬垫，如图1-133所示。

液体衬垫：TB 1217H 或 LOCTITE 5900H。

注意：

a. 为防止机油泄漏，在螺栓孔的内侧涂抹液体衬垫。

b. 涂抹密封胶5min以上，不要安装部件。

c. 装配后，至少等待30min后，注入发动机机油。

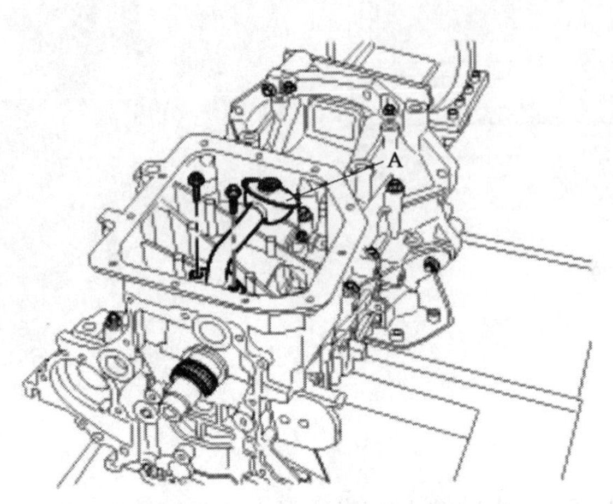

图 1-132

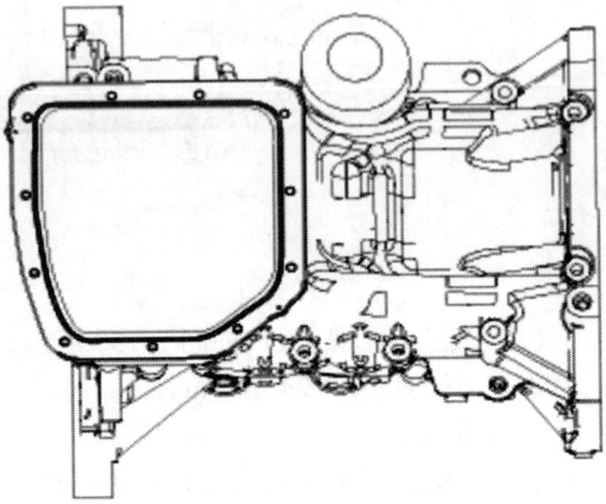

图 1-133

③使用螺栓安装油底壳（A），如图1-134所示。

均匀地对角交叉拧紧各螺栓。

规定力矩：9.8～11.8N·m。

（16）安装机油压力开关。

①涂抹黏合剂至2或3螺纹。

②安装机油压力开关（A），如图1-135所示。

规定力矩：7.8～11.8N·m。

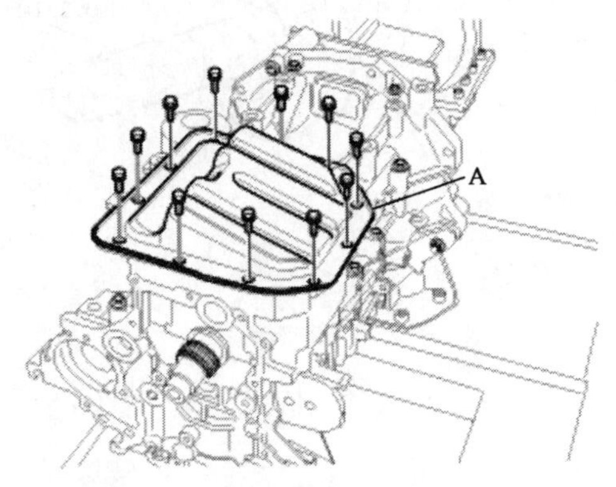

图 1-134

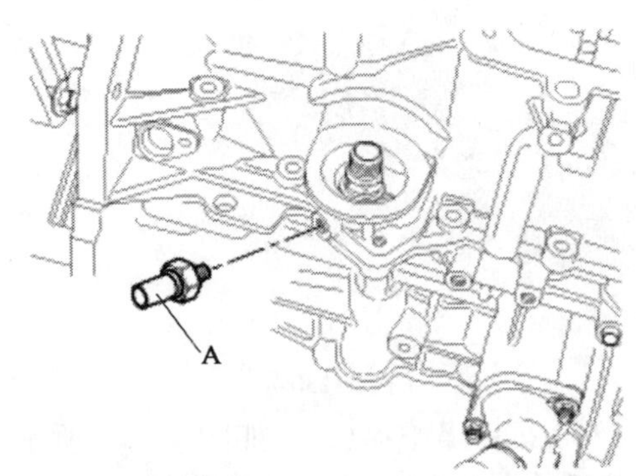

图 1-135

（17）安装爆震传感器（A）和机油滤清器（B），如图1-136所示。

规定力矩：16.7～26.5N·m。

(18)安装机油标尺管。

①在机油油面表管上安装新的 O 形环。

②在 O 形环上涂抹发动机机油。

③安装机油标尺管和螺栓。

规定力矩:9.8 ~ 11.8N·m(1.0 ~ 1.2kgf·m,7.2 ~ 8.7lb-ft)。

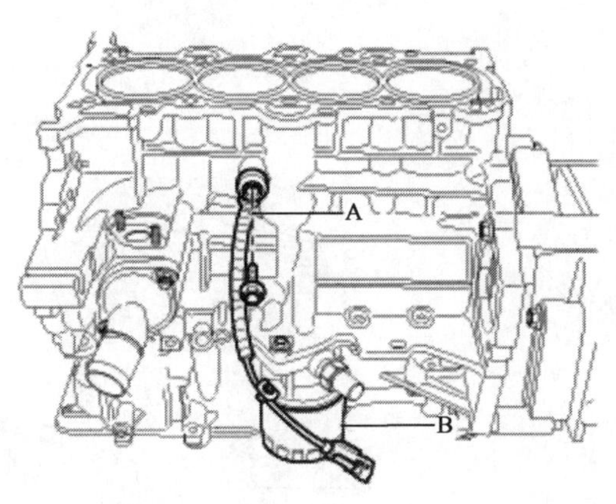

图 1-136

(19)安装汽缸盖(参考本章的汽缸盖)。

(20)安装正时链(参考本章的正时链)。

(21)拆卸发动机支架。

(22)A/T:安装驱动盘。

规定力矩:16.7 ~ 26.5N·m。

(23)M/T:安装飞轮。

规定力矩:16.7 ~ 26.5N·m。

(24)安装发动机(参考本章的发动机和变速器总成)。

任务 5 冷却系统的拆检工艺

一、发动机冷却系统部件结构图(图 1-137)

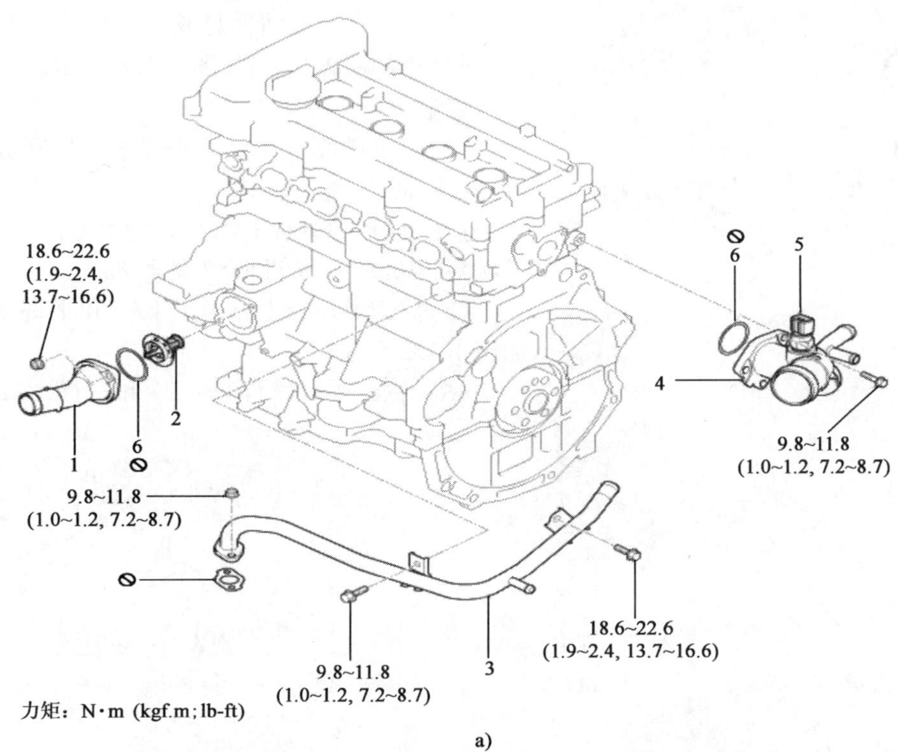

a)

1-进水管接头;2-节温器;3-加热器管;4-水温控制总成;5-水温传感器;6-O 形环

图 1-137

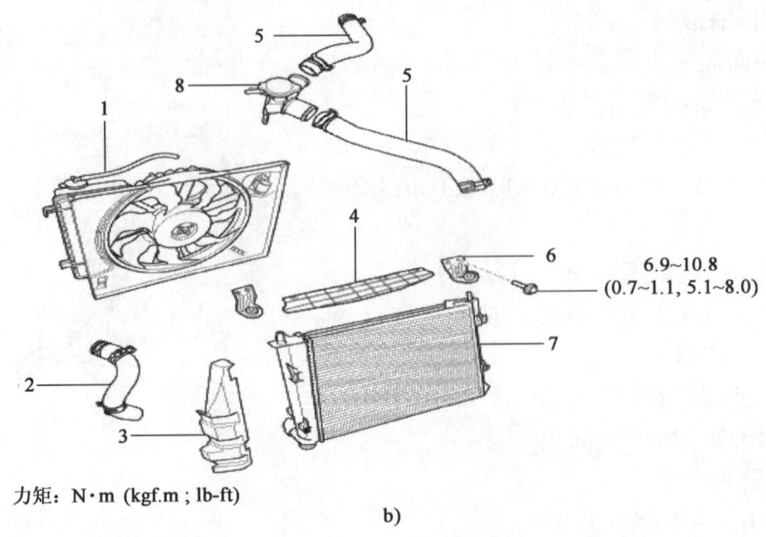

b)

1-冷却风扇和储液箱总成;2-散热器下部软管;3-空气防护罩;4-上盖;5-散热器上部软管;6-固定支架;7-散热器;8-加水口颈

图 1-137

二、发动机冷却系统的拆装工艺

(一)散热器和风扇的拆装

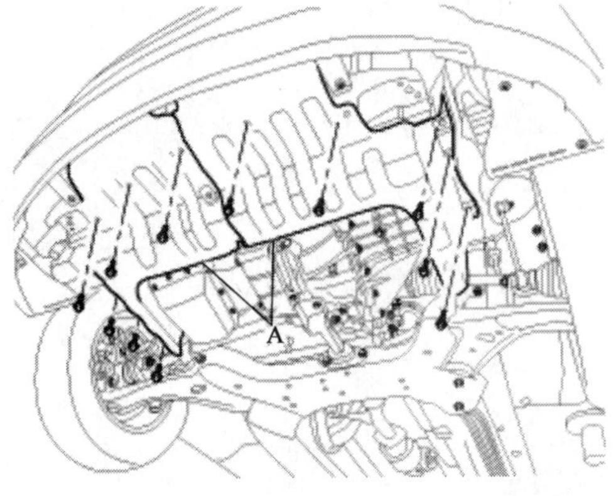

图 1-138

(1)分离蓄电池负极端子。

(2)拆卸空气滤清器总成。

(3)拆卸底盖(A),如图 1-138 所示。

规定力矩:6.9～10.8N·m。

(4)拧下排放塞并排放冷却水。打开散热器盖,以加速排放。

注意:切勿在发动机高温时拆卸散热器盖。因为高压下从散热器溢出的热水会引起严重的烫伤。

(5)拆卸散热器上部软管(A)和下部软管(B),如图 1-139 所示。

(6)分离风扇连接器(A)和 ATF 冷却器软管

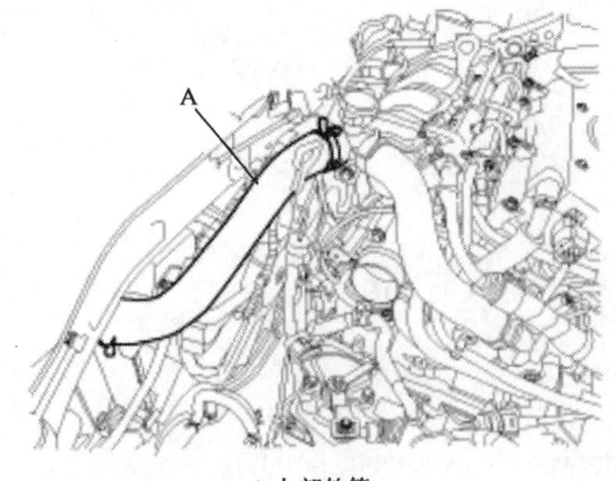

a) 上部软管

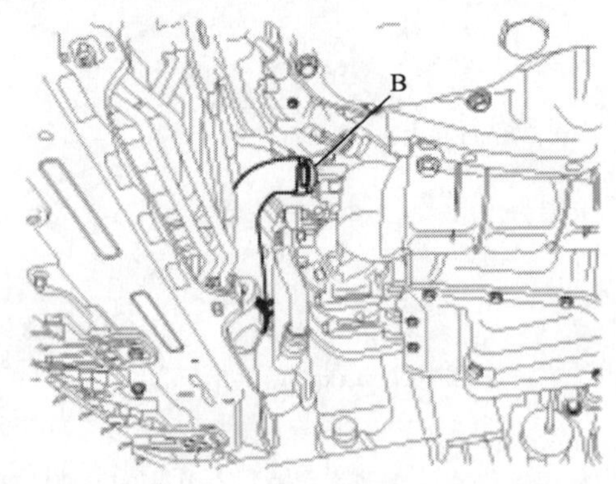

b) 下部软管

图 1-139

(B),如图 1-140 所示。

(7)拆卸前保险杠。

(8)拆卸导轨(A)和空气防护罩(B),如图 1-141 所示。

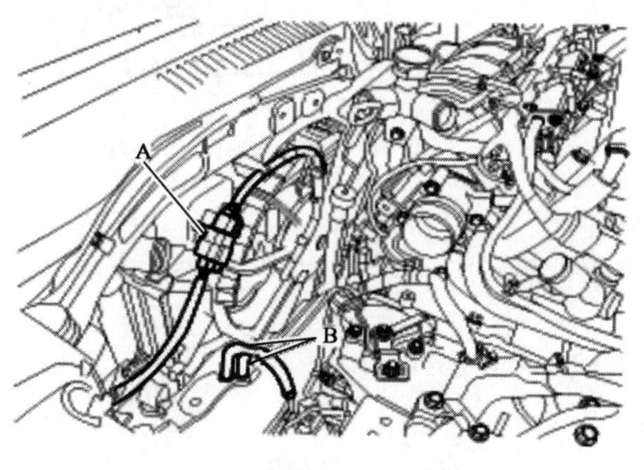

图 1-140

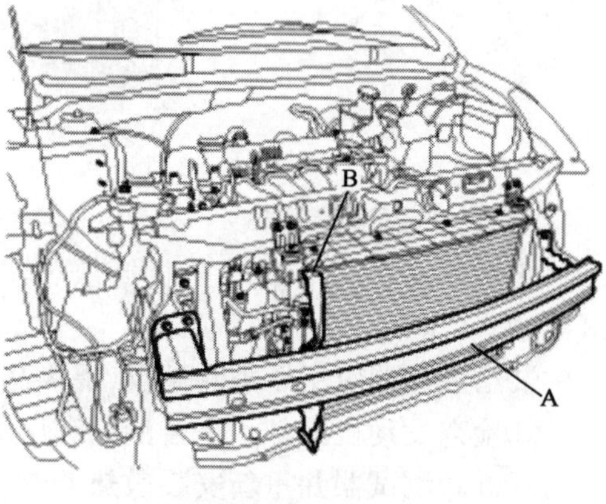

图 1-141

(9)拆卸散热器上盖(A)和散热器固定支架(B),如图 1-142 所示。

规定力矩:6.9~10.8N·m。

(10)从散热器总成上拆卸空调冷凝器(A),然后提升散热器总成(B),如图 1-143 所示。

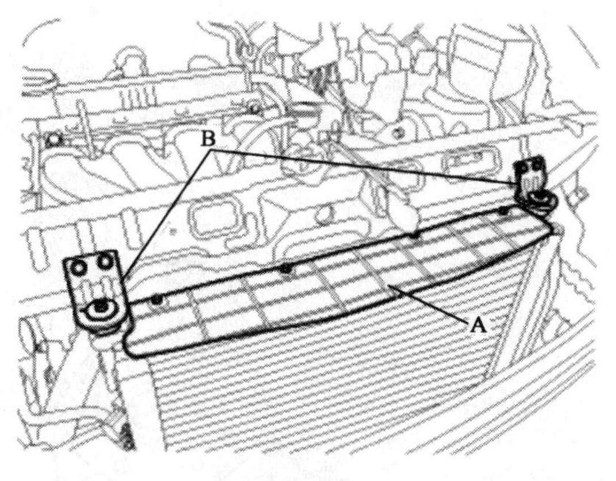

图 1-142

图 1-143

(11)从散热器(B)上拆卸冷却风扇(A),如图 1-144 所示。

(12)按拆卸相反的顺序安装。

①安装完成后从冷却系统放气。

②起动发动机并运转它,直到它暖机为止(直到散热器风扇工作 3 次或 4 次)。

③停止发动机。检查冷却水位并按需添加。这样会使收集的空气从冷却系统排出。

④牢固地盖上散热器盖,然后再次运转发动机并检查是否泄漏。

(二)检查

(1)散热器盖测试。

①拆卸散热器盖,用发动机冷却水弄湿它的密封件,然后在压力测试器上安装。

②提供 93.16~122.58kPa 的压力。

③检查压力是否下降。

④如果压力下降,更换散热器盖,如图 1-145 所示。

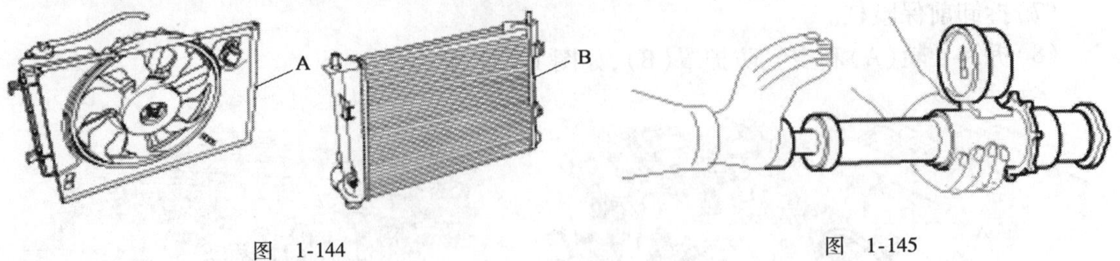

图 1-144　　图 1-145

(2)散热器泄漏测试

①直到发动机冷却,注意拆卸散热器盖,并给散热器注满发动机冷却水,然后安装压力测试器。

②给散热器应用压力测试仪,提供 93.16 ~ 122.58kPa 的压力。

③检查发动机冷却水是否泄漏和压力是否下降。

④拆卸测试器并重新安装散热器盖。

注意:检查冷却水中是否渗入发动机机油和发动机油中是否渗入冷却水。

(三)水泵的拆卸

(1)排放发动机冷却水。

注意:发动机热时,系统处在高压状态。为避免释放滚烫的发动机冷却水的危险,仅在发动机冷却时,拆卸散热器盖。

(2)拆卸驱动皮带(参考本章的正时系统)。

(3)拆卸水泵皮带轮(A),如图 1-146 所示 。

(4)拆卸水泵(A),如图 1-147 所示。

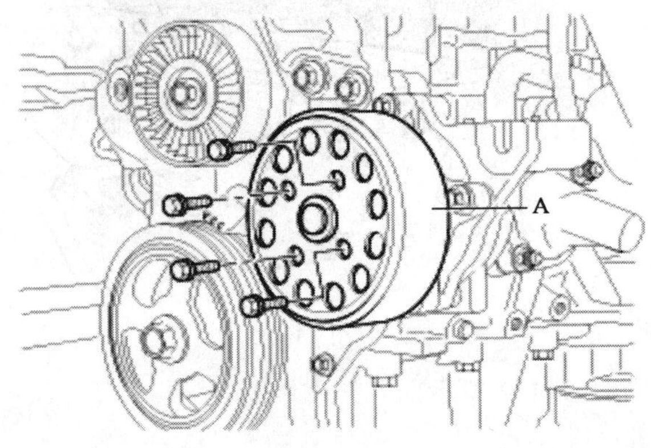

图 1-146

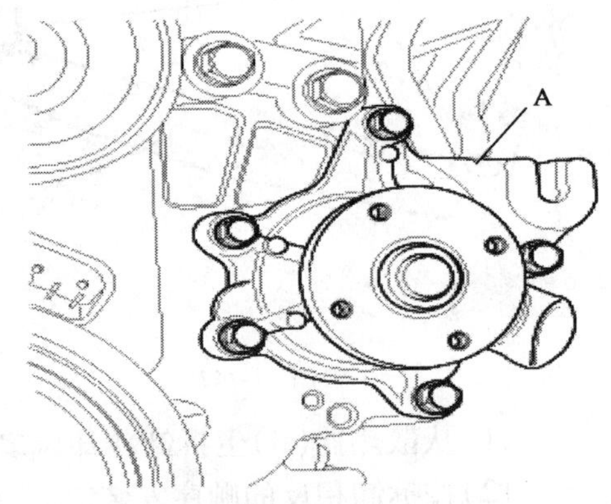

图 1-147

(四)水泵的检查

(1)检查各个部件有无裂纹、损坏、磨损,必要时更换冷却水泵总成。

(2)检查轴承的损坏、异响、旋转不良情况,必要时更换冷却水泵总成。

(3)检查冷却水泄漏情况。如果从孔中泄漏冷却水,说明密封不良。更换冷却水泵总成和衬垫。

(五)水泵的安装

(1)安装水泵。

①用螺栓安装水泵(A)和新衬垫。

按以下顺序拧紧螺栓,如图 1-148 所示。

规定力矩:11.8～12.5N·m。

②用 4 个螺栓安装水泵皮带轮(A),如图 1-149 所示。

规定力矩:9.8～11.8N·m。

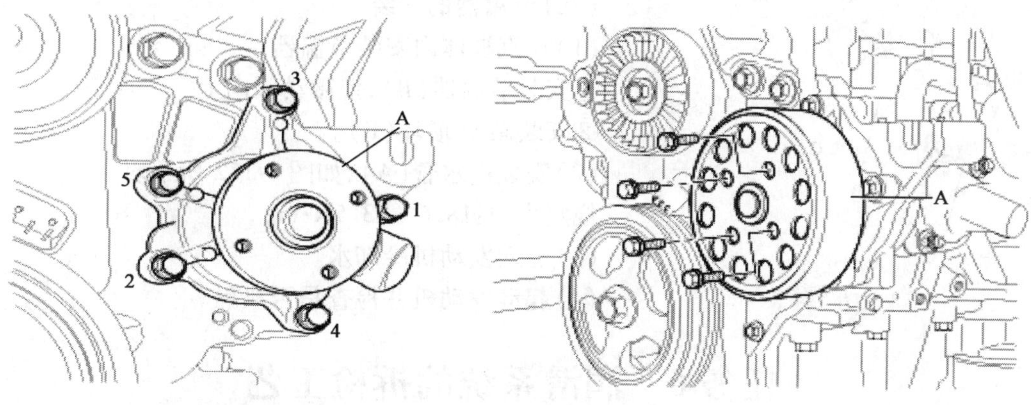

图 1-148　　图 1-149

(2)安装驱动皮带(参考本章的正时系统)。

(3)注入发动机冷却水。

(4)起动发动机并检查是否泄漏。

(5)重新检查发动机冷却水液位。

(六)节温器的拆卸

(1)排放发动机冷却水,使水位降至节温器以下。

(2)拆卸散热器下软管。

(3)拆卸进水管接头(A)、O 形环(B)和节温器(C),如图 1-150 所示。

(七)节温器的检查

(1)将节温器浸入在水中,逐渐加热水,如图 1-151 所示。

(2)检查阀门打开时的温度。

如果阀门打开时温度不在规定值内,更换节温器。

阀门开启时温度:82℃ ±1.5℃(179.6℉ ±2.7℉)。

全开时温度: 95℃(203℉)。

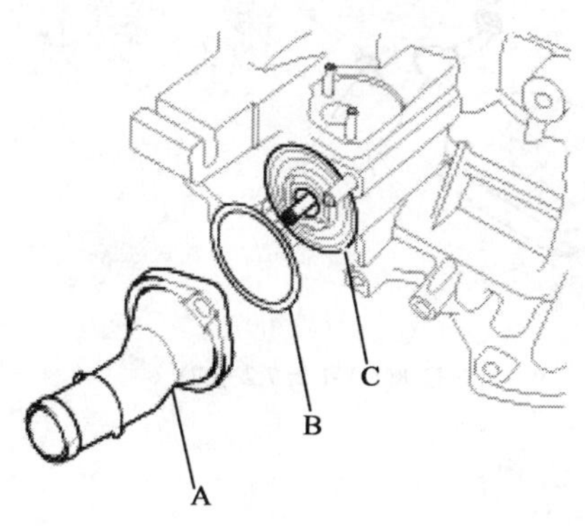

图 1-150

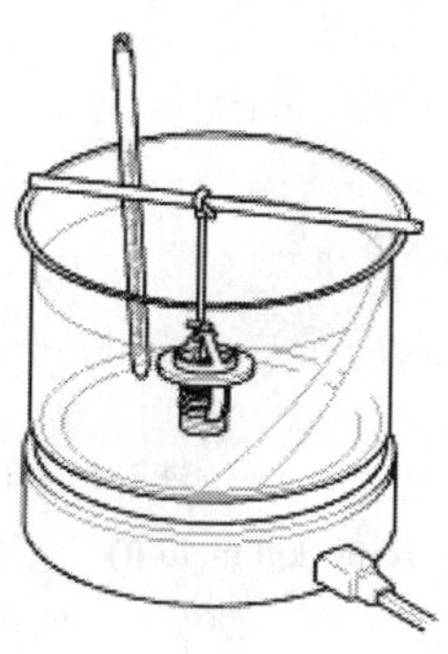

图 1-151

(3)检查阀门升程。

如果阀门升程不在规定值内,更换节温器。

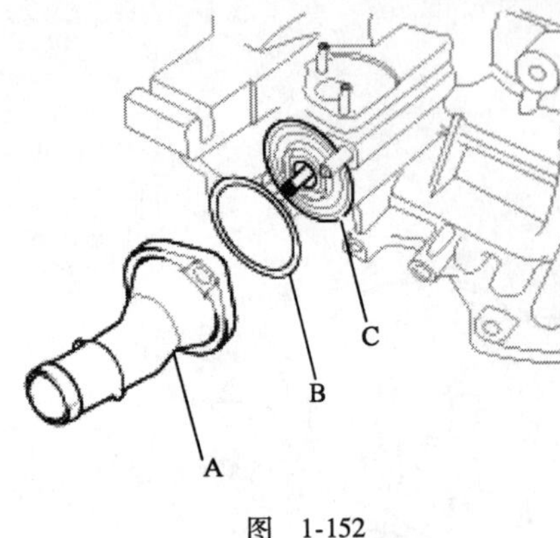

图 1-152

阀升程:8mm(0.3in)以上,95℃(203℉)时,如果阀门升程不在规定值内,更换节温器。

(八)节温器的安装

(1)在汽缸体内安装节温器。

①安装节温器(B),使微动阀向上。

②安装新O形环(B)。

(2)安装进水管(A),如图1-152所示。

规定力矩:18.6~23.5N·m。

(3)注入发动机冷却水。

(4)起动发动机并检查是否泄漏。

任务6　润滑系统的拆检工艺

一、发动机润滑系统部件结构图(图1-153)

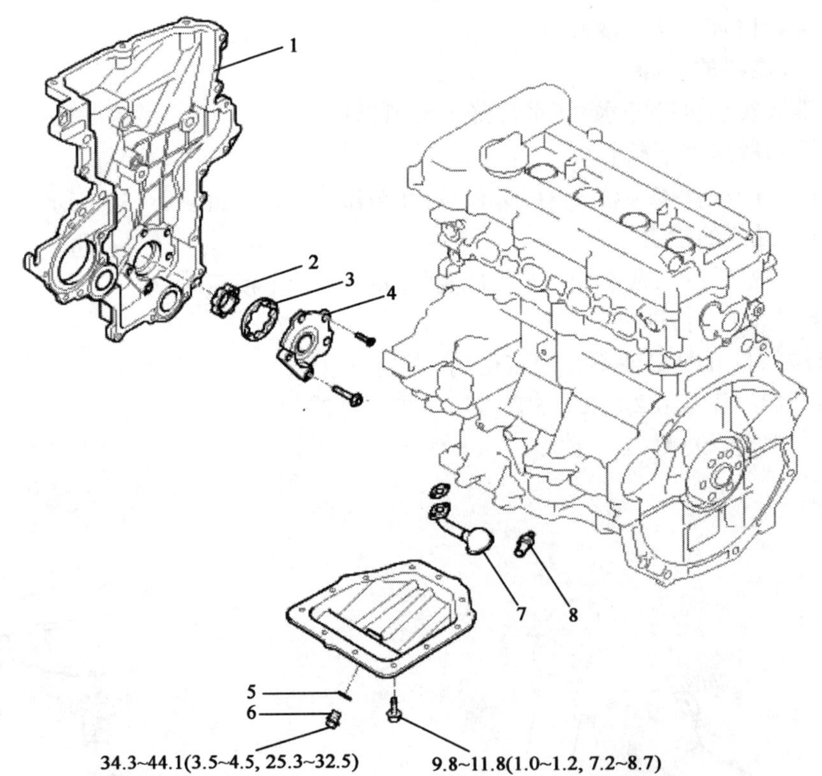

图 1-153

1-正时链条盖;2-内部转子;3-外部转子;4-泵盖;5-油底壳;6-机油排放塞;7-机油滤网;8-机油压力表

二、发动机润滑系统的拆装工艺

(一)机油泵的拆卸

(1)拧松油底壳放油螺栓,排出发动机机油。

(2)拆卸驱动皮带(参考本章的正时系统)。

(3)转动曲轴皮带轮,使其凹槽与正时皮带盖上的正时标记"T"对正。

(4)拆卸正时皮带。

(5)拆卸正时皮带张紧器(A),如图 1-154 所示。

(6)拆卸油底壳紧固螺栓和机油集滤器。

(7)拆卸交流发电机。

(8)拆卸空调压缩机张紧器支架(A),如图 1-155 所示。

(9)拆卸机油滤清器和机油泵总成。

(10)分解机油泵,拆卸前壳。

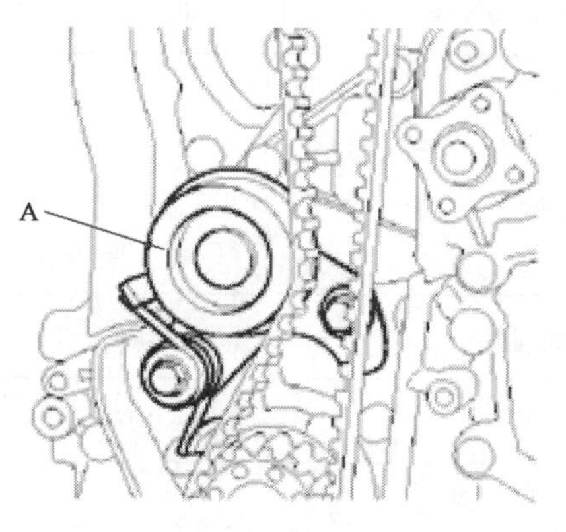

图 1-154

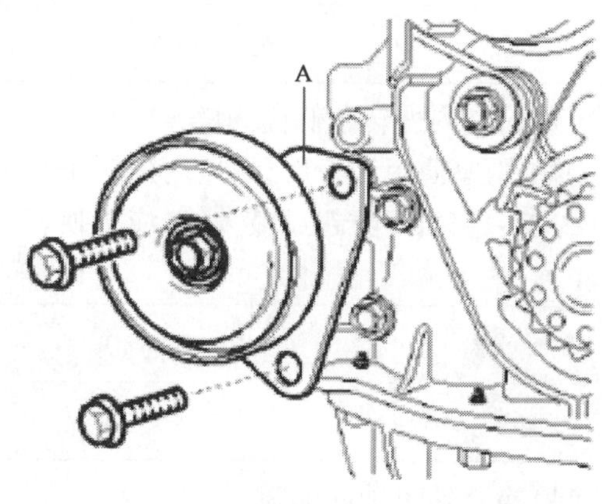

图 1-155

①从机油泵壳体上拧下螺钉,分离泵壳和泵盖,如图 1-156 所示。

②拆卸内转子和外转子,如图 1-157 所示。

图 1-156

图 1-157

(11)拆卸减压柱塞。

拆卸塞(A)、弹簧(B)和释放柱塞(C),如图 1-158 所示。

(二)机油泵的检查

(1)检查释放柱塞。

给柱塞涂抹一层机油,检查柱塞是否靠自己的重力平滑的进入柱塞孔。如果不是,更换塞。如果必要,更换前壳。

(2)检查安全阀弹簧。

检查安全阀弹簧的扭曲或破裂情况,检查安全阀弹簧的自由高度。标准值如表 1-10 所示。

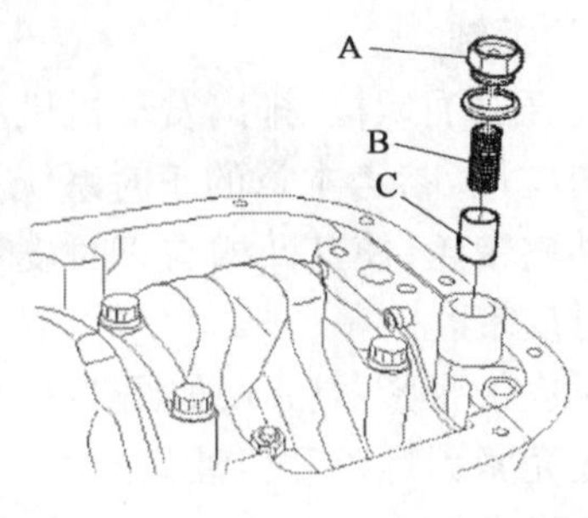

图 1-158

安全阀弹簧自由高度的标准值 表 1-10

检测条件	标准值(mm)	检测条件	标准值(mm)
自由高度	46.6	负荷:(6.1 ±0.4)kg	40.1

(3)检查内外转子侧面间隙。

①使用厚薄规和刀尺,测量内外转子与刀尺之间的间隙,如图 1-159 所示。

②如果侧面间隙超过最大值,应更换转子,必要时更换前壳如表 1-11。

侧面间隙的标准值 表 1-11

侧面间隙	标准值(mm)	侧面间隙	标准值(mm)
内转子	0.04 ~0.085	外转子	0.04 ~0.09

(4)检查转子轴向间隙。

使用厚薄规, 测量内外转子尖端之间的径向间隙,如图 1-160 所示。

如果径向间隙大于规定值(0.025 ~0.069mm),把内外转子作为组件更换。

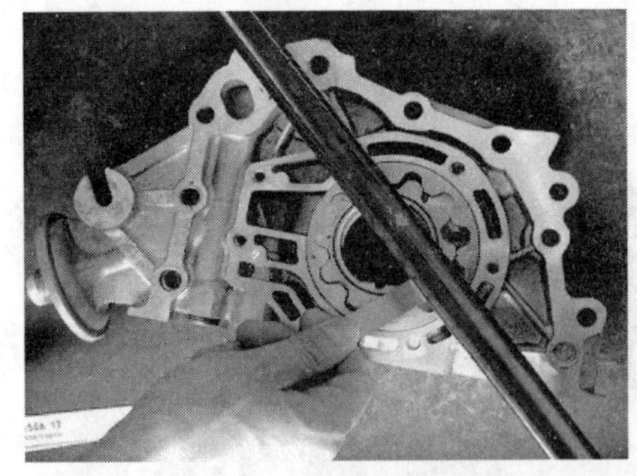

图 1-159

图 1-160

(三)机油压力开关的检查

(1)使用欧姆表检查端子和壳体间是否导通。如果没有导通,更换机油压力开关,如图 1-161 所示。

(2)使用细杆推时,检查端子和壳体之间是否导通。若导通,更换开关,如图 1-162 所示。

(3)通过油孔加 49.0kPa($0.5kg/cm^2$,7.1psi)的真空时,若不导通,说明开关工作正常。

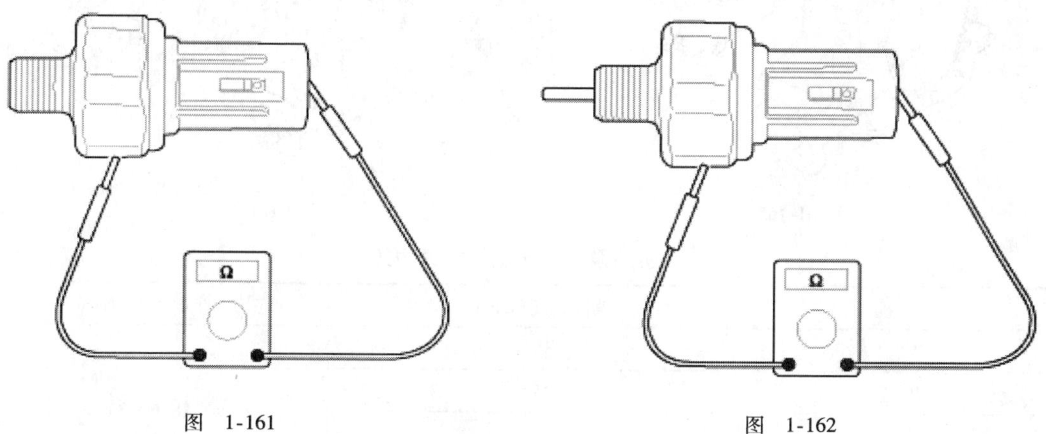

图 1-161

图 1-162

检查漏气情况,如果漏气,说明膜片破裂,更换它。

(四)机油泵的装配

(1)安装释放柱塞。

将安全柱塞(C)和弹簧(B)安入前壳孔。拧紧安装塞(A)。如图 1-163 所示。

规定力矩:39.2~49.0N·m。

(2)安装机油泵内外转子及前壳。

①在标记面向机油泵盖侧情况下,将内外转子放置在前壳内,并且对准内外转子的标记。如图 1-64 所示。

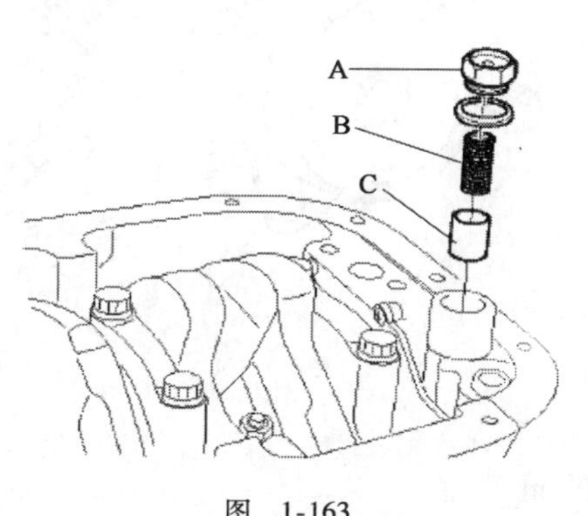

图 1-163

图 1-164

②用 7 个螺钉将机油泵盖(A)固定到前壳上,如图 1-165 所示。

规定力矩:5.9~6.9 N·m。

(3)检查机油泵是否转动自由。

(4)在汽缸体上安装机油泵。

①将新前壳衬垫放在汽缸体上。

②在油泵封口唇处涂上发动机油。然后,在曲轴上安装油泵。如图 1-166 所示。

将螺栓 A、B、C、D 按照规定力矩装复。如表 1-12 所示。

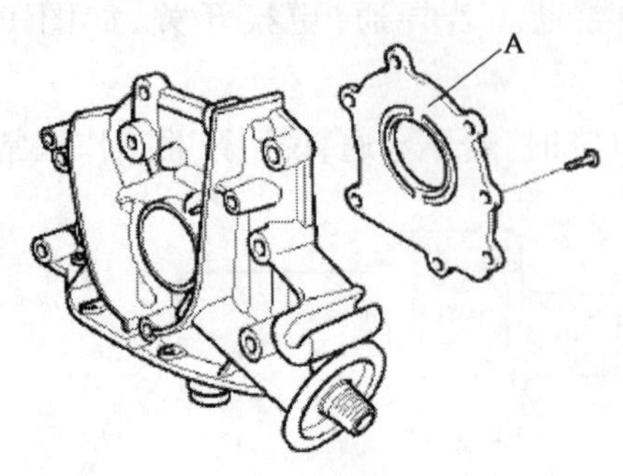

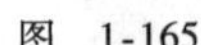

图 1-165

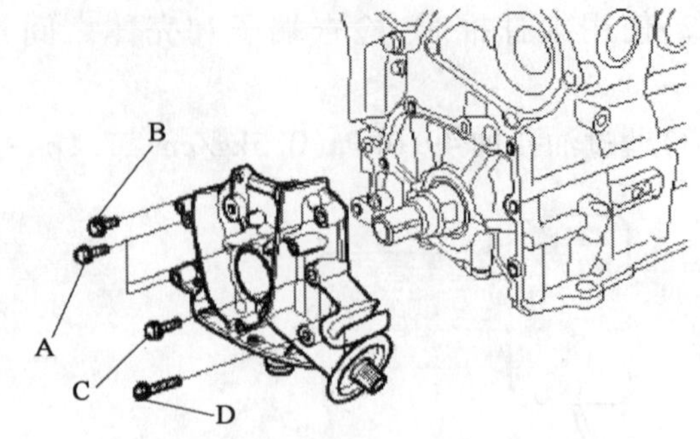

图 1-166

机油泵螺栓长度及拧紧力矩　　表 1-12

螺　栓	螺栓长度(mm)	拧紧力矩(N·m)
A	35	18.6～23.5
B	25	
C	50	
D	65	

③泵在适当位置时,清除曲轴上过多的润滑剂并检查油封口变形。

(5)在前壳油封唇上涂抹机油。

(6)使用 SST(09214-32000)安装前壳油封,如图 1-167 所示。

(7)安装空调压缩机张紧器。

支架(A)如图 1-168 所示。

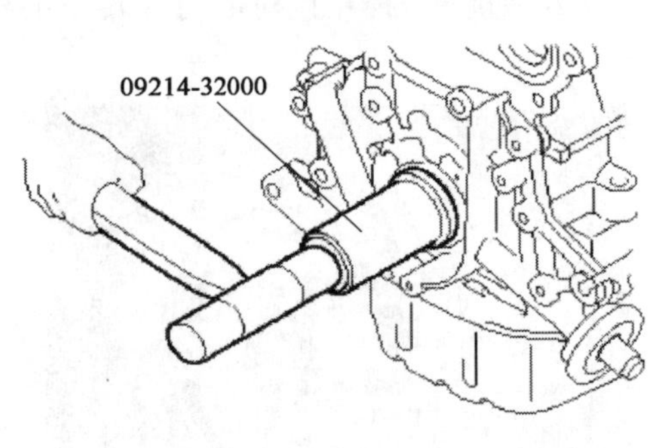

图 1-167

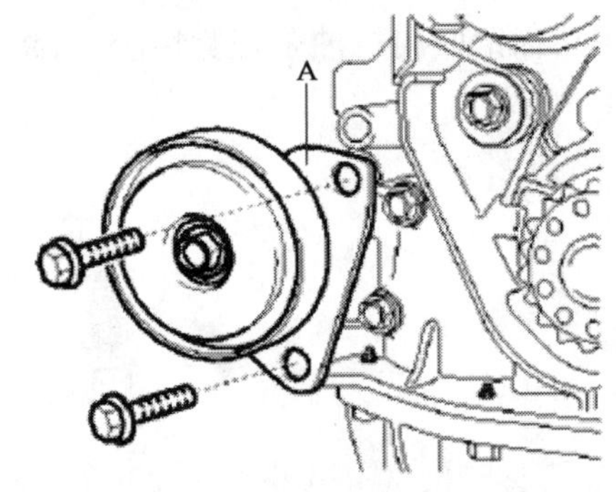

图 1-168

(8)安装交流发电机。

(9)安装机油集滤器。拧紧力矩为 14.7～21.6N·m。

(10)安装油底壳。油底壳螺栓拧紧力矩为 9.8～11.8N·m。

(11)安装正时皮带张紧器。

(12)安装正时皮带。

(13)安装驱动皮带。

(14)根据所需机油牌号加注发动机机油。

(15)起动发动机并检查是否有泄漏。

(16)重新测试机油压力。

(17)重新检查发动机机油液面高度。

任务7　进气和排气系统的拆检工艺

一、发动机进气和排气系统部件结构图（图1-169、图1-170）

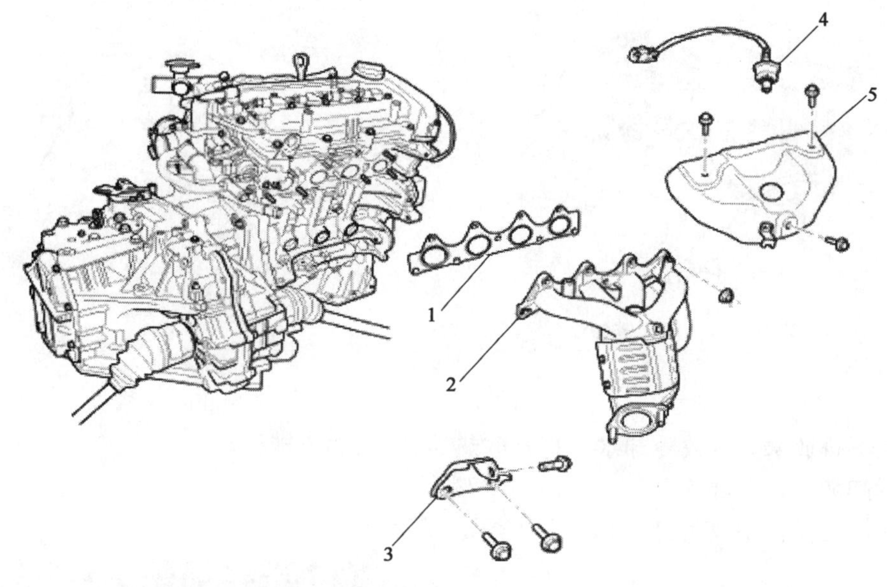

图　1-169

1-进气歧管;2-MAP传感器;3-电子节气门体

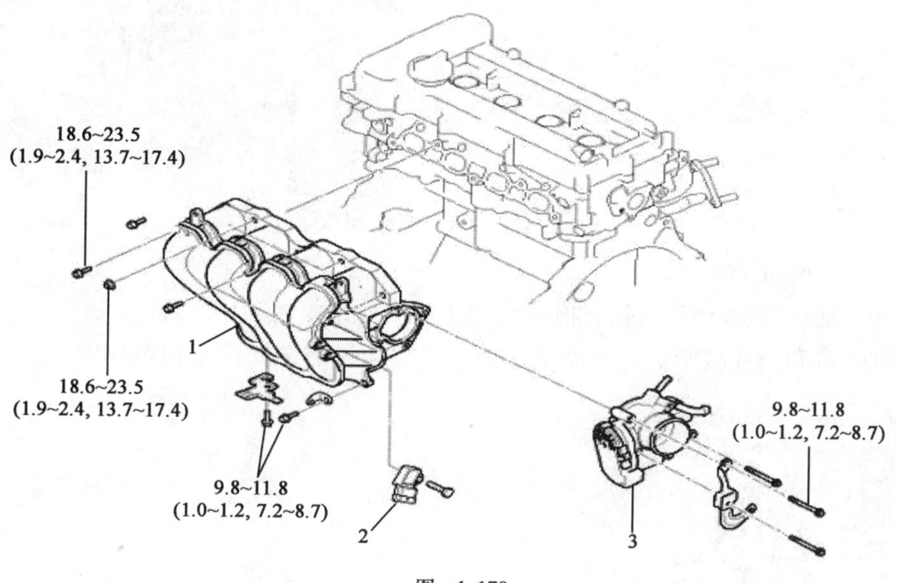

图　1-170

1-排气歧管衬垫;2-排气歧管;3-排气歧管支撑杆

二、进气歧管的拆装

(1)分离蓄电池负极端子(A)。

(2)分离通风软管(B)、进气软管(C),然后拆卸空气滤清器总成(D)。

如图 1-171 所示。

规定力矩：

软管夹具螺栓：2.9 ~ 4.9N·m。

空气滤清器总成螺栓：7.8 ~ 11.8N·m。

(3)拆卸左/右下盖(A)。规定扭矩：6.9 ~ 10.8N·m，如图 1-172 所示。

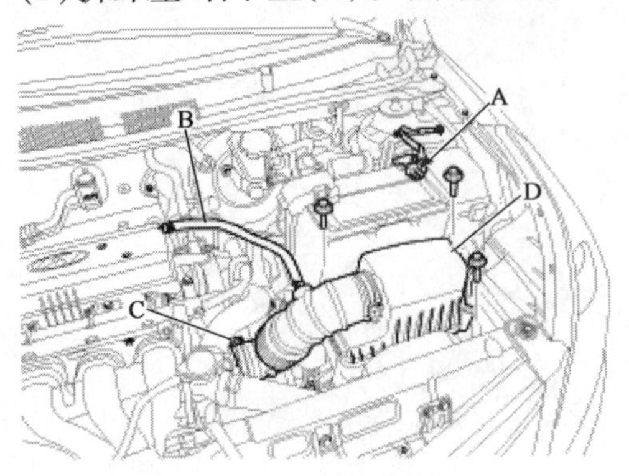

图 1-171

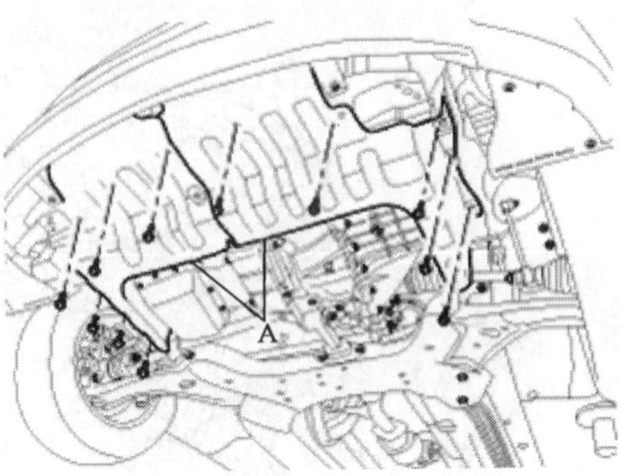

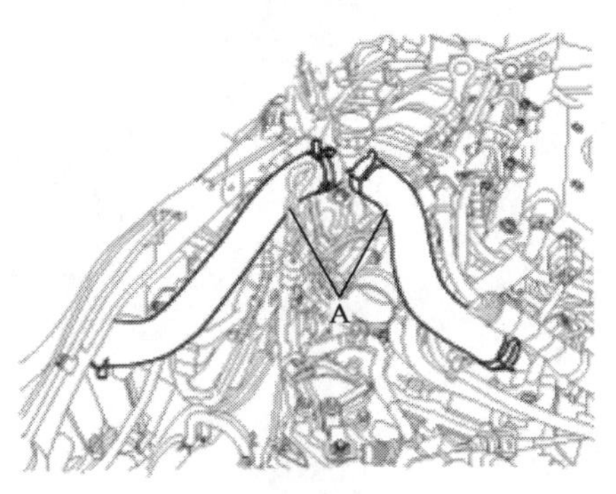

图 1-172

(4)拧下排放塞并排放冷却水。打开散热器盖，以加速排放。

(5)拆卸散热器上部软管(A)，如图 1-173 所示 。

(6)拆卸发动机中央盖，如图 1-174 所示。

图 1-173

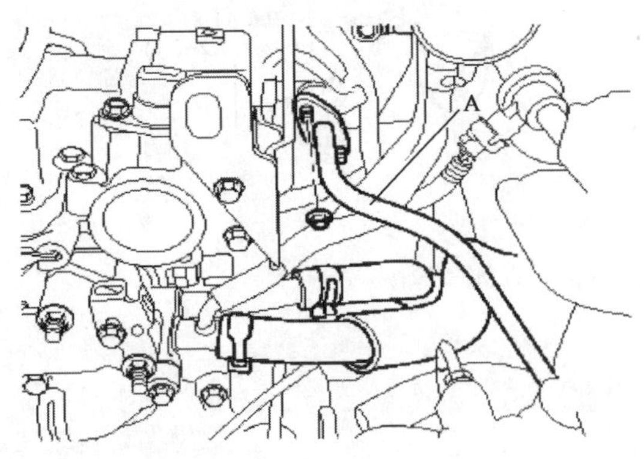

图 1-174

(7)拆卸燃油软管(A)时先进行卸压，如图 1-175 所示。

(8)从汽缸盖和进气歧管拆卸发动机线束连接器和线束夹具，如图 1-176 所示。

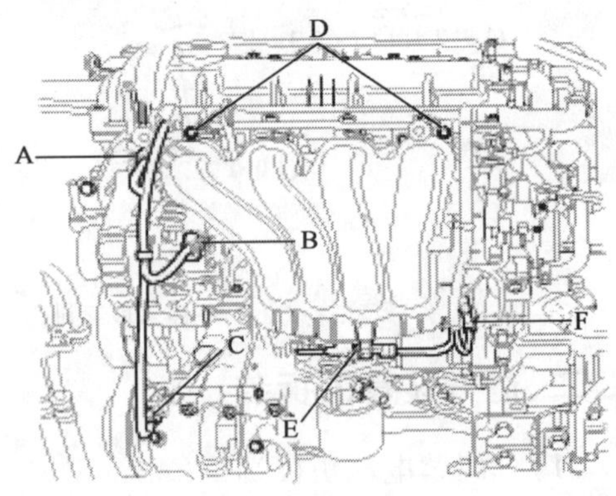

图 1-175

图 1-176

①分离机油控制阀(OCV)连接器(A)和交流发电机连接器(B)。
②分离空调压缩机连接器(C)。
③拆卸点火线圈线束固定螺栓(D)。
④分离 MAP 传感器连接器(F)和爆震传感器支架(E)
⑤分离前(A)和后(B)氧传感器连接器。
⑥分离点火线圈电容器连接器(C)和净化控制电磁阀(PCSV)连接器(D)。
⑦分离发动机冷却水温度传感器(ECTS)连接器(E)。如图 1-177 所示。
⑧分离电子节气门控制(ETC)连接器(A)。
⑨分离蒸汽软管(B)和节气门体冷却水软管(C),如图 1-178 所示。

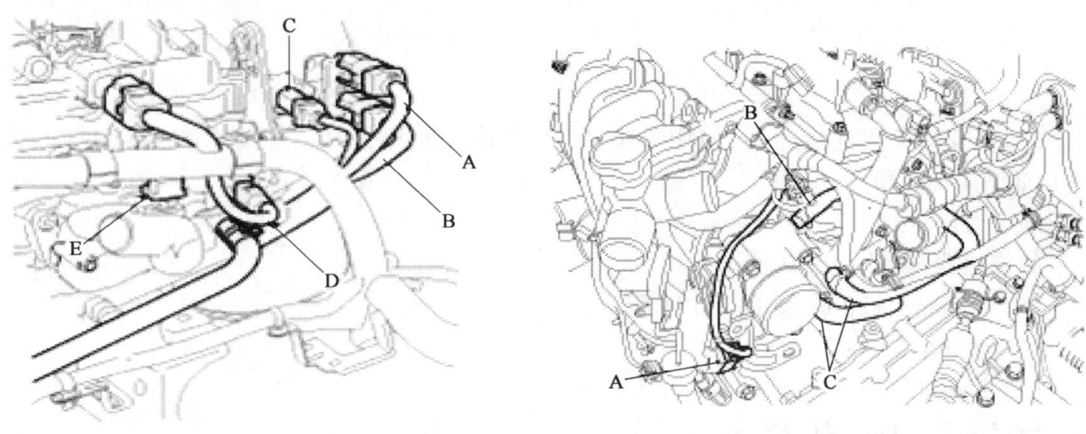

图 1-177

图 1-178

(9)拆卸油尺总成。
规定力矩:9.8 ~11.8N·m。
(10)拆卸进气歧管总成(A)。如图 1-179 所示。
规定力矩:18.6 ~23.5N·m。
(11)按拆卸相反的顺序安装。

三、排气歧管的拆装

(1)分离蓄电池负极端子。
(2)分离氧传感器连接器(A),如图 1-180 所示。

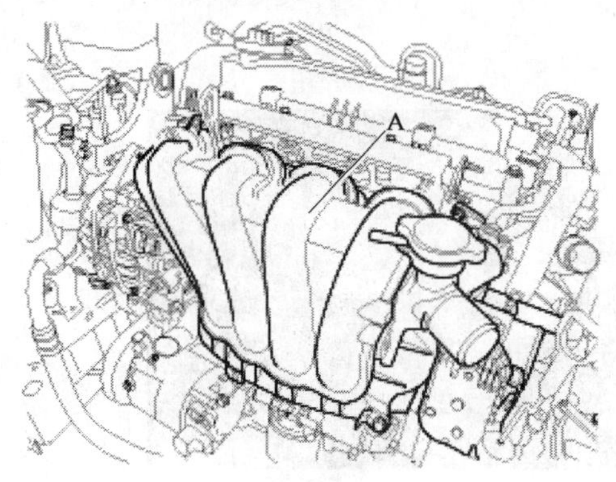

图 1-179

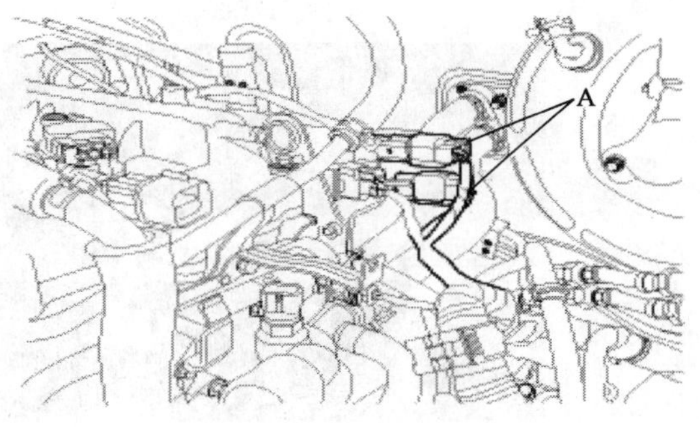

图 1-180

(3)拆卸前消音器(A),如图 1-181 所示。

规定力矩:39.2～58.8N·m。

(4)拆卸排气歧管支撑架(A),如图 1-182 所示。

规定力矩:39.2～49.0N·m。

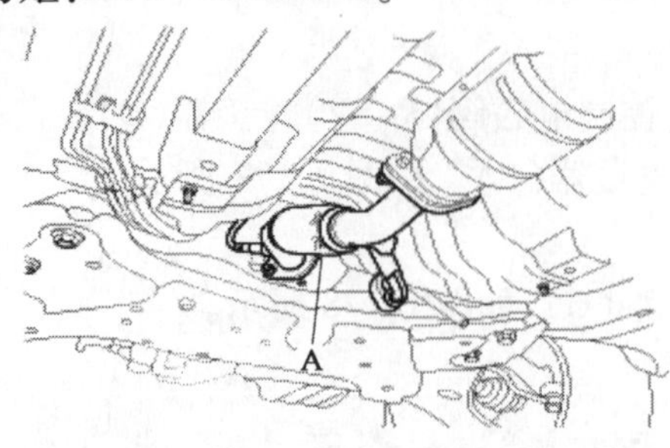

图 1-181

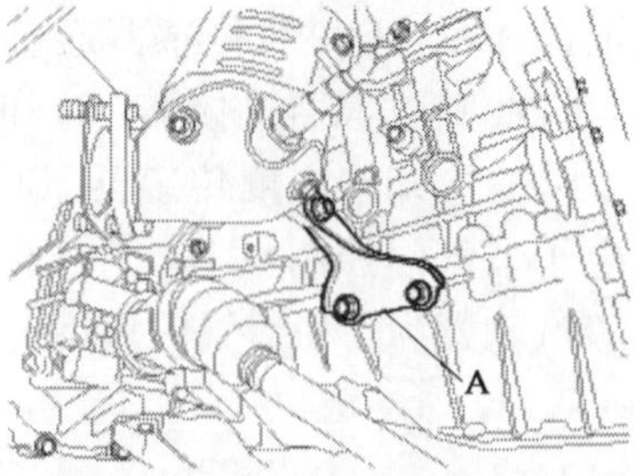

图 1-182

(5)从支架分离连接器后,使用 SST(氧传感器套筒扳手: 09392-2H100)拆卸氧传感器(A),如图 1-183 所示。

规定力矩:

氧传感器:39.2～49.0N·m。

(6)拆卸隔热板(A),如图 1-184 所示。

规定力矩:16.7～21.6N·m。

(7)拆卸排气歧管(A),如图 1-185 所示。

规定力矩:29.4～41.2N·m。

(8)拆卸排气歧管垫。

(9)取出催化转换器,如图 1-186 所示。

(10)安装顺序与拆卸顺序相反进行。

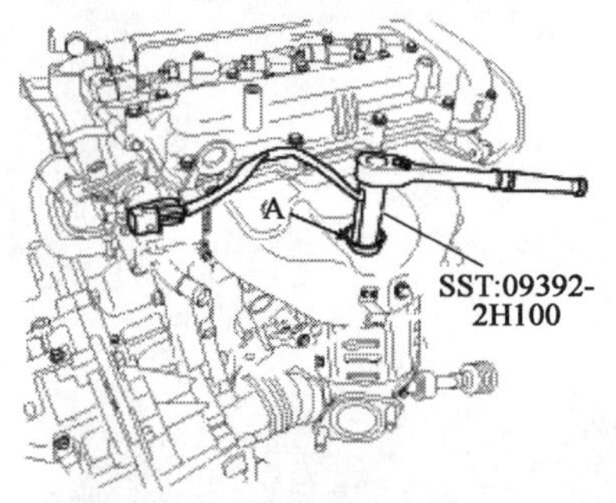

图 1-183

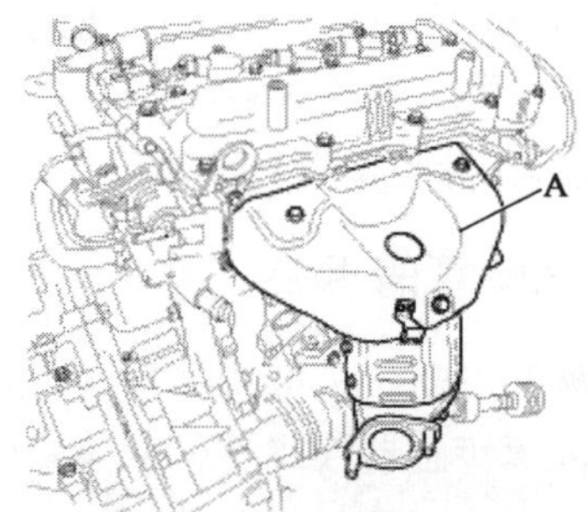

图 1-184

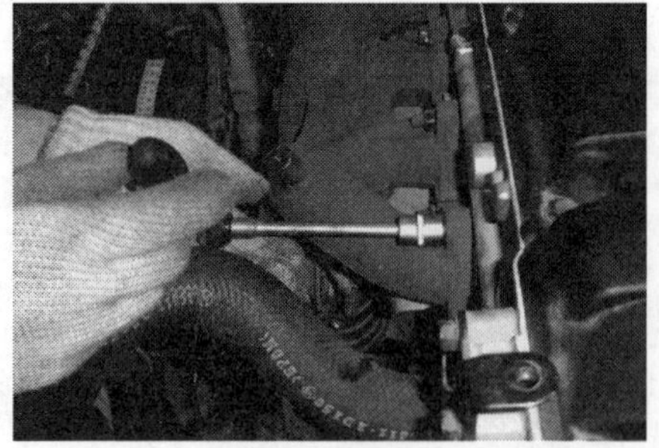

图 1-185

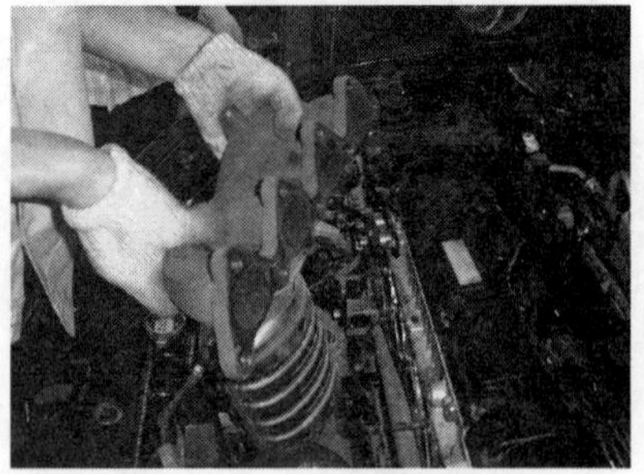

图 1-186

项目二　瑞纳轿车发动机控制系统

Z 知识目标

(1)知道北京现代瑞纳轿车发动机控制系统的组成。

(2)知道北京现代瑞纳轿车发动机控制系统原理。

(3)熟悉北京现代轿车发动机电控系统的电路图。

N 能力目标

(1)能够规范进行北京现代瑞纳轿车发动机控制系统元器件的拆检。

(2)能够正确对北京现代轿车发动机电控系统的电路图分析。

(3)能正确使用发动机拆检与故障诊断与检修的工具、仪器设备。

S 素质目标

(1)扩展相应的信息收集能力。

(2)提高小组互助能力、合作能力。

(3)培养工作的责任意识。

(4)养成对工作结果的评价与反思习惯。

任务1　瑞纳轿车发动机控制系统部件和部件位置认识

一、组成(图 2-1)

二、安装位置

(1)ECM(发动机控制模块)[A/T],如图 2-2 所示。ECM(发动机控制模块)[M/T],如图 2-3 所示。

(2)歧管绝对压力传感器(MAPS)。

(3)进气温度传感器(IATS),如图 2-4 所示。

(4)水温传感器(ECTS),如图 2-5 所示。

(5)曲轴位置传感器(CKPS),如图 2-6 所示。

(6)凸轮轴位置传感器(CMPS),如图 2-7 所示。

(7)爆震传感器(KS),如图 2-8 所示。

(8)加热式氧传感器(HO_2S)[1 排/传感器 1],如图 2-9 所示。

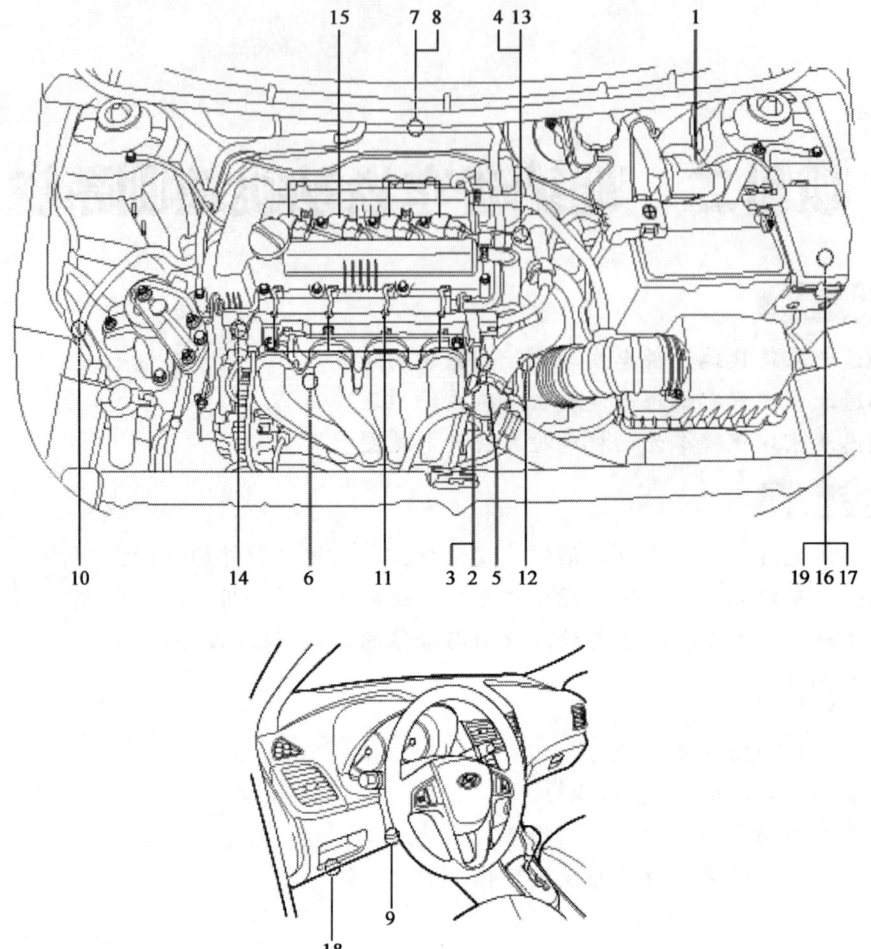

图 2-1

1-ECM(发动机控制模块);2-歧管绝对压力传感器(MAPS);3-进气温度传感器(IATS);4-水温传感器(ECTS);5-曲轴位置传感器(CKPS);6-爆震传感器(KS);7-加热式氧传感器(HO2S)[1 排/传感器 1];8-加热式氧传感器(HO2S)[1 排/传感器 2];9-加速踏板位置传感器(APS);10-空调压力传感器(APT);11-喷油嘴;12-ETC 模块(包括 TPS 和 ETC 电机);13-净化控制电磁阀(PCSV);14-CVVT 机油控制阀(OCV);15-点火线圈;16-主继电器;17-燃油泵继电器;18-诊断连接器(DLC)[16 端子];19-多功能检查连接器[6 端子]

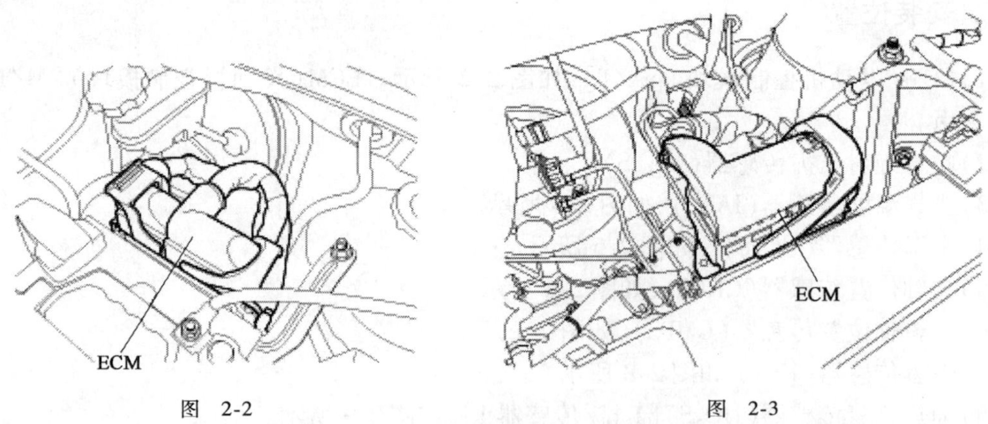

图 2-2　　　　图 2-3

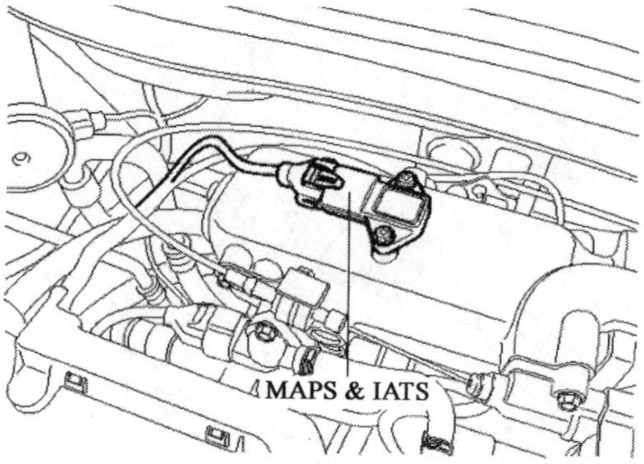

MAPS & IATS

图 2-4

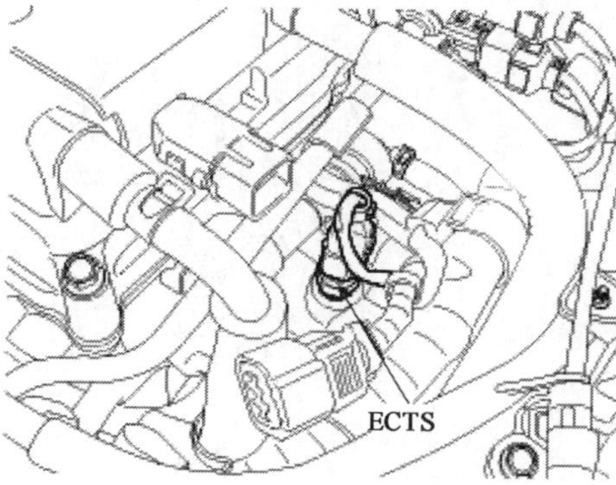

ECTS

图 2-5

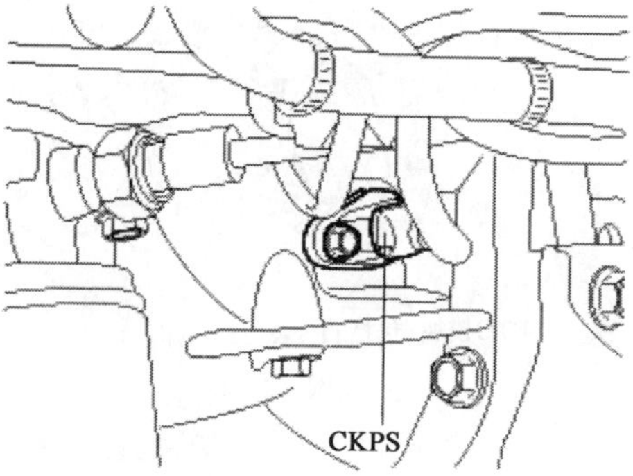

CKPS

图 2-6

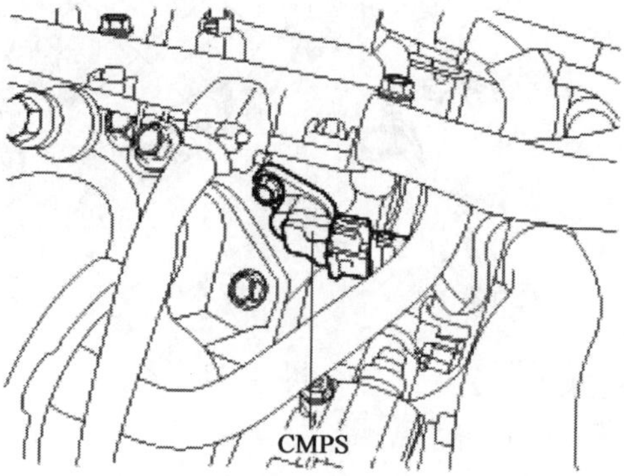

CMPS

图 2-7

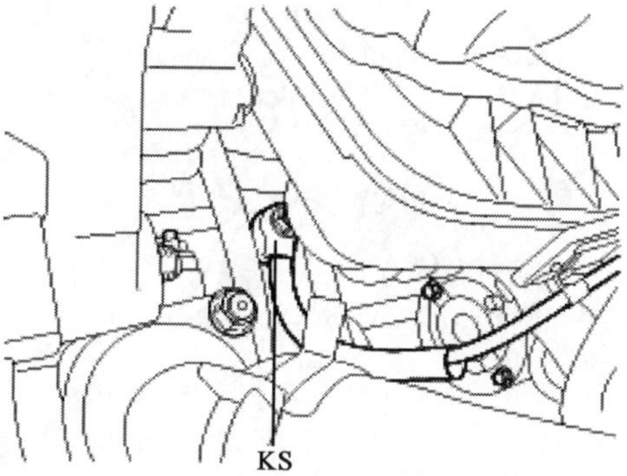

KS

图 2-8

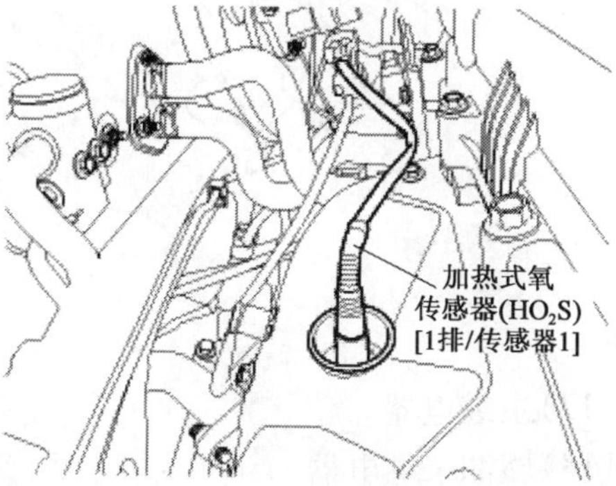

加热式氧传感器(HO_2S)
[1排/传感器1]

图 2-9

(9)加热式氧传感器(HO_2S)[1 排/传感器 2],如图 2-10 所示。

(10)加速踏板位置传感器(APS),如图 2-11 所示。

(11)空调压力传感器(APT),如图 2-12 所示。

(12)喷油嘴。

(13)点火线圈,如图 2-13 所示。

(14)ETC 模块(包括 TPS 和 ETC 电机),如图 2-14 所示。

(15)净化控制电磁阀(PCSV),如图 2-15 所示。

(16)CVVT 机油控制阀(OCV),如图 2-16 所示。

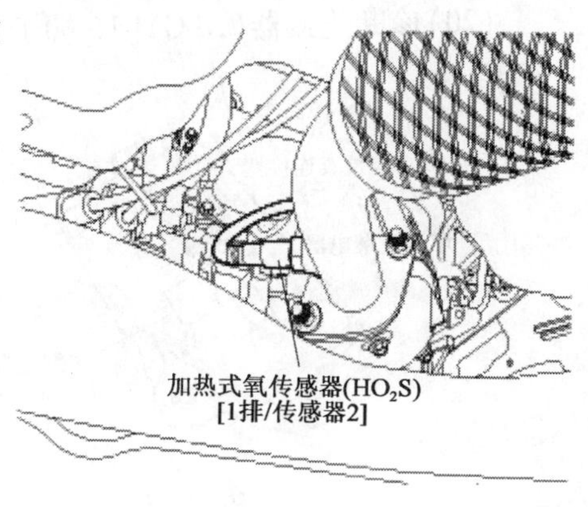

图 2-10

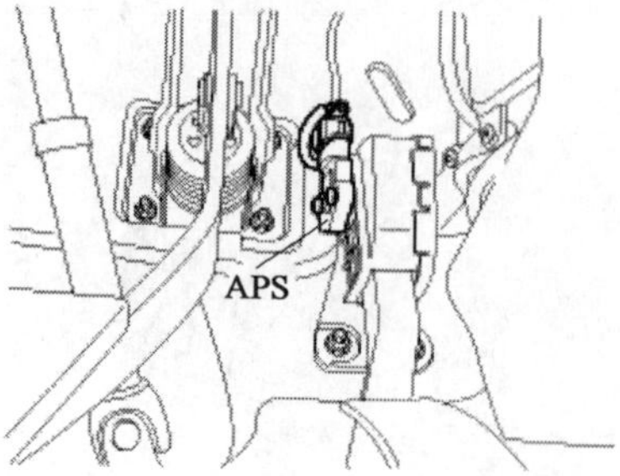

APS

图 2-11

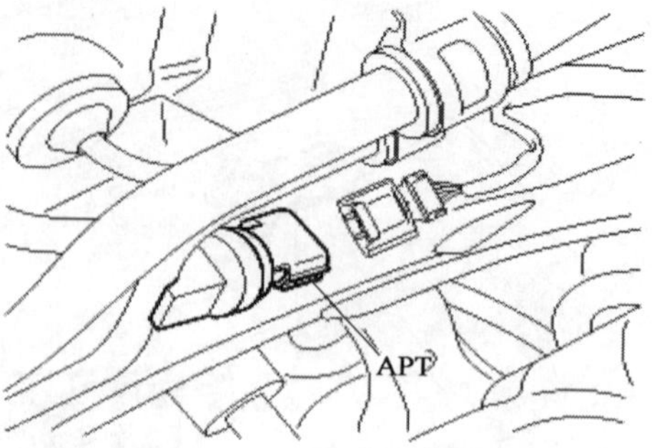

APT

图 2-12

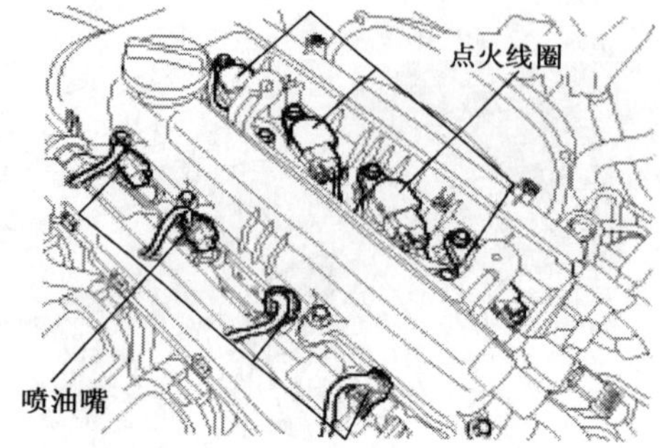

点火线圈
喷油嘴

图 2-13

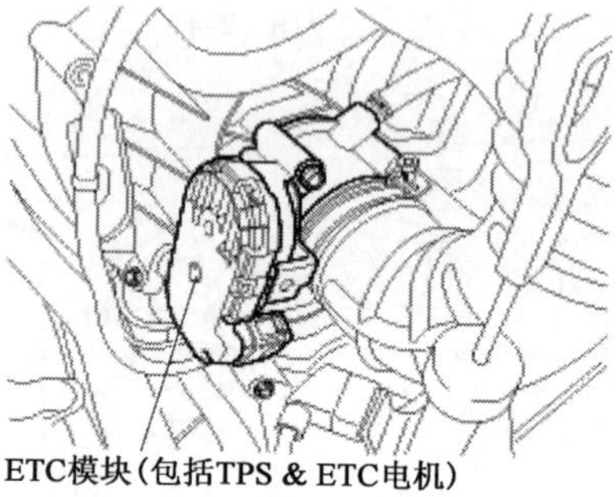

ETC模块(包括TPS & ETC电机)

图 2-14

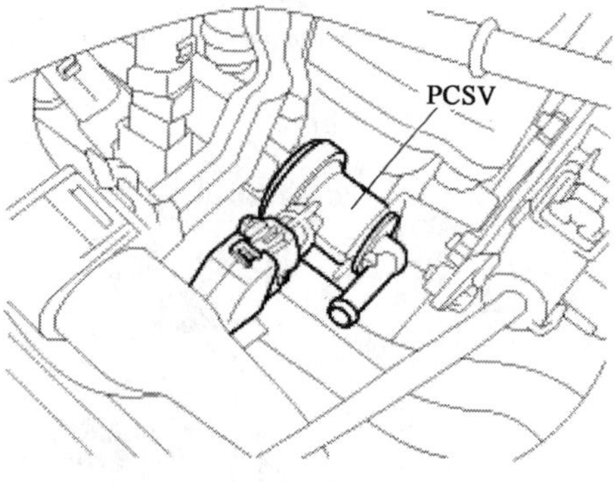

PCSV

图 2-15

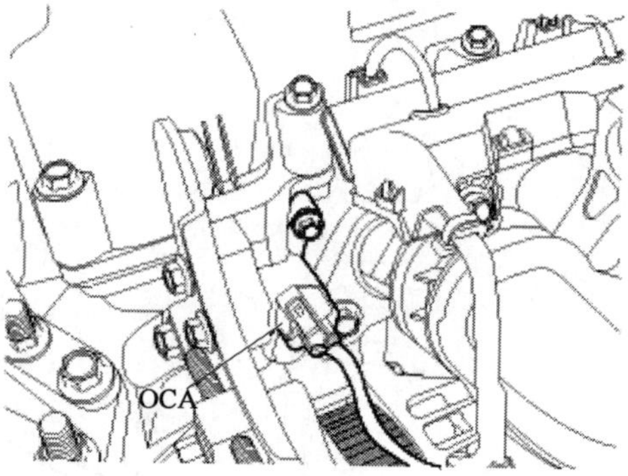

OCA

图 2-16

(17)主继电器。

(18)燃油泵继电器。

(19)多功能检查连接器[6 端子],如图 2-17 所示。

(20)诊断连接器(DLC)[16 端子],如图 2-18 所示。

多功能检查连接器
[6端子]
燃油泵继电器
主继电器

图 2-17

诊断连接器
(DLC) [16端子]

图 2-18

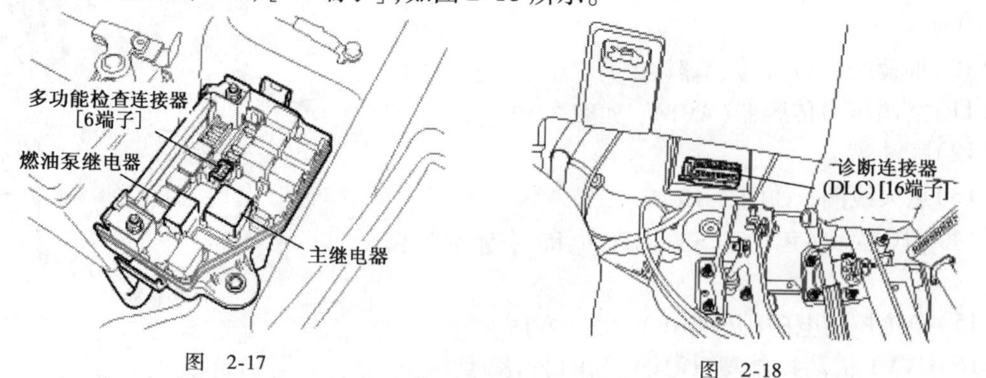

任务2　瑞纳轿车发动机控制模块(ECM)的拆检

一、发动机控制模块(ECM)概述

(1)线束连接器，如图2-19所示。

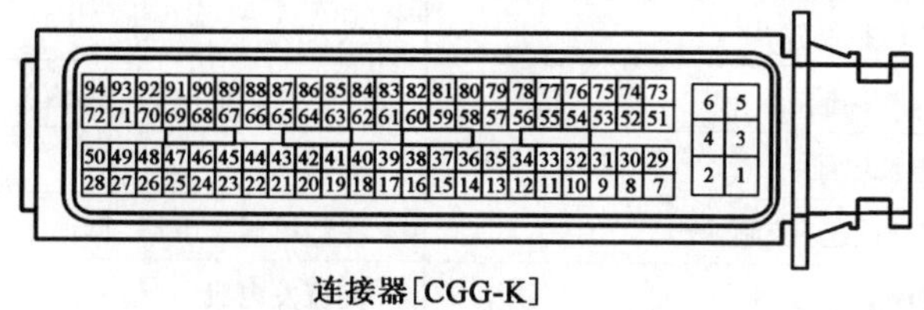

图　2-19

(2)端子功能。

连接器[CGG-K]，见表2-1。

连　接　器　　　表2-1

端子号	说　　明	连　接　到
1	ETC电机[＋]	ETC模块
2	ETC电机[－]	ETC模块
3	电源搭铁	搭铁
4	电源搭铁	搭铁
5	主继电器后蓄电池电压	主继电器
6	主继电器后蓄电池电压	主继电器
7	加热式氧传感器(传感器1)加热器控制输出	加热式氧传感器(传感器1)
8	喷油嘴(汽缸2)控制输出	喷油嘴(汽缸2)
9	喷油嘴(汽缸1)控制输出	喷油嘴(汽缸1)
10		
11		
12		
13	电负荷信号输入(除霜)	室内接线盒(后除霜器继电器)
14	空调开关“ON”信号输入	A/C开关
15	交流发电机负荷信号输入(FR)	交流发电机
16		
17	凸轮轴位置传感器信号输入	凸轮轴位置传感器(CMPS)
18	点火开关后电源电压	点火开关
19	传感器电源(3.3V)	加速踏板位置传感器(APS)2
20	传感器电源(＋5V)	进气歧管绝对压力传感器(MAPS)
21	传感器电源(3.3V)	节气门位置传感器(TPS)1,2(ETC模块)
22	进气温度传感器(IATS)信号输入	进气温度传感器(IATS)
23	歧管绝对压力传感器(MAPS)信号输入	进气歧管绝对压力传感器(MAPS)

续上表

端子号	说　明	连　接　到
24	节气门位置传感器(TPS)1 信号输入	节气门位置传感器(TPS)1,2(ETC 模块)
25	空调压力传感器(APT)信号输入器(APT)	空调压力传感
26	传感器搭铁	凸轮轴位置传感器(CMPS)
27	点火线圈(汽缸 3)控制输出	点火线圈(汽缸 3)
28	点火线圈(汽缸 1)控制输出	点火线圈(汽缸 1)
29	净化控制电磁阀控制输出	净化控制电磁阀(PCSV)
30	主继电器后蓄电池电压	主继电器
31	冷却风扇继电器[低速]控制输出	冷却风扇继电器[低速]
32	交流发电机(COM)	交流发电机
33		
34	制动灯开关信号输入	制动灯开关
35		
36	大灯继电器(近光)控制输出	大灯继电器
37	空调压力开关信号输入	空调压力开关
38	制动开关信号输入	制动开关
39	车速信号输入	ABS/ESP 控制模块[配备 ABS/ESP]
40	传感器搭铁	空调压力传感器(APT)
41	传感器搭铁	加速踏板位置传感器(APS)1
42	传感器电源(+5V)	空调压力传感器(APT)
43	传感器电源(3.3V)	加速踏板位置传感器(APS)1
44	水温传感器(ECTS)信号输入	水温传感器(ECTS)
45		
46		
47	动力转向开关信号输出动力转向开关	
48		
49	点火线圈(汽缸 2)控制输出	点火线圈(汽缸 2)
50	点火线圈(汽缸 4)控制输出	点火线圈(汽缸 4)
51	喷油嘴(汽缸 3)控制输出	喷油嘴(汽缸 3)
52		
53	冷却风扇继电器[高速]控制输出	冷却风扇继电器[高速]
54	钥匙防盗系统警告灯控制输出	钥匙防盗警告灯(仪表盘)
55		
56	曲轴位置传感器(CKPS)信号输入	曲轴位置传感器(CKPS)
57	CAN[高电位]	其他控制模块,多功能检查连接器[6 端子],诊断连接器[16 端子]
58	LIN 通信信号输入	蓄电池传感器
59		

续上表

端子号	说　明	连 接 到
60		
61		
62		
63	传感器搭铁	水温传感器(ECTS)
64		
65	传感器搭铁	加速踏板位置传感器(APS)2
66	加热式氧传感器(传感器2)加热器控制输出	加热式氧传感器(传感器2)
67	加速踏板位置传感器(APS)1信号输	加速踏板位置传感器(APS)1
68		
69	加速踏板位置传感器(APS)2信号输入	加速踏板位置传感器(APS)2
70	传感器搭铁	爆震传感器(KS)
71	加热式氧传感器(传感器2)加热器控制输出	加热式氧传感器(传感器2)
72		
73	故障警告灯(MIL)控制输出	故障警告灯(仪表盘)
74	喷油嘴(汽缸2)控制输出	喷油嘴(汽缸4)
75	燃油泵继电器控制输出[配备钥匙防盗系统]	燃油泵继电器
	空调压缩机继电器控制输出(无钥匙防盗装置)	A/C压缩机继电器
76	燃油泵继电器控制输出(无钥匙防盗装置)	燃油泵继电器
77	空调压缩机继电器控制输出(配有钥匙防盗装置)	A/C压缩机继电器
78	传感器搭铁	曲轴位置传感器(CKPS)
79	CAN[低电位]	其他控制模块,多功能检查连接器[6端子],诊断连接器[16端子]
80	钥匙防盗系统通信线钥匙防盗系统控制模块	
81		
82		
83	传感器搭铁	进气歧管绝对压力传感器(MAPS)
84		
85	传感器搭铁	节气门位置传感器(TPS)1,2(ETC模块)
86	传感器搭铁	加热式氧传感器(传感器1、2)
87	加热式氧传感器(传感器1)信号输入	加热式氧传感器(传感器1)
88	节气门位置传感器(TPS)2信号输入	节气门位置传感器(TPS)1,2(ETC模块)
89	鼓风机电机开关输入	鼓风机电阻器,鼓风机电机
90		
91	爆震传感器(KS)信号输入	爆震传感器(KS)
92	CVVT机油控制阀控制输出	CVVT机油控制阀(OCV)
93		
94		

二、发动机控制模块(ECM)的更换与故障检查程序

(一)发动机控制模块(ECM)的拆装

(1)将点火开关置于 OFF,分离蓄电池负极(-)导线。

(2)分离 ECM 连接器(A),如图 2-20 所示。

(3)拧下支架安装螺栓(A)和螺母(B),如图 2-21 所示。

(4)拧下安装螺栓(A)[A/T]或螺钉(A)[M/T],从支架上拆卸 ECM,如图 2-22 所示。

(5)按拆卸的相反顺序安装。

注意:更换 ECM 时,必须在配备钥匙防盗系统的车辆上执行下列程序。

[安装旧 ECM 时]:

①使用 GDS 执行"ECM 中和模式"程序(参考 BE 部分"钥匙防盗系统")。

②插入钥匙并转至点火开

自动完成 ECM 钥匙注册过程。

[安装新 ECM 时]:插入钥匙并转至点火开关 ON 和 OFF 位置。

自动完成 ECM 钥匙注册过程。

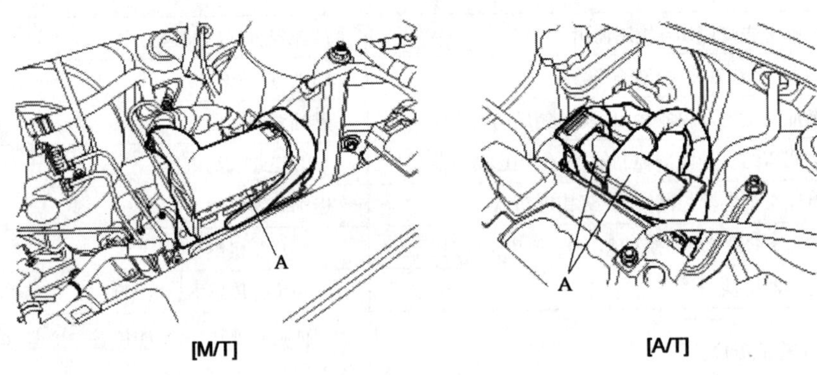

图 2-20

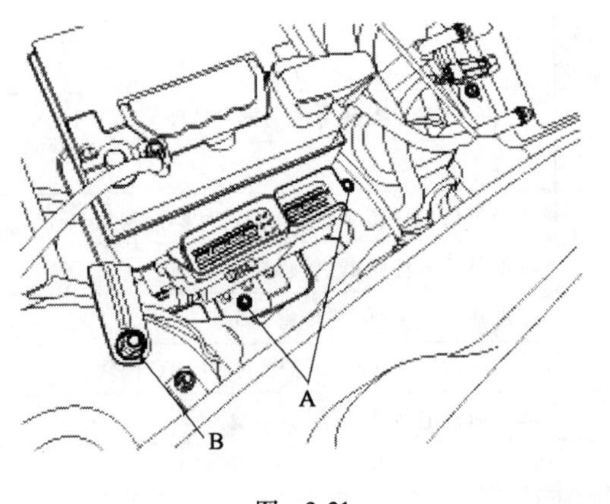

图 2-21

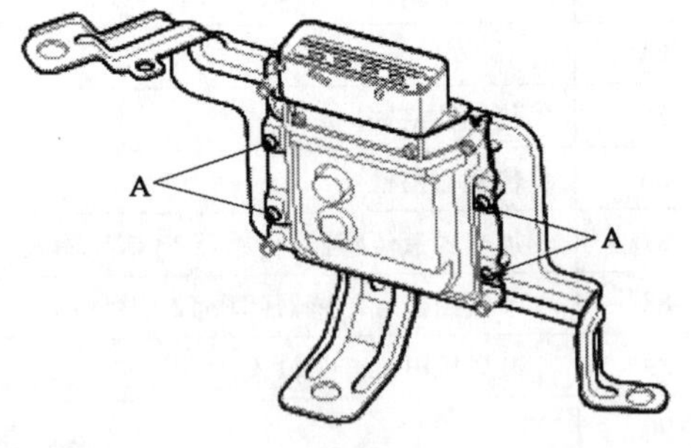

图 2-22

(二)发动机控制模块(ECM)的故障检查程序

(1)测试 ECM 搭铁电路:测量 ECM 和搭铁之间的电阻,把 ECM 线束连接器后侧作为 ECM 侧检查点。如果发现故障,立即维修。

标准：小于1Ω。

(2)检查ECM连接器：分离ECM连接器，直观检查ECM侧和线束侧连接器搭铁端子是否弯曲或接触不良，如果发现故障，进行维修。

(3)如果在第1步和第2步未发现故障，说明ECM故障。如果这样，用新品更换ECM，然后再次检查车辆。如果车辆工作正常，可能是ECM故障。

(4)重复测试原来的ECM：把原来的ECM(可能损坏)安装到已知为正常的车辆里进行检查。如果再次发生故障，用新品ECM进行更换。如果不发生故障，可能是间歇故障。

任务3　瑞纳轿车发动机MAPS和IATS的拆检

一、歧管绝对压力传感器(MAPS)、进气温度传感器(IATS)概述

(一)作用与原理

(1)歧管绝对压力传感器(MAPS)是速度密度型传感器，安装在缓冲器上，感应缓冲器的绝对压力并将与压力成比例的模拟信号传输到ECM，ECM根据此信号计算进气量和发动机转速。

MAPS包含压电元件和放大元件输出信号的混合IC。此元件是硅膜片式，利用半导体的压敏可变电阻效应。膜片两侧分别作用100%真空和歧管压力。此传感器以电压方式输出与压力变化成比例的硅膜片变量。

(2)进气温度传感器(IATS)安装在歧管绝对压力传感器(MAPS)内，用以检测进气温度。

为了精确地计算空气量，需要进行空气温度修正，这是因为空气密度随温度而异。因此ECM不仅使用MAPS信号也使用IATS信号。此传感器是负温度系数(NTC)式，其电阻与温度成反比。

(二)标准参数

(1)MAPS压力与输出电压的变化关系见表2-2。

MAPS压力与输出电压变化关系表　　表2-2

压力(kPa)	输出电压(V)	压力(kPa)	输出电压(V)
20.0	0.79	101.3	24.0

(2)IATS电阻与温度的变化关系，见表2-3。

IATS电阻与温度变化关系表　　表2-3

温度(℃)	电阻(kΩ)	温度(℃)	电阻(kΩ)
-40(-40)	40.93～48.35	20(68)	2.31～2.57
-30(-22)	23.43～27.34	25(77)	1.90～2.10
-20(-4)	13.89～16.03	30(86)	1.56～1.74
-10(14)	8.50～9.71	40(104)	1.08～1.21
0(32)	5.38～6.09	60(140)	0.54～0.62
10(50)	3.48～3.90	80(176)	0.29～0.34

（三）MAPS 与 IATS 的波形图（图 2-23）

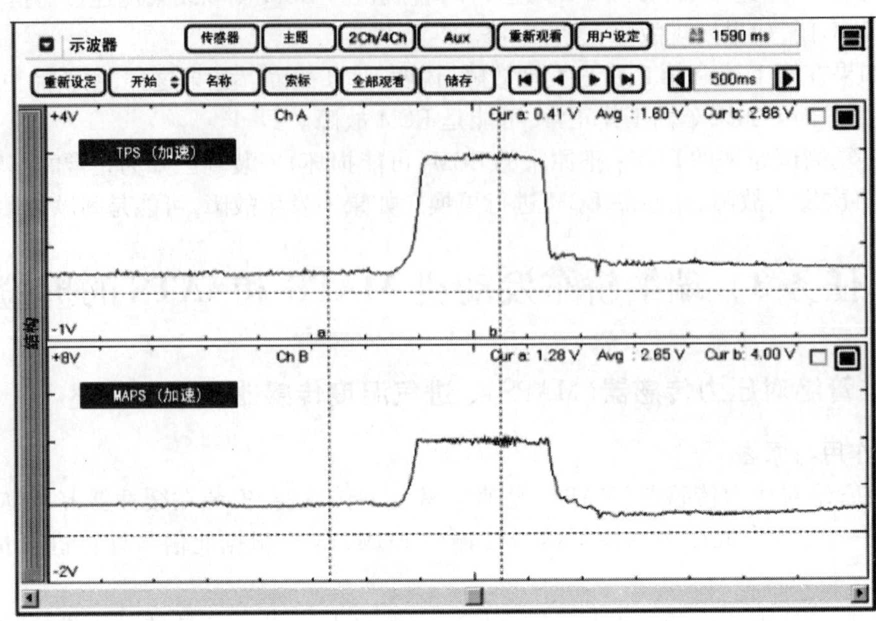

图 2-23

（四）MAPS 与 IATS 的电路图与端子号（图 2-24）

[电路图]

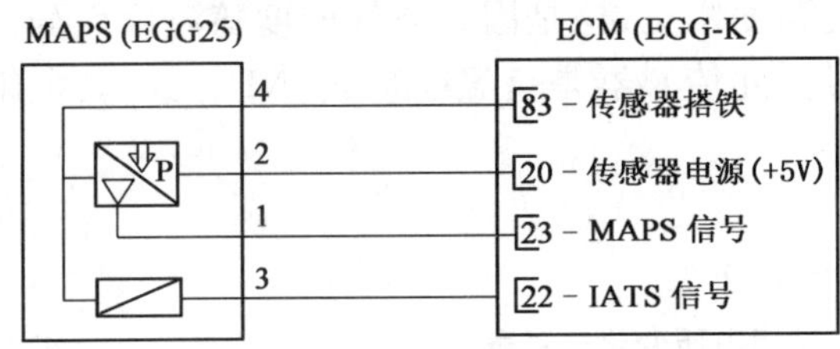

[连接信息]

端子	连接到	功能
1	ECM EGG-K(23)	MAPS 信号
2	ECM EGG-K(20)	传感器电源(+3、3V)
3	ECM EGG-K(22)	IATS 信号
4	ECM EGG-K(83)	传感器搭铁

[线束连接器]

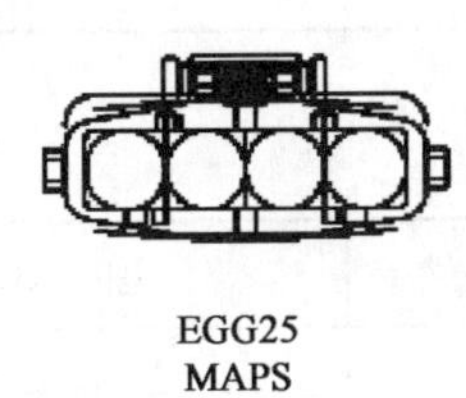

EGG25
MAPS

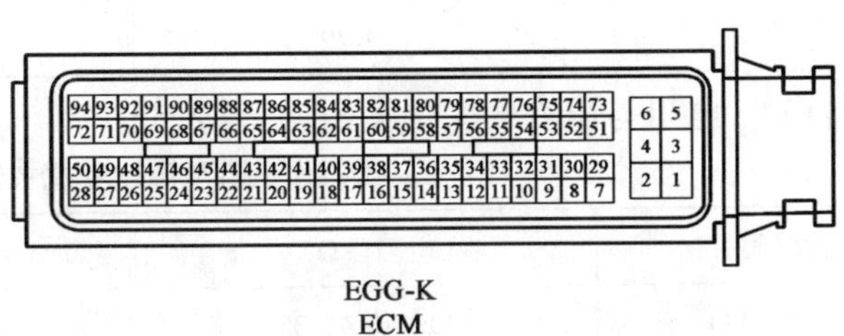

EGG-K
ECM

图 2-24

二、歧管绝对压力传感器（MAPS）和进气温度传感器（IATS）的拆装

（1）将点火开关转至 OFF，分离蓄电池负极导线。

（2）拆卸谐振器和进气软管。

（3）拧下安装螺栓（A），从发动机上拆卸 ETC 模块（B），如图 2-25 所示。

（4）分离歧管绝对压力传感器连接器（A）。

(5)拧下安装螺母(B),从缓冲器拆卸传感器,如图 2-26 所示。

规定力矩:9.8～11.8N·m。

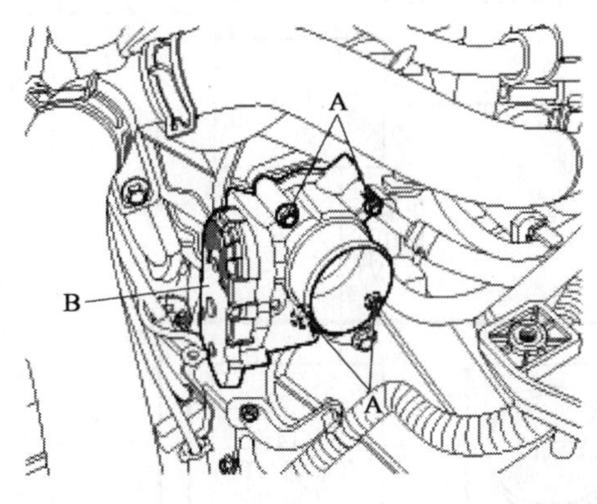

图 2-25

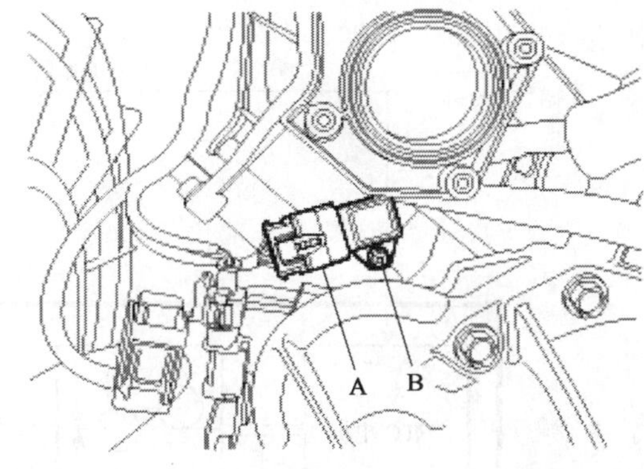

图 2-26

(6)按拆卸的相反顺序安装。

①按规定扭矩安装部件。

②部件掉落时可能会发生内部损坏。这种情况下,检查后再使用。

③将传感器插入安装孔,安装时小心不要损坏传感器。

三、歧管绝对压力传感器(MAPS)和进气温度传感器(IATS)的检测

(一)歧管绝对压力传感器(MAPS)

(1)在诊断连接器(DLC)上连接 GDS。

(2)在怠速和点火开关置于"ON"时,检查 MAPS 输出电压,见表 2-4。

输出电压表 表 2-4

条件	输出电压(V)	条件	输出电压(V)
点火开关"ON"	3.9～4.1	怠速	0.8～1.6

(二)进气温度传感器(IATS)

(1)将点火开关转至"OFF"。

(2)分离 IATS 连接器。

(3)用万用表测量 IATS 的 3 号端子和 4 号端子之间电阻。

(4)检查电阻值是否在规定值范围内。

任务 4 瑞纳轿车发动机 ETC 系统和 APS 的拆检

一、ETC(电子节气门控制)系统、加速踏板位置传感器(APS)概述

(一)ETC(电子节气门控制)系统

(1)作用与原理。

ETC(电子节气门控制)系统是控制节气门的电子控制节气门设备,包括 ETC 电机、节气门体和节气门位置传感器(TPS)。机械节气门控制系统经由加速踏板与节气门之间的拉线接收驾驶员意图,而 ETC 系统从安装在加速踏板上的加速踏板位置传感器(APS)接收信号。

ECM 接收 APS 信号并计算节气门开度后，使用 ETC 电机激活节气门。此外，可不使用特殊设备实现巡航控制功能。

(2)ETC(电子节气门控制)系统工作示意图，如图 2-27 所示。

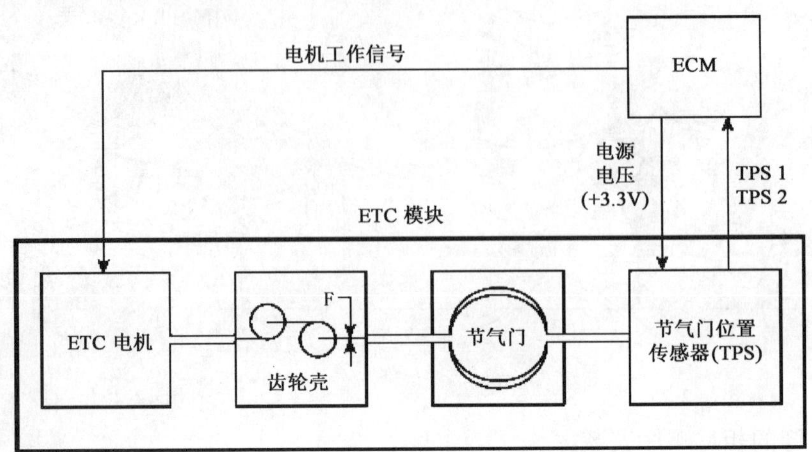

图 2-27

(3)标准参数。

①节气门位置传感器见表 2-5。

节气门传感器表　　表 2-5

条　件	TPS 1	TPS 2
全闭	10%	90%
全开	93%	7%

②节气门开度与输出电压的关系，见表 2-6。

节气门开度与输出电压关系表　　表 2-6

节气门角(°)	输出电压(V)[V_{ref} = 3.3V]	
	TPS 1	TPS 2
0	0	3.3
10	0.31	2.99
20	0.63	2.67
30	0.94	2.36
40	1.26	2.04
50	1.57	1.73
60	1.89	1.41
70	2.2	1.1
80	2.51	0.79
90	2.83	0.47
100	3.14	0.16
105	3.3	0

③传感器电阻，见表 2-7。

④ETC 电机电阻，见表 2-8。

传感器电阻表　　表 2-7

项　目	传感器电阻(kΩ)
TPS	0.875 ~ 1.625

ETC 电机电阻表　　表 2-8

项　目	线圈电阻(Ω)
ETC 电机	1.2 ~ 1.8(20°C)

⑤传感器波形，见图 2-28。

⑥ETC(电子节气门控制)系统的电路图与端子号，见图 2-29。

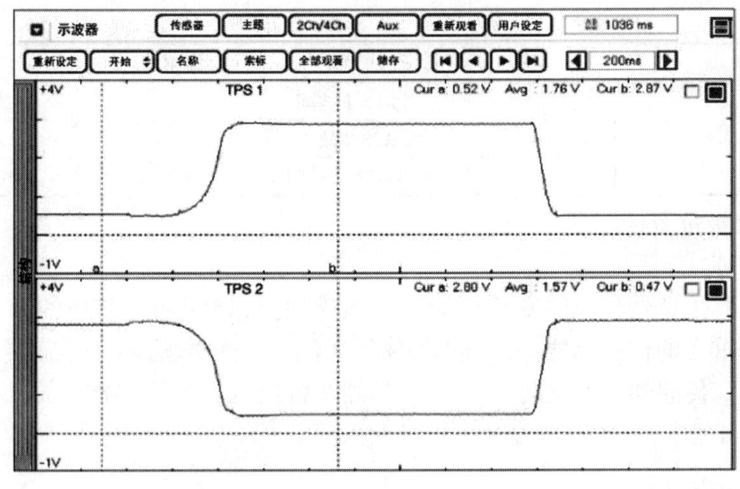

图 2-28

[电路图]

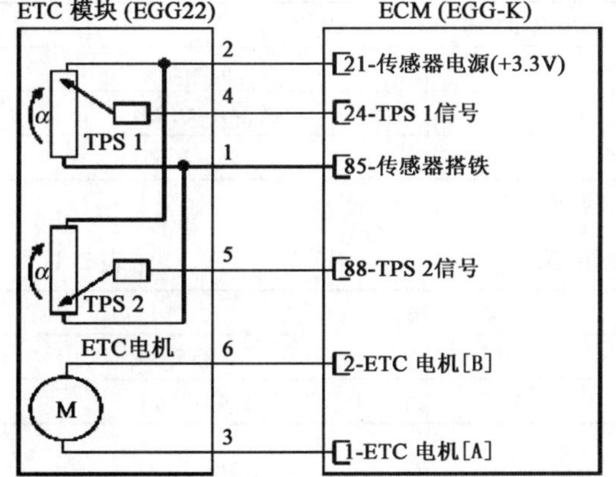

[连接信息]

端子	连接到	功能
1	ECM EGG-K(85)	传感器搭铁
2	ECM EGG-K(21)	传感器电源(+3.3V)
3	ECM EGG-K(1)	ETC 电机[A]控制
4	ECM EGG-K(24)	TPS 1 信号
5	ECM EGG-K(88)	TPS 2 信号
6	ECM EGG-K(2)	ETC 电机[B]控制

[线束连接器]

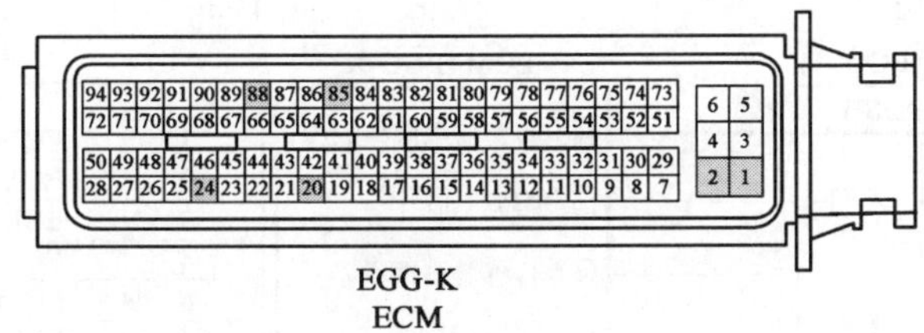

图 2-29

⑦失效保护模式。

节气门角度固定在 5°时，发动机速度限制在 1500r/min 以下，最大车速值为 50km/h，见表 2-9。

失效保护模式表 表 2-9

项 目	失效保护	
ETC 电机	节气门角度固定在 5°	
TPS	TPS 1 故障	用 TPS 2 代替
	TPS 2 故障	用 TPS 1 代替
	TPS 1,2 故障	节气门角度固定在 5°

续上表

项　目	失效保护	
APS	APS 1 故障	用 APS 2 代替
	APS 2 故障	用 APS 1 代替
	APS 1,2 故障	节气门角度固定在 5°

(二)加速踏板位置传感器(APS)

1. 作用与原理

加速踏板位置传感器(APS)安装在加速踏板模块上,检测加速踏板的转角。APS 是发动机控制系统中最重要的传感器之一,它包含两个独立的传感器,这两个传感器有独立的传感器电源和搭铁电路。传感器 2 监测传感器 1,传感器 2 输出电压是传感器 1 的一半。如果传感器 1 和 2 的比率超出范围(约 1/2),诊断系统判断为障。

2. 标准参数

(1)输出电压(表 2-10)。

输出电压表　　　　表 2-10

测试条件	输出电压(V)[Vref = 3.3V]	
	APS 1	APS 2
怠速	0.462 ~ 0.528	0.241 ~ 0.254
完全踩下	2.541 ~ 2.871	1.155 ~ 1.551

(2)传感器电阻(表 2-11)。

传感器电阻表　　　　表 2-11

项　目	规　格	
	APS 1	APS 2
电位计电阻(kΩ)	0.7 ~ 1.3	1.4 ~ 2.6

(3)加速踏板位置传感器的电路图与端子号,见图 2-30。

[电路图]

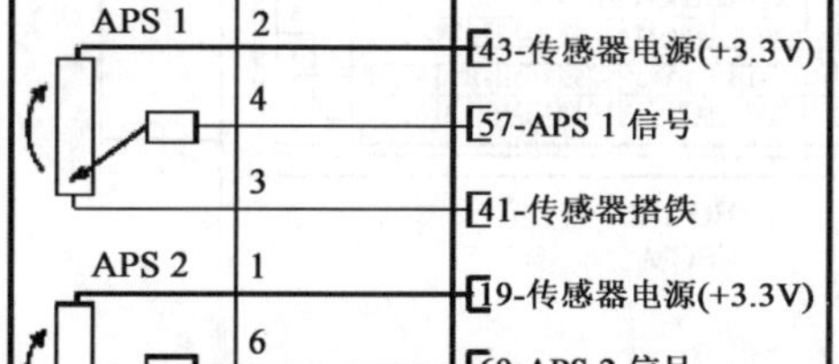

[连接信息]

端子	连接到	功能
1	ECM EGG-K(19)	传感器电源(+3.3V)
2	ECM EGG-K(43)	传感器电源(+3.3V)
3	ECM EGG-K(41)	传感器搭铁
4	ECM EGG-K(67)	APS 1 信号
5	ECM EGG-K(65)	传感器搭铁
6	ECM EGG-K(69)	TPS 2 信号

[线束连接器]

EGG44
APS

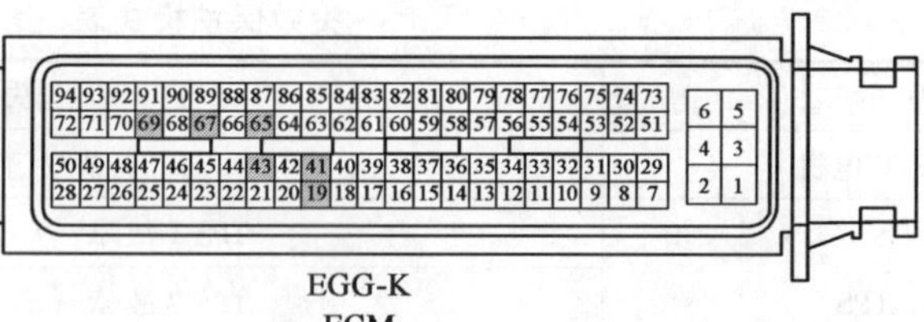

EGG-K
ECM

图　2-30

二、节气门位置传感器(TPS)的拆装

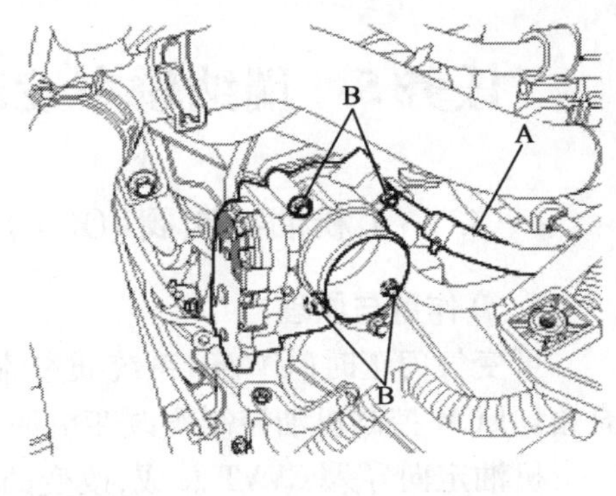

图 2-31

(1)将点火开关转至 OFF,分离蓄电池负极导线。

(2)拆卸谐振器和进气软管。

(3)分离 ETC 模块连接器。

(4)分离冷却水软管(A)。

(5)拧下安装螺栓(B),从发动机上拆卸 ETC 模块,如图 2-31 所示。

(6)按拆卸的相反顺序安。

三、ETC(电子节气门控制)系统的检测

(一)节气门位置传感器(TPS)

(1)在诊断连接器(DLC)上连接 GDS。

(2)起动发动机,测量 TPS 1 和 2 在节气门全闭和全开位置的输出电压。

标准:参考“标准参数”部分。

(3)将点火开关转至 OFF,从诊断连接器(DLC)上分离 GDS。

(4)分离 ETC 模块连接器,测量 ETC 模块 1 号端子和 2 号端子之间的电阻。

标准:参考“标准参数”部分。

(二)ETC 电机

(1)将点火开关转至 OFF。

(2)分离 ETC 模块连接器。

(3)测量 ETC 模块 3 号端子和 6 号端子之间的电阻。

(4)检查电阻值是否在规定值范围内。

标准:参考“标准参数”部分。

(三)ETC 系统初始化

(1)节气门从失效保护位置转至关闭位置。

(2)然后节气门打开至约 15°,并移至失效保护位置。

四、加速踏板位置传感器(APS)的检测

(1)在诊断连接器(DLC)上连接 GDS。

(2)起动发动机并检查 APS 1 和 2 在节气门全闭和全开位置时的输出电压。

检查端子号:APS 1 =4 和 3;APS 2 =5 和 6。

标准:参考“标准参数”部分。

(3)将点火开关转至 OFF,从诊断连接器(DLC)上分离 GDS。

(4)分离 APS 连接器,测量 APS 2 号端子与 3 号端子之间的电阻(APS 1)。

标准:参考“标准参数”部分。

(5)分离 APS 连接器,测量 APS 1 号端子与 5 号端子之间的电阻(APS 2)。

标准:参考“标准参数”部分。

任务5　瑞纳轿车发动机控制阀与位置传感器的拆检

一、CVVT 机油控制阀(OCV)概述

(一)作用与原理

可变气门正时(CVVT)系统通过流入至进/排气凸轮轴执行器的机油量变化,控制气门重叠角。ECM 控制机油控制阀改变机油量。

机油定向导入 CVVT 总成,改变凸轮相位满足各种性能和排放要求。

(1)当凸轮轴与发动机旋转方向相同:进气—提前/排气—延迟。

(2)当凸轮轴与发动机旋转方向相反:进气—延迟/排气—提前。

(二)标准参数(表 2-12)

标 准 参 数 表　　表 2-12

项　　目	标 准 参 数
线圈电阻(Ω)	6.9 ~ 7.9 (20°C)

(三)CVVT 机油控制阀(OCV)的电路图与端子号(图 2-32)

[电路图]

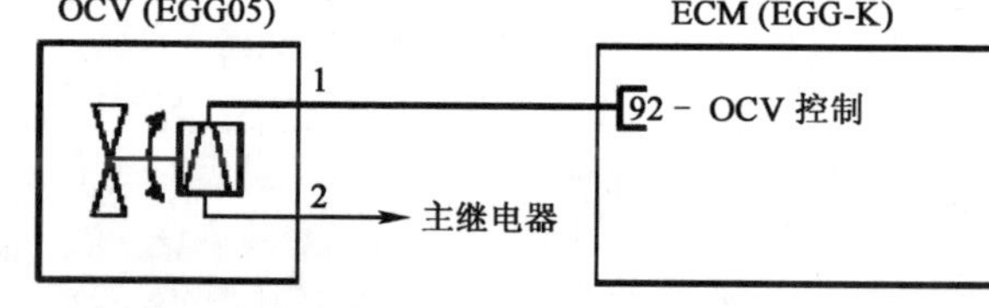

[连接信息]

端子	连接到	功能
1	ECM EGG-K(92)	OCV 控制
2	主继电器	蓄电池电源(8+)

[线束连接器]

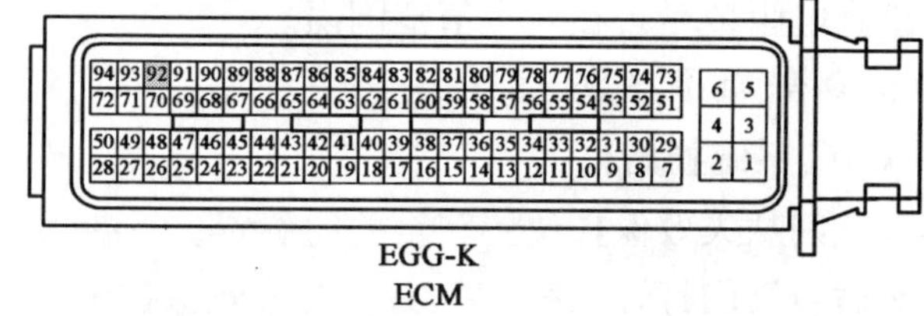

图　2-32

(1)将点火开关转至 OFF,分离蓄电池负极导线。

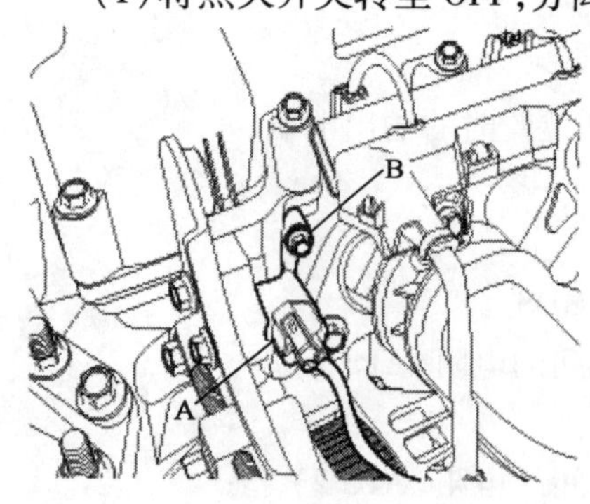

图　2-33

(2)分离 CVVT 机油控制阀连接器(A)。

(3)拧下安装螺栓(B),从发动机拆卸阀,如图 2-33 所示。

(四)CVVT

机油控制阀(OCV)的检查:

(1)将点火开关转至 OFF。

(2)分离 OCV 连接器。

(3)测量 OCV 的 1 号端子和 2 号端子之间电阻。

(4)检查电阻值是否在规定值范围内。

二、净化控制电磁阀(PCSV)概述

(一)作用

净化控制电磁阀(PCSV)安装在缓冲器上,控制活性炭罐和进气歧管之间的通道。

当通道开启时(PCSV ON),活性炭罐中储存的燃油蒸汽被输送到进气歧管中。

(二)标准参数(表2-13)

标 准 参 数 表　　　　表2-13

项　目	标 准 参 数
线圈电阻(Ω)	16.0 (20°C)

(三)净化控制电磁阀 PCSV 的电路图与端子号(见图2-34)

[电路图]

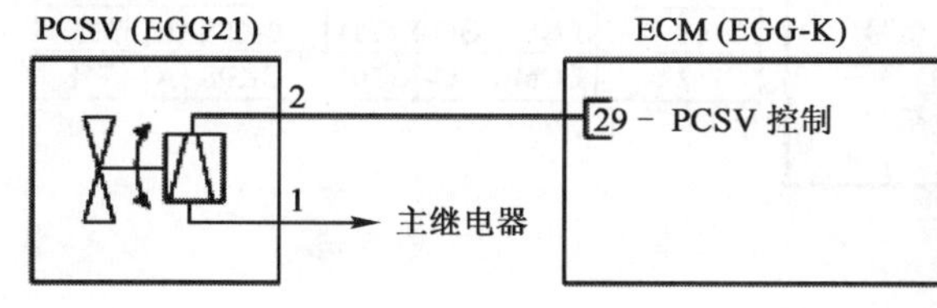

[连接信息]

端子	连接到	功能
1	主继电器	蓄电池电源(8+)
2	ECM EGG-K(29)	PCSV 控制

[线束连接器]

EGG21
PCSV

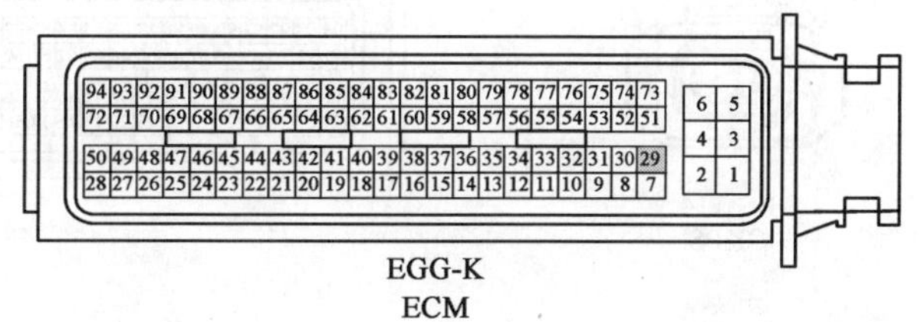

EGG-K
ECM

图 2-34

(四)净化控制电磁阀(PCSV)的拆卸

(1)将点火开关转至 OFF,分离蓄电池负极导线。

(2)分离净化控制电磁阀连接器(A)。

(3)从净化控制电磁阀(B)上分离蒸汽软管。

(4)拧下支架安装螺栓(C),拆卸净化控制电磁阀,如图2-35所示。

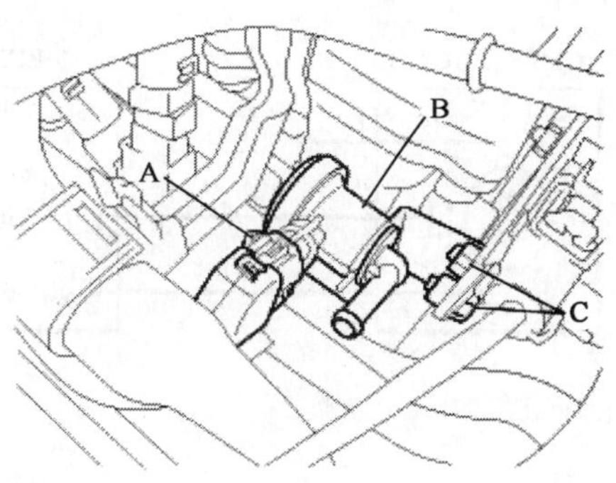

图 2-35

(五)净化控制电磁阀(PCSV)的检测

(1)将点火开关转至 OFF。

(2)分离 IATS 连接器。

(3)测量 PCSV 的1号端子和2号端子之间电阻。

(4)检查电阻值是否在规定值范围内。

三、曲轴位置传感器(CKPS)概述

(一)曲轴位置传感器的作用与原理

曲轴位置传感器(CKPS)检测曲轴位置,它是发动机控制系统的最重要传感器之一。

如果没有 CKPS 信号输入，不供应燃油，即在无 CKPS 信号的情况下车辆不能运行。这个传感器安装在汽缸体或变速器壳上，发动机运转时由传感器和信号轮形成的磁通量场产生交流电。

信号轮在 360°CA（曲柄角）上包括 58 个槽和 2 个缺槽。

（二）凸轮轴位置传感器的作用与原理

凸轮轴位置传感器（CMPS）为霍尔传感器，使用霍尔元件检测凸轮轴位置。它与曲轴位置传感器（CKPS）结合，检测各汽缸的活塞位置，这是 CKPS 所不能检测的。

CMPS 安装在发动机盖上，使用安装在凸轮轴上的信号轮。此传感器有一个霍尔效应 IC，当有电流通过导致 IC 有磁场时，其输出电压变化。

（三）曲轴位置传感器（CKPS）的电路图与端子号（图 2-36）

[电路图]

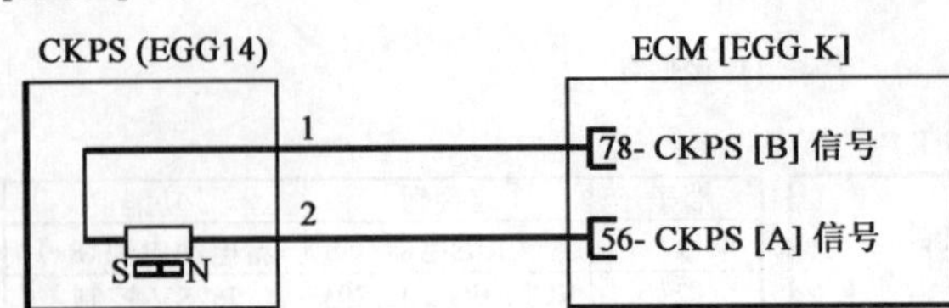

[连接信息]

端子	连接到	功能
1	ECM EGG-K(78)	CKPS [B] 信号
2	ECM EGG-K(56)	CKPS [A] 信号

[线束连接器]

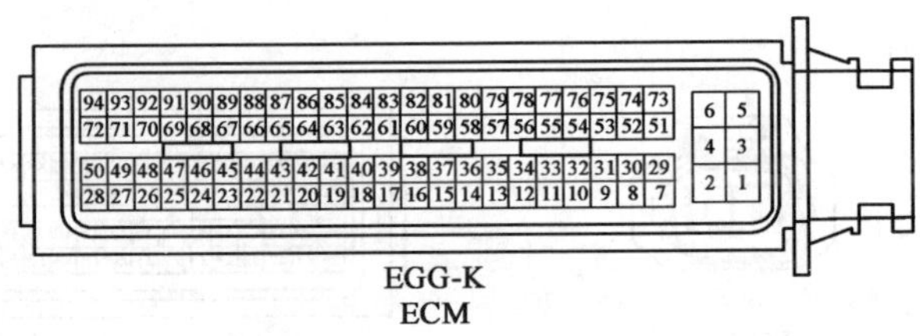

图 2-36

（四）凸轮轴位置传感器（CMPS）的电路图与端子号（图 2-37）

[电路图]

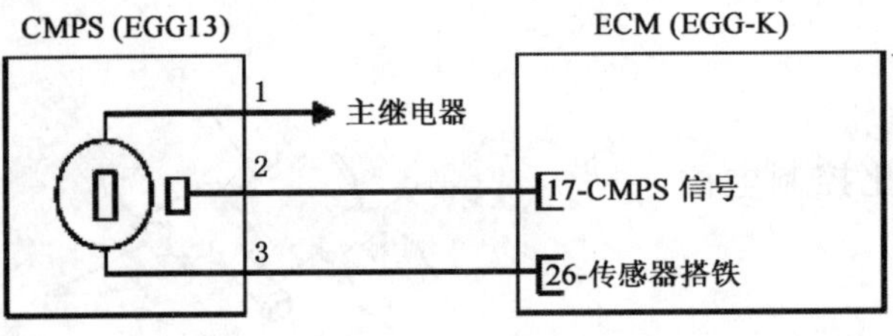

[连接信息]

端子	连接到	功能
1	主继电器	蓄电池电源(8+)
2	ECM EGG-K(17)	CMPS 信号
3	ECM EGG-K(26)	传感器搭铁

[线束连接器]

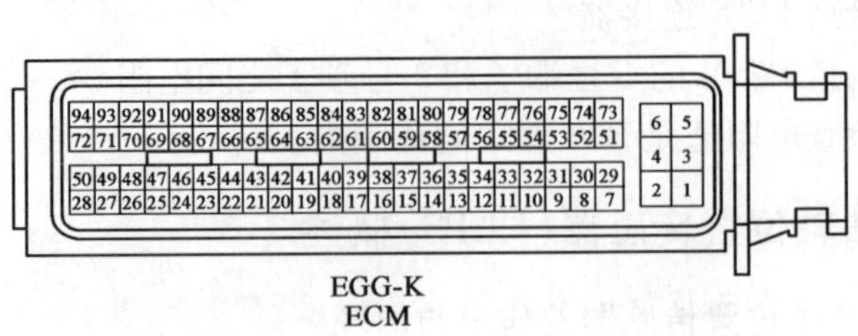

图 2-37

（五）曲轴位置传感器（CKPS）与凸轮轴位置传感器（CMPS）的标准波形（图 2-38）

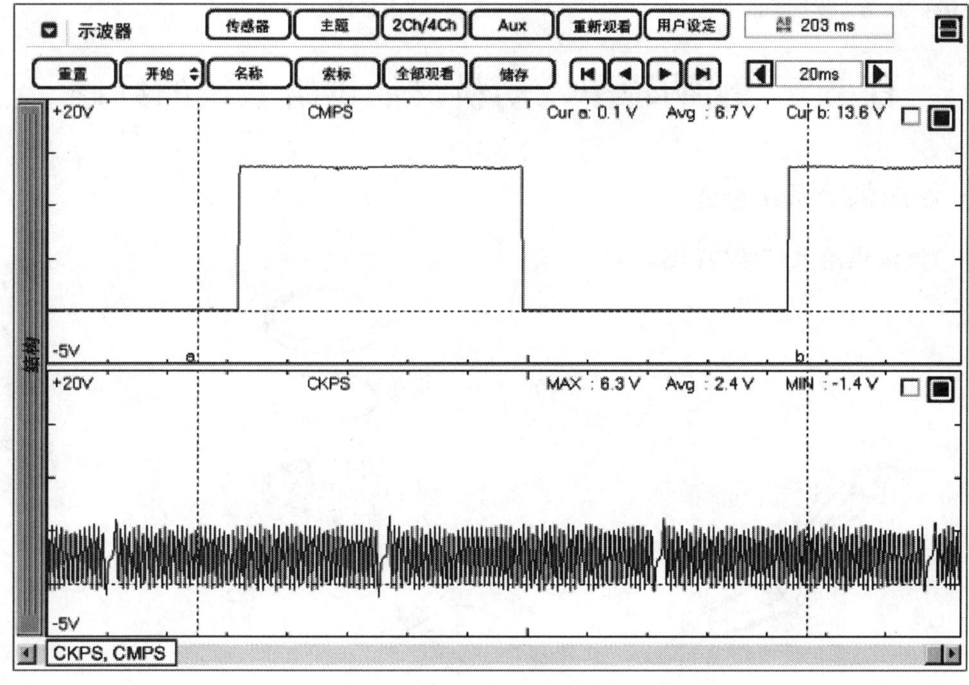

图 2-38

（六）曲轴位置传感器（CKPS）的拆卸

（1）将点火开关转至 OFF，分离蓄电池负极导线。

（2）分离曲轴位置传感器连接器（A）。

（3）拧下安装螺栓（B），拆卸曲轴位置传感器，如图 2-39 所示。

（七）凸轮轴位置传感器（CMPS）的拆卸

（1）将点火开关转至 OFF，分离蓄电池负极导线。

（2）分离凸轮轴位置传感器连接器（A）。

（3）拧下安装螺栓（B），拆卸传感器，如图 2-40 所示。

注意：发动机运转或刚刚停止时不要拆卸凸轮轴位置传感器，否则发动机油流出，会发生烫伤。

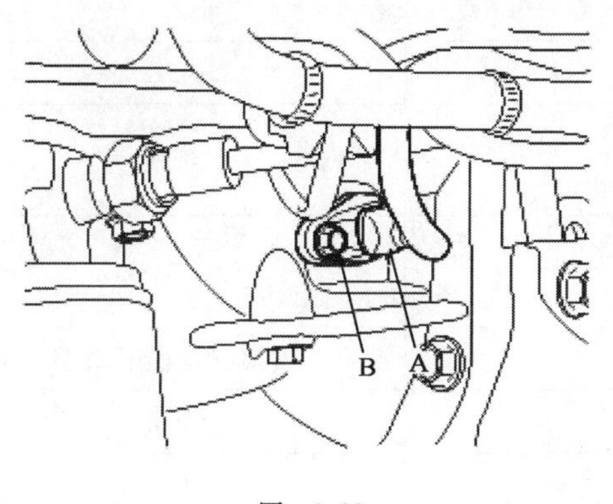

图 2-39

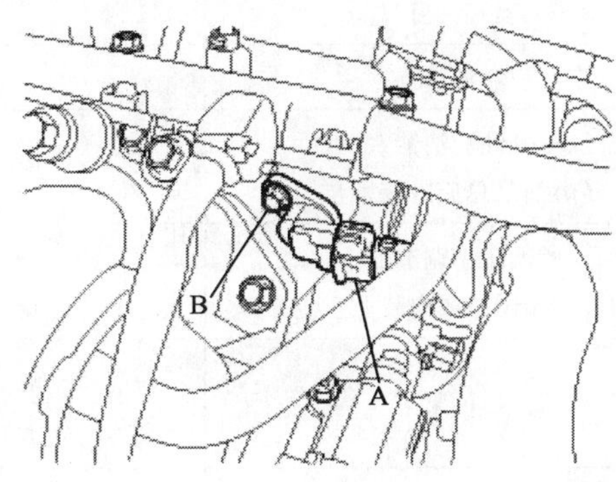

图 2-40

(八)曲轴位置传感器(CKPS)与凸轮轴位置传感器(CMPS)的检测

使用 GDS 检查 CKPS 和 CMPS 的信号波形。

规格：参考“波形”部分。

任务6　瑞纳轿车发动机燃油供给系统的维修

一、燃油供给系统概述

(一)燃油供给系统结构(图2-41)

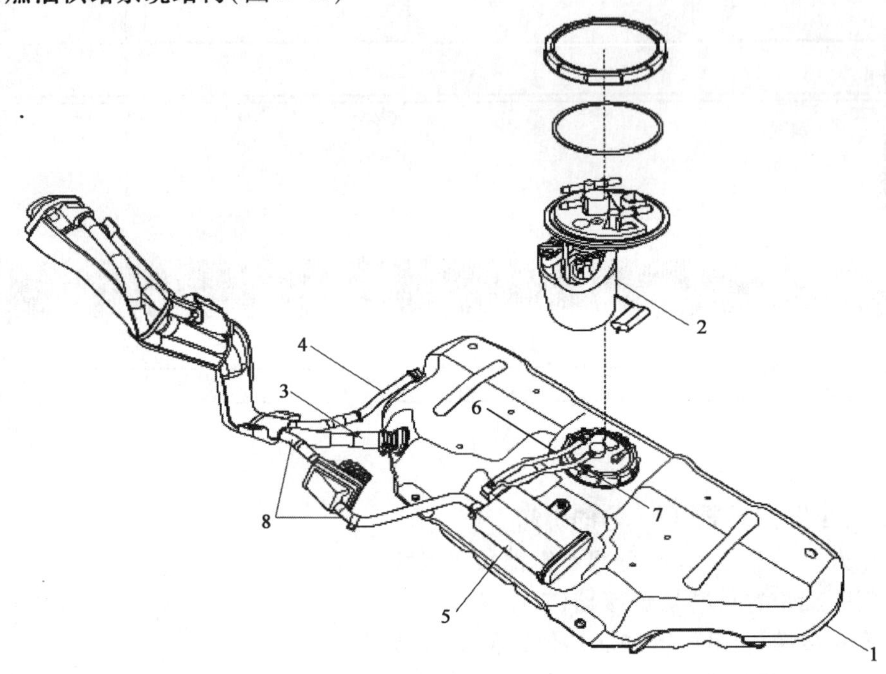

图　2-41

1-燃油箱；2-燃油泵(包括燃油滤清器和燃油压力调节器)；3-燃油加油管；4-调平软管；5-活性炭罐；6-蒸汽软管(活性炭罐→进气歧管)；7-蒸汽软管(活性炭罐→燃油箱)；8-蒸汽软管(活性炭罐→大气)

(二)基本参数(表2-14)

基本参数表　　表2-14

项　目	规　格	
燃油箱	容量	43L
燃油滤清器 (燃油泵总成内装型)	类型	纸式
燃油压力调节器 (燃油泵总成内装型)	调节燃油压力	328～358kPa
燃油泵	类型	电动，燃油箱内装型
	驱动	电机
燃油回流系统	类型	不返回式

（三）燃油泵的电路图与端子号（图 2-42）

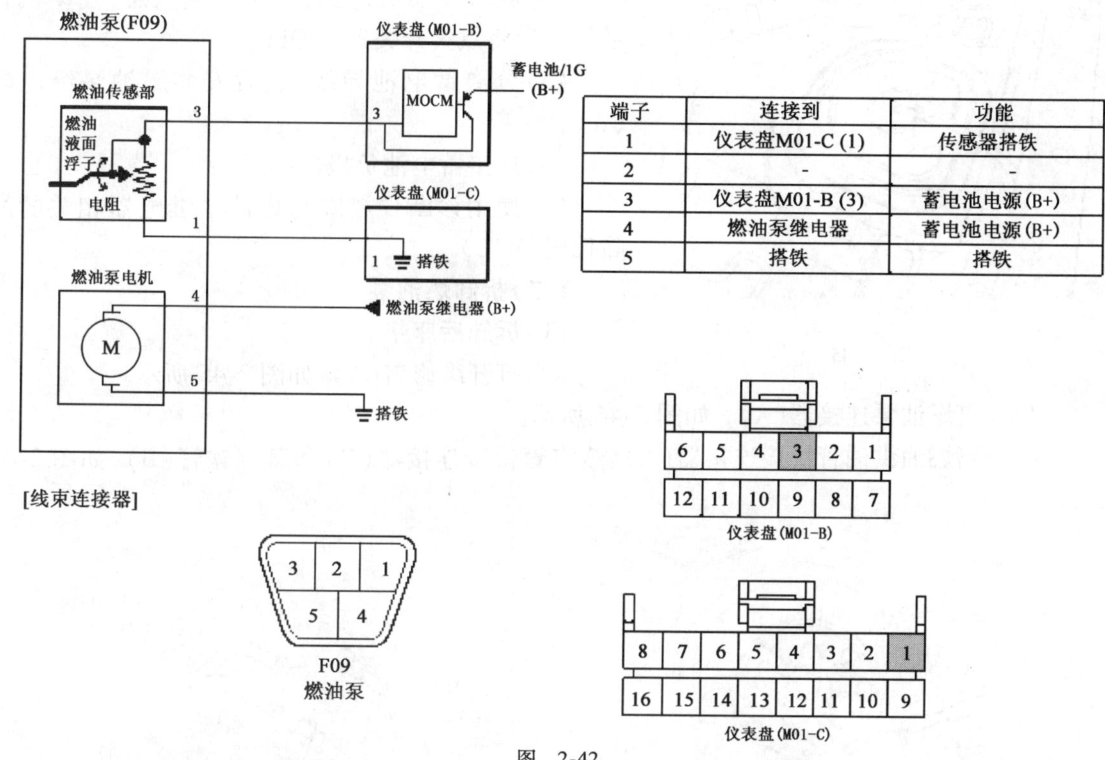

端子	连接到	功能
1	仪表盘M01-C (1)	传感器搭铁
2	-	-
3	仪表盘M01-B (3)	蓄电池电源(B+)
4	燃油泵继电器	蓄电池电源(B+)
5	搭铁	搭铁

图 2-42

（四）燃油泵总成（图 2-43）

二、燃油泵总成的拆装

（一）释放燃油管路内剩余压力

（1）点火开关置于 OFF，分离蓄电池负极导线。

（2）拆卸燃油泵继电器（A），如图 2-44 所示。

注意：拆卸燃油泵继电器时，会记录故障代码（DTC）。因此，执行“释放燃油管路内的剩余压力”作业后使用 GDS 删除故障代码。

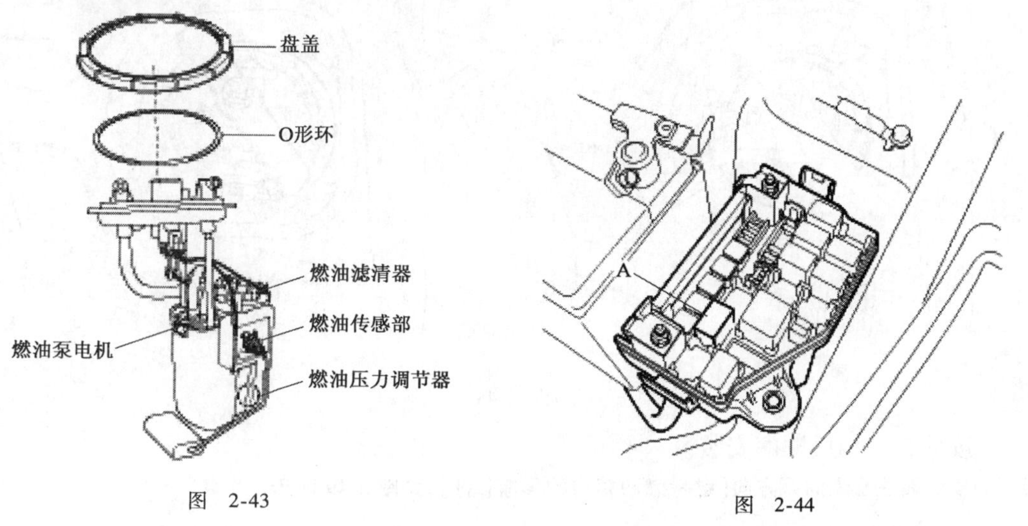

图 2-43　　图 2-44

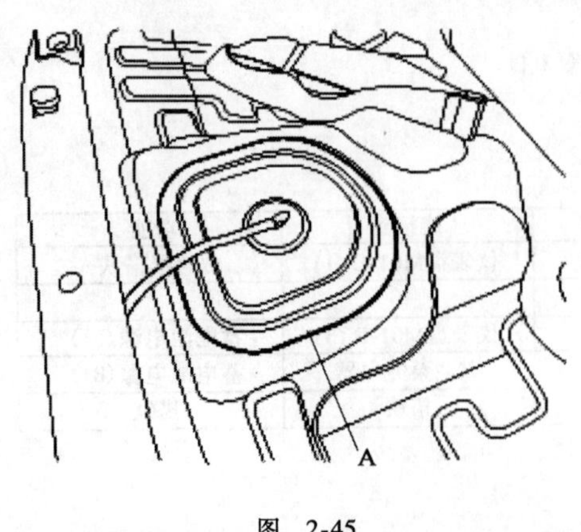

图 2-45

(3)连接蓄电池负极(－)导线。

(4)起动发动机,使其处于怠速状态,发动机自动停止后将点火开关置于 OFF。

(5)分离蓄电池导线,然后安装燃油泵继电器(A)。

(6)连接蓄电池负极(－)导线。

(7)使用诊断仪删除与燃油泵继电器相关的故障代码(DTC)。

(二)拆卸燃油泵

(1)拆卸后座垫。

(2)打开维修盖(A),如图 2-45 所示。

(3)分离燃油泵连接器(A),如图 2-46 所示。

(4)分离燃油供油管快接连接器(A)、蒸汽管快接连接器(C)和蒸汽软管(B),如图 2-47 所示。

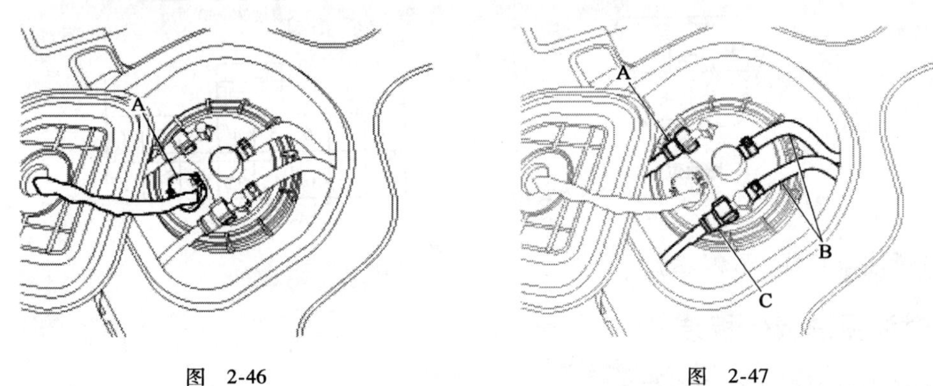

图 2-46　　图 2-47

(5)使用专用维修工具(B)[SST 号码:09310—2S100 或 09310—3P100]拆卸板盖(A),从燃油箱上拆卸燃油泵,如图 2-48 所示。

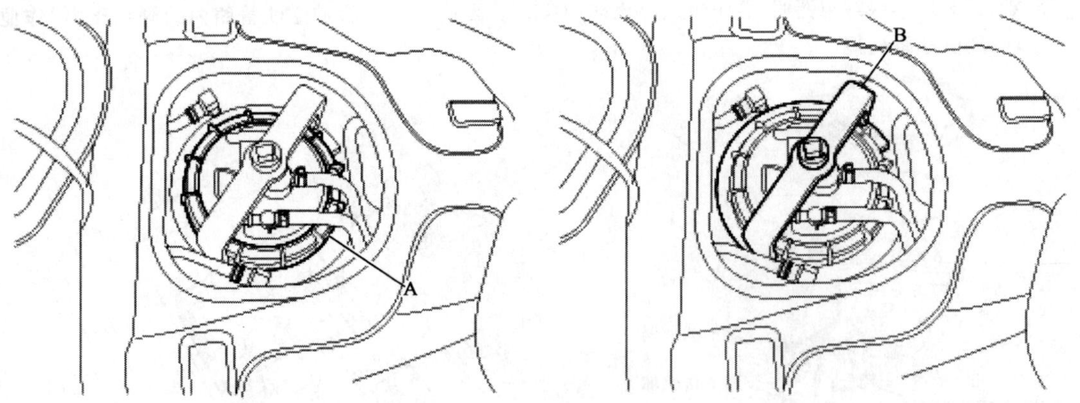

图 2-48

(6)按拆卸的相反顺序安装。

注意:安装时注意燃油泵方向[参考燃油箱内的导槽(A)],如图 2-49 所示。

(三)燃油滤清器的更换

(1)拆卸燃油泵(参考本章的"燃油泵")。

(2)分离燃油泵导线连接器(A)和燃油传感部导线连接器(B),如图 2-50 所示。

(3)从泵上分离导线连接器(A)。

(4)拆卸燃油传感部(B),如图 2-51 所示。

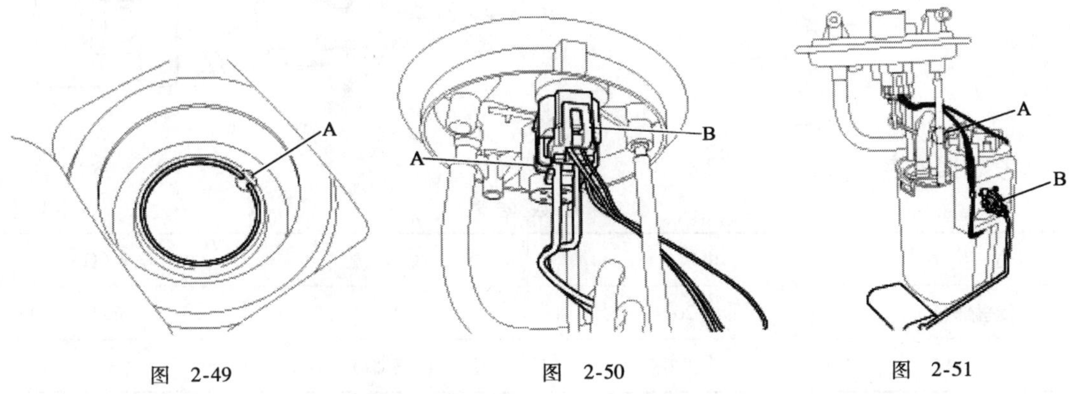

图 2-49　　图 2-50　　图 2-51

(5)释放两个固定挂钩(B)后,从燃油滤清器上拆卸燃油供油管(A),如图 2-52 所示。

(6)释放两个固定钩(B)后向上分离燃油滤清器(A), 如图 2-53 所示。

(7)从燃油滤清器支架上取下燃油滤清器,如图 2-54 所示。

(8)按拆卸的相反顺序安装,更换新的。

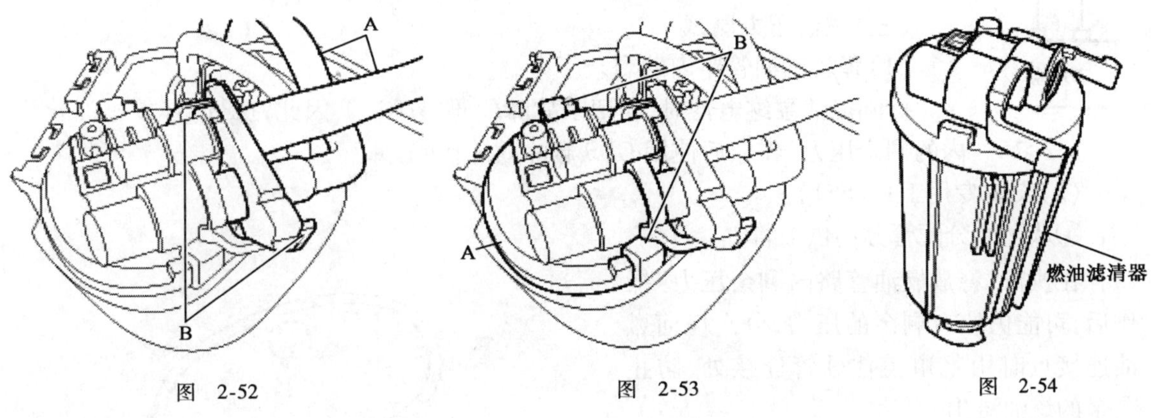

图 2-52　　图 2-53　　图 2-54

三、燃油系统的检测

(一)燃油传感器的检测

(1)将点火开关转至 OFF。

(2)分离燃油泵连接器(A),如图 2-55 所示。

(3)浮子在各位置时,用欧姆表测量传感部连接器(A)的 1 号端子和 3 号端子之间的电阻, 方法如图 2-56 所示。

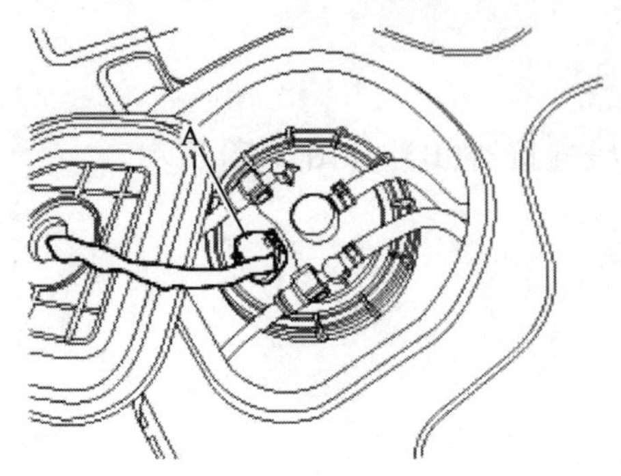

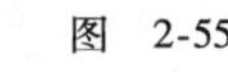

图 2-55

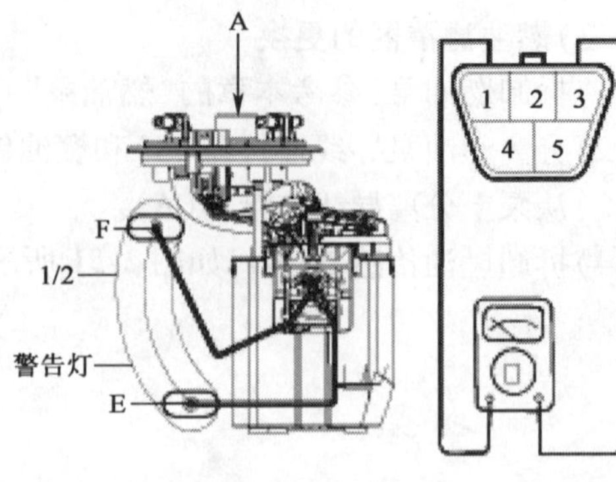

图 2-56

参考数据见表2-15。

参 考 数 据 表 表2-15

位　　置	电阻(Ω)	位　　置	电阻(Ω)
传感部(E)	200	1/2	66.2
警告灯	170	传感部(F)	8

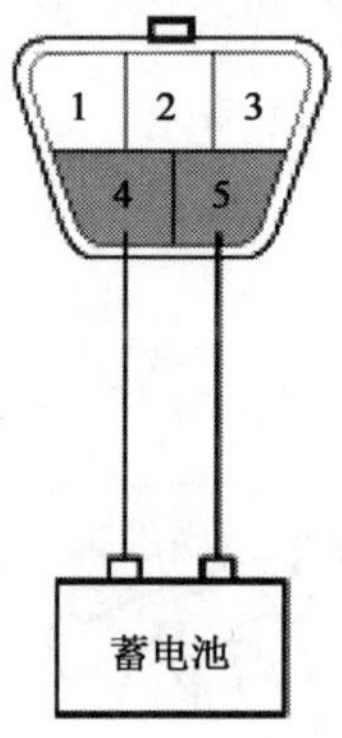

图 2-57

(4)当浮子从“E”到“F”时,检查电阻变化是否平滑。

(5)如果电阻不符合规格,将燃油传感部作为总成更换。

(二)燃油泵电机的检测

(1)把连接器(A)的4号端子和5号端子使用诊断线分别连接蓄电池“+”、“-”极,如图2-57所示。

(2)用手摸或听,有震动或“嗡嗡”的声音,如没有则更换新的。

(三)燃油压力测试

(1)释放燃油管路内的剩余压力。

拆卸燃油泵继电器时,会记录故障代码(DTC)。因此,执行“释放燃油管路内的剩余压力”作业后使用GDS删除故障代码。

(2)安装专用工具(SST)。

①从燃油分配管分离供油管。

在执行“释放燃油管路内剩余压力”操作后,可能仍然有剩余的压力,分离任何燃油连接点时用毛巾盖住软管连接处,防止剩余的燃油溢出。

②安装专用工具,测量供油管和燃油分配管之间的燃油压力,如图2-58所示。

(3)点火开关置于ON条件下,检查供油管,燃油分配管和SST部件连接处是否漏油。

(4)测量燃油压力。

①起动发动机并测量怠速时的燃油压力。

燃油压力:328~358kPa。

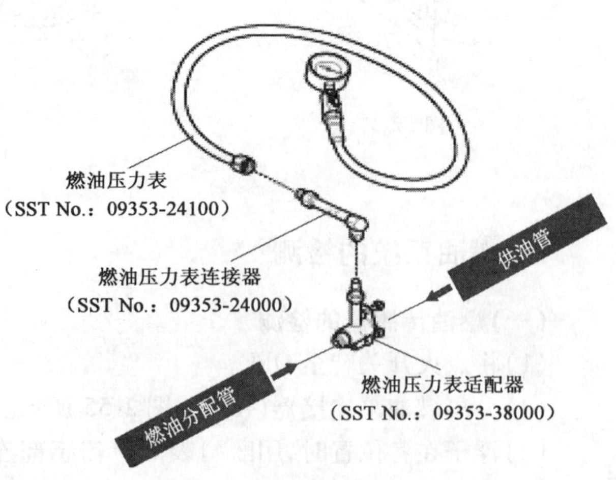

图 2-58

②停止发动机,检查燃油压力表读数的变化。

标准值:发动机停止后5min内压力表读数应不变。

③将点火开关转至OFF。

(5)释放燃油管路内剩余的压力。

(6)测试结束。

①从燃油供油管和燃油分配管上拆卸专用维修工具(SST)。

②连接供油管和燃油分配管。

任务7 发动机无法起动故障诊断与排除

一、车辆基本信息

车型:瑞纳MT。

购车日期:2011年3月5日。

行驶里程:95673km。

客户描述:车子在清晨时,无法起动。要求外出救援。

二、诊断过程

(1)进行基本检查。用故障诊断仪检查发动机ECU,无故障码输出,如图2-59所示。

(2)检查发动机的燃油压力,为3.5kg/cm²,在正常范围内,如图2-60所示。

检查配气相位,点火,正时,火花塞的跳火情况。均未发现问题。

检查喷油嘴,均能按顺序工作。

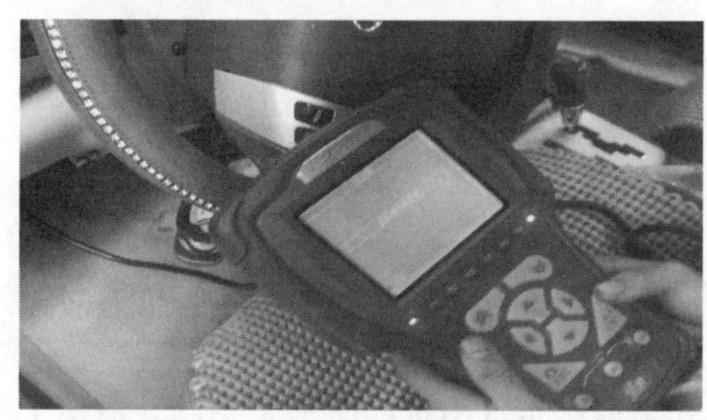

图 2-59

图 2-60

(3)最后检查汽缸压力为12kg/cm²,在正常范围内。

(4)通过以上一系列检查。发动机有油,有火,但就是无法起动。后来检查发现,虽然已经多次起动过发动机,可是火花塞并没有被淹的迹象。冷车不能起动的故障可能是由于喷油嘴供油过少,混合气过稀所造成的。

通过读取该车的静态数据流发现,如图2-61所示。发动机ECU输出的冷却液温度为105℃。而此时发动机的实际温度只有5℃。很明显,发动机ECU所收到的水温信号是错误的。

这说明水温传感器出现了问题,为进一步确定自己的判断,用万用表测量水温传感器电阻为0.12kΩ,而5℃的电阻应为5.7kΩ左右,如图2-62所示。

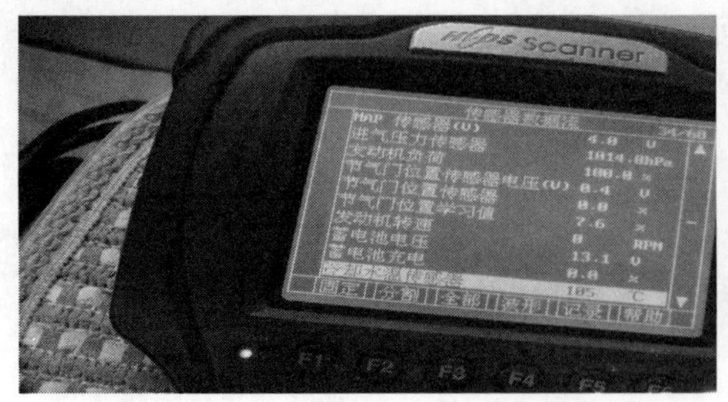

图 2-61

图 2-62

三、处理方案

将已损坏的水温传感器更换后,故障排除。

四、经验总结

这起故障案例实际并不复杂,对于有经验的维修人员,可能直接从水温传感器着手。但它说明了一个问题:那就是电控燃油喷射发动机系统的 ECU 对于某些故障是不进行记忆存储的。比如该车的水温传感器,既无短路,又无断路,只是信号失真;再比如氧传感器反馈信号失真,使尾气超标,空气流量计由于进气太脏。导致实际进气量与空气流量计所检测到的进气量差异大等,都可能不被 ECU 所记录。

在以上这些情况下,阅读控制单元数据流成为解决问题的关键。通过阅读控制单元数据流,能够了解各传感器输送到 ECU 的信号值,通过与真实值比较,找出确切的故障部位。

任务 8　发动机水温过高故障诊断与排除

一、车辆基本信息

车型:瑞纳 AT。

购车日期:2012 年 1 月 25 日。

行驶里程:85421km。

客户描述:车辆高速行驶 50km 后,发现冷却液温警报灯闪烁或水温表指针长时间在红区,冷却液沸腾出现蒸汽。

二、诊断过程

(1)进行基本检查冷却液量,水泵皮带,水温传感器的插头,一切正常。

(2)用故障诊断仪检查发动机 ECU,无故障码输出,如图 2-63 所示。

(3)最后读取该车的静态数据流,在正常范围内。诊断仪元件测试风扇,仪表指示,一切正常。

(4)通过以上一系列检查,确定电路方面没什么问题。原因有可能在机械方面,然后就怀疑到了节温器,于是更换节温器。将节温器拆出来之后,观察节温器有锈蚀,大家以为就是节温器故障。为了证实是节温器的故障,又对节温器进行了加热试验,如图 2-64 所示。节温器阀门升程5mm左右,确定为节温器的故障,故更换了节温器。重新起动,试车,故障消失。可是,第二天客户又来到维修站,还是之前的故障现象。

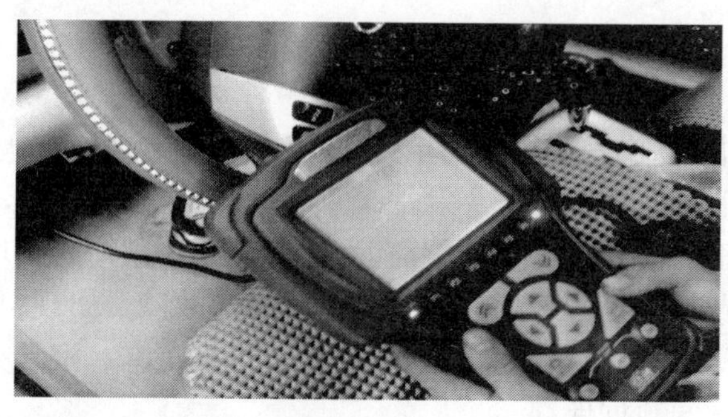
图 2-63

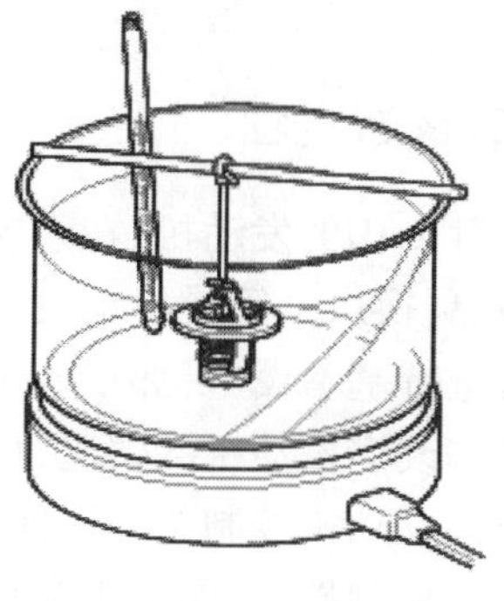
图 2-64

①检查阀门打开时的温度。

如果阀门打开时温度不在规定值内,更换节温器。

阀门开启时温度:(82±1.5)℃。

全开时温度:95℃。

②检查阀门升程。

如果阀门升程不在规定值内,更换节温器。

阀升程:8mm以上,95℃。

(5)最后检查水泵工作情况,正常。怀疑是水箱堵塞,清洗水箱,在拆卸水箱时发现水箱外部有大量的泥土,当拆下来时,发现水箱散热带全部被泥土填满,清洗之后,装上车试车故障没有出现。

三、处理方案

将散热器外部清洗后,故障排除。

四、经验总结

这起故障案例,说明了驾驶员没有养成日常维护和正常维护的良好习惯,另外是他经常行驶在风沙大、路面泥泞的牧区,不注意车辆的使用,导致了车辆的故障。比如该车的冷却液量,水泵皮带,水温传感器的插头,风扇,节温器,水泵,水管,一切正常。由于水箱外部太脏,导致散热器散热不良,造成水温过高。

任务9 发动机怠速异常故障诊断与排除

一、车辆基本信息

车型:途胜2.0。

购车日期:2010年7月18日。

行驶里程:84236km。

客户描述:途胜2.0手动豪华型2008款车,由于车内起火,更换线束及内饰。一段时间后。该车怠速突然升高，用电脑对该车发动机部分进行故障查寻，无故障。于是对该车发动机部分做基本设定后，怠速正常。又过了一段时间，怠速又出现不正常现象，有时游车，有时怠速偏高。

二、诊断过程

途胜2.0 的发动机，在系统突然断电、更换发动机控制单元、更换或拆卸怠速稳定阀、更换发动机、更换进气管或发动机运转时拔下怠速稳定阀插头等情况下，都应用解码器对发动机电控系统进行基本设定，如果基本设定不正确就会造成怠速偏高、游车等现象。用户将车取走后不可能去改变发动机的情况，而该车在做基本设定后故障消失过一段时间故障又出现，只能说明该车的发动机控制单元可能会突然断电的现象。途胜 2.0 发动机电控系统有一根常火线供给发动机控制单元，保证灭车后控制单元的数据保存。

(1)用电脑读取故障码，偶然发现在不开点火开关时，电脑屏幕没有显示（正常应该在接上电脑测试线时就有显示）。

(2)电路图分析，发动机控制单元的电源线与诊断接口的电源线，共用中央继电器盒上的21 号保险，通过中央继电器盒下的 M/30ac 单孔接头，通过两根红色导线分别给发动机控制单元和诊断接口提供常火线。

(3)打开该车的中央继电器盒，发现无 21 号保险，将保险插好后，继续检查中央继电器盒后 M/30ac 孔电源插头，结果该电源插头没有插在 M/30ac 位置，而是扎在了 MM/75ak 上，将插头插好，经用户试车，故障排除。

三、处理方案

安装 21 号保险，将中央继电器盒后 M/30ac 引线恢复，故障排除。

四、经验总结

这起故障案例，说明了维修人员没有按规范进行维修，是由维修人员私自乱拉、乱改线路，导致了车辆的故障。如果维修人员对于发动机电控系统电路和电路各结点在车上的接线比较熟悉，那么在排查中会应用自如，可省时省力，提高工作效率。对该车发动机部分做基本设定后，怠速正常，而该车在做基本设定后故障消失过一段时间故障又出现，只能说明该车的发动机控制单元可能会突然断电的现象，丢失控制单元的数据。在维修时对车辆的维修记录和历史必须了解，才能不走弯路，很快地排除故障。

任务 10　发动机故障指示灯亮故障诊断与排除

一、车辆基本信息

车型：悦动。

购车日期：2010 年 6 月 15 日。

行驶里程：50000km。

客户描述：一辆 2009 款北京现代轿车，在行驶中发动机故障指示灯突然点亮。行驶中没有异常现象。

二、诊断过程

(1)接到该车后查看仪表上的故障指示灯,确实点亮。连接北京现代原厂诊断仪,读取发动机系统的故障代码为:P0139,氧传感器电路搭铁,电路短路反应(1 排/传感器 2)。如图 2-65 所示 ,HO_2S(B1/S2)在催化转化器的后侧,用于检查催化剂是否适当工作。催化转化器后的氧密度必须在规定范围内(无加速和减速状态时,约 0.5V)。如果氧密度根据 HO_2S(B1/S1)变化,表示催化转化器性能不良。

图 2-65

如果启动条件下传感器输出超过 0.15 V,ECM 记录 DTC P0139(这个 DTC 可能是由加热器电路故障导致的,首先检查加热器电路,如图 2-66 所示)。

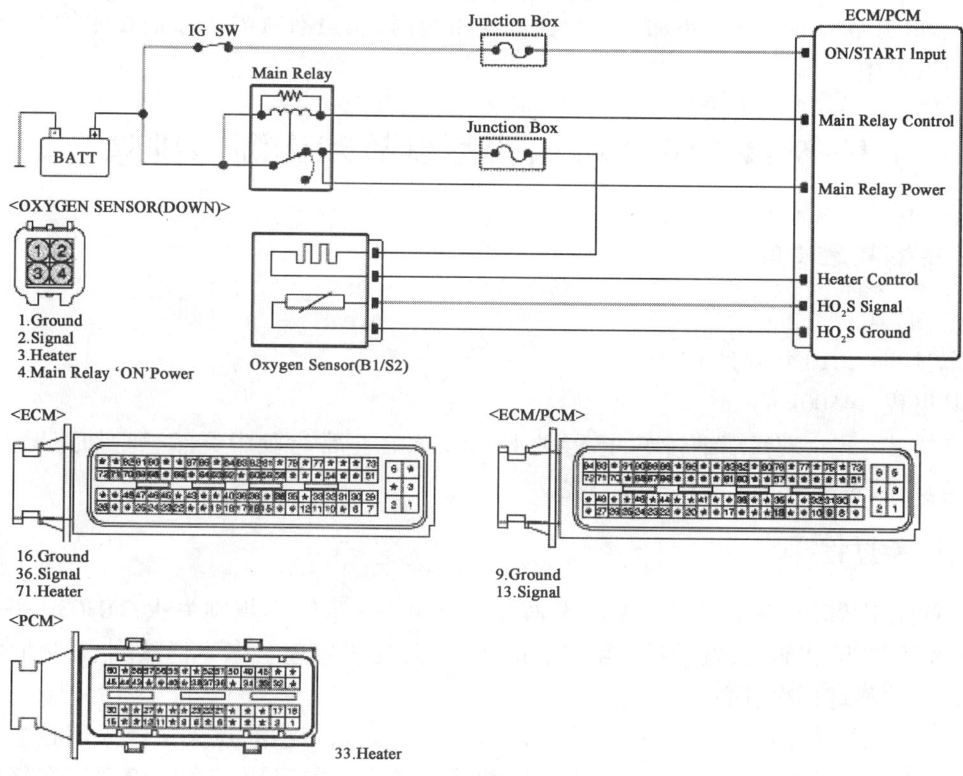

图 2-66

(2)首先检查进气和排气是否存在漏气的现象，检查结果都在正常的范围之内。找到前氧传感器，用万用表检查加热器的电源电压在 11V 左右，在正常范围之内。

(3)用现代原厂诊断仪检查前氧传感器的电压变化，在 0.1 ~ 0.9V 之间变化缓慢。决定更换前氧传感器。更换后交车，以为故障已经排除了，过了一个星期后客户打电话来说，发动机的故障指示灯又点亮了。用原厂诊断仪检查，还是 P0139 氧传感器搭铁电路短路反应(1 排/传感器 2)，这时排故障已没有思路。

(4)找到维修手册检查线路的搭铁情况，仔细检查前氧传感器的搭铁情况，没有发现异常。询问驾驶员都在哪里加油，驾驶员描述不一定，有时也在小加油站加油。查看厂家的技术通报：在更换氧传感器后要对发动机控制单元进行升级程序，汽油的抗暴性太差易导致氧传感器中毒。怀疑前氧传感器有中毒的情况。查看该车的保养情况，该车从来没有更换过汽油滤清器和清洗油路。找到车主和其商量清洗油路和更换汽油滤清器，并同时更换前氧传感器，做发动机控制单元的升级程序。车主欣然接受，当拆下汽油滤清器时，发现里面全是脏东西。对该车发动机控制单元升级后，仪表的故障指示灯自动熄灭，于是交车。一周后进行回访，故障指示灯不再点亮，故障排除。

三、处理方案

清洗油路和更换汽油滤清器，并同时更换前氧传感器，做发动机控制单元的升级程序，故障排除。

四、故障总结

对该故障，一开始未发现问题关键，当发现有氧传感器的故障码后，就进行更换了，没有询问驾驶员加的汽油是否良好，再加上客户保养得不及时，也没有查看厂家的技术说明，导致了故障的再次发生。

任务 11　发动机加速不良故障诊断与排除

一、车辆基本信息

车型：瑞纳。

购车日期：2010 年 6 月 15 日。

行驶里程：14500km。

客户描述：北京现代瑞纳轿车，已行驶 12000km，在正常行驶中突然感觉加速无力，发动机剧烈抖动，仪表盘中的发动机故障灯亮。

二、诊断过程

(1)首先用故障检测仪检测，故障代码有：P0300——感知不规则失火；P0303——感知 3 缸失火。清除故障代码后，发动机故障灯暂时熄灭，发动机怠速状态下仍然剧烈抖动，没有一会儿发动机故障灯再次点亮。

(2)再次用故障检测仪检测，检测故障内容同上。此款车型的点火系统采用独立点火方式，每缸一个点火线圈，初步怀疑是点火线圈故障。点火线圈只用一个螺栓固定在气门室盖上,比较容易拆卸。于是熄火后把第三缸和第二缸的点火线圈对调,清除故障代码后再次起动发动机,发动机故障灯暂时熄灭,但发动机工作时还是在抖动,没过一会儿发动机故障灯再次点亮,用故障检测仪测得的故障代码还是 P0303,这说明第三缸点火线圈并无故障。

(3)使用听诊器听第三缸和其他缸喷油器的工作声音,也没有发现有什么不同,用故障检测仪的动作测试功能让第三缸的喷油器停止喷油,发动机基本上没什么变化,说明三缸没有工作。

(4)拆下第三缸火花塞检查,发现上面有很多汽油,并且上面有一小块积炭卡住,造成三缸无法点火工作。

(5)该车只行驶了一万多公里,燃烧室怎么会产生积炭导致火花塞电极短路呢? 这肯定和用户使用的燃油及使用习惯有关系,询问车主后才知道,虽然此车购买了一年多,但从没有跑过高速,总在市内低速行驶,车速很少超过 60km/h,平时添加汽油也不是很注意,车在哪便在哪儿加。

(6)清洁火花塞及进气道,清除故障代码,起动发动机,发动机运转平稳,加速有力,发动机故障灯熄灭。用故障检测仪进行检测,显示系统正常。

三、处理方案

清洁火花塞及进气道,清除故障代码,故障排除。

四、故障总结

对该故障,建议车主平时尽量在正规的加油站添加汽油,平时让轿车适当高速行驶,使发动机经常自己可以达到“清缸”的目的。

项目三　北京现代底盘系统

Z 知识目标

(1)知道北京现代瑞纳轿车底盘系统的结构。

(2)知道北京现代瑞纳轿车底盘系统拆装工艺。

N 能力目标

(1)能够正确描述北京现代瑞纳轿车底盘系统的结构。

(2)能够规范进行北京现代瑞纳轿车底盘系统的拆装。

(3)能正确使用拆装与检修的工具、设备。

S 素质目标

(1)自我学习能力。

(2)交流沟通能力。

(3)团结协作能力。

(4)安全操作能力。

任务1　北京现代手动变速器拆装工艺

一、瑞纳轿车手动变速器结构(图3-1)

(1)内部结构图,如图3-2所示。

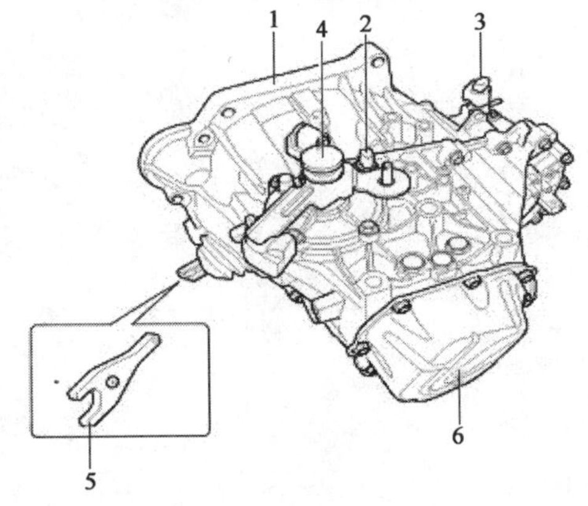

图　3-1

1-离合器壳;2-倒车灯开关;3-车速传感器;4-控制轴总成;5-离合器分离拨叉;6-后盖

图　3-2

(2)规格(表3-1)。

规 格 表 表3-1

变速器类型		M5CF1-1
发动机类型		汽油1.4
传动比	1挡	3.769
	2挡	2.045
	3挡	1.370
	4挡	1.036
	5挡	0.839
	倒挡	3.545
主传动比	3.833	

(3)规定力矩(表3-2)。

规 定 力 矩 表 表3-2

项　目	规定力矩(N·m)	项　目	规定力矩(N·m)
放油塞螺栓	58.9~78	变速器安装支架螺栓	88.3~107.9
加油塞螺栓	58.9~78	起动机安装螺栓	38.2~58.8
变速杆总成螺栓	8.8~26	变速器上部装配螺栓(变速器⇒发动机)	42.2~53
倒车灯开关	29.4~34	变速器下部装配螺栓(发动机⇒变速器)	42.2~48
			42.2~53

(4)润滑油(表3-3)。

润 滑 油 项 目 表 表3-3

项　目	推荐的润滑油	数　量
变速器齿轮油	SAE 75W/85 API GL-4	1.9~2.0L

二、手动变速器总成的拆卸

(1)拆卸下列部件,如图3-3所示。

①发动机室罩。

②前围整体总成面板(A)。

③空气滤清器总成和空气管道(B)。

④蓄电池和蓄电池托盘(C)。

⑤ECM(D)。

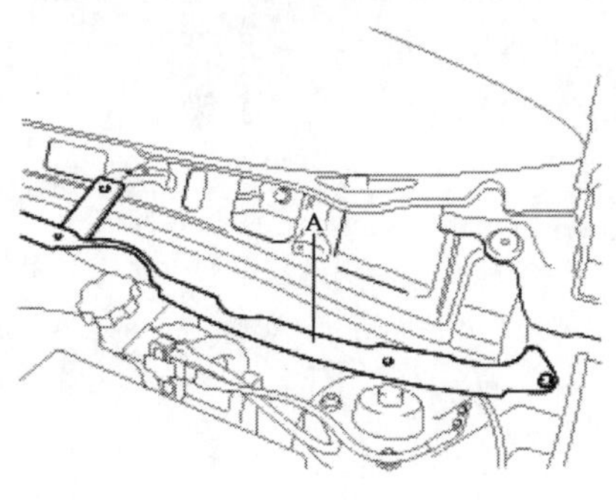

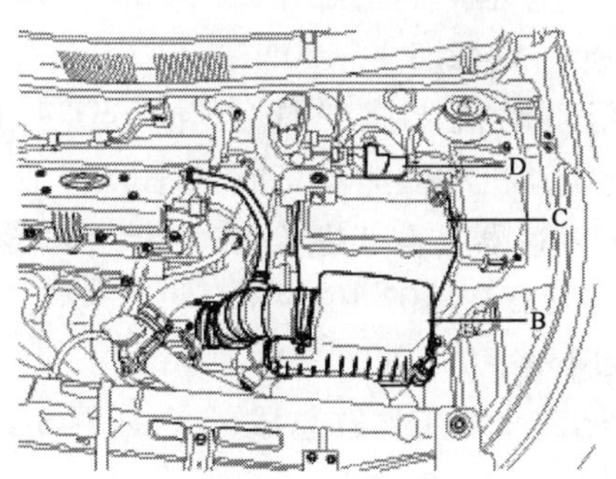

图 3-3

(2)拆卸夹(B)和销(A)后分离拉线总成(C),如图 3-4 所示。

(3)分离倒车灯开关连接器(A)和车速传感器连接器(B),如图 3-5 所示。

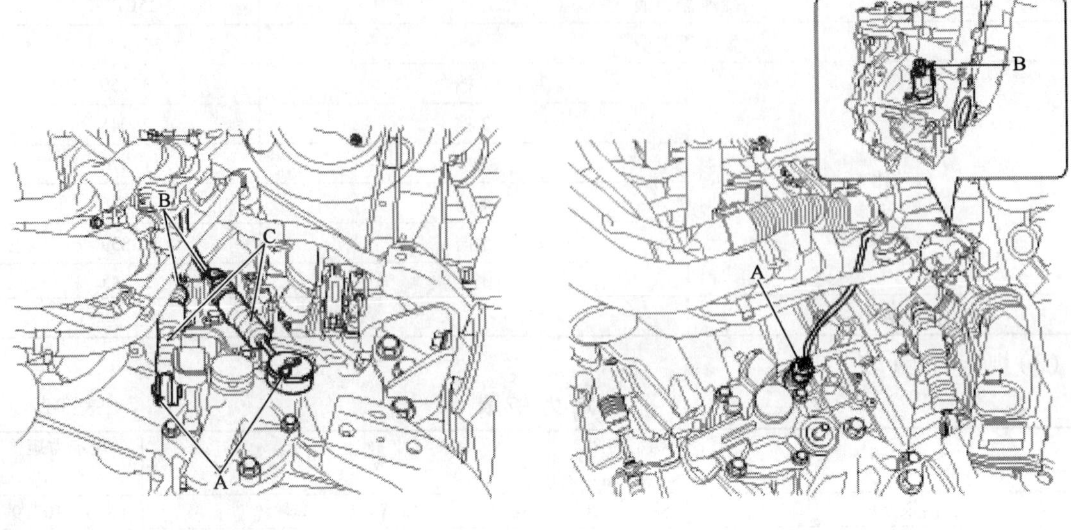

图 3-4

图 3-5

(4)从变速器(A)拆卸搭铁线,如图 3-6 所示。

(5)拧下管支架螺栓(A),如图 3-7 所示。

规定力矩:14.7 ~21.6N · m。

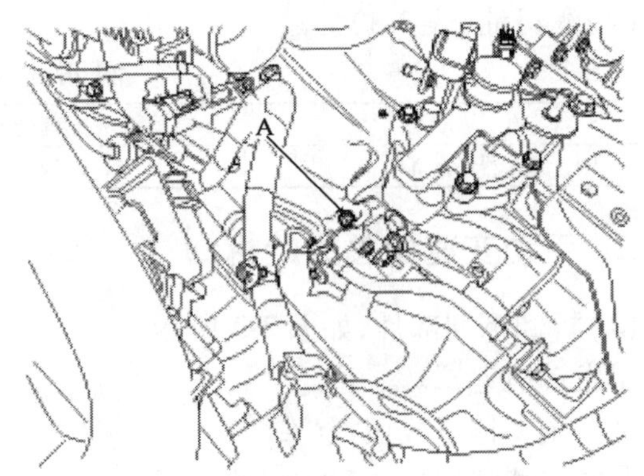

图 3-6

图 3-7

(6)拧下变速器上固定螺栓(A 为 2 个)和起动机固定螺栓(B 为 2 个),如图 3-8 所示。

规定力矩:(A)42.2 ~54.0N · m。(B)38.2 ~58.8N · m。

(7)使用发动机支撑工具(支撑 SST 代码: 09200 - 2S000,横梁 SST 代码: 09200 - 38001),固定发动机和变速器总成,如图 3-9 所示。

(8)拧下变速器支撑架螺栓(A-3 个),如图 3-10 所示。

规定力矩:88.3 ~107.9N · m。

(9)拆卸下盖(A),如图 3-11 所示。

(10)拆卸离合器工作缸总成(A),如图 3-12 所示。

规定力矩:14.7 ~21.6N · m。

(11)拆卸托架(A),如图 3-13 所示。

(12)拧下螺栓(A,B)后拆卸滚子杆支架(C),如图 3-14 所示。

规定力矩:(A)49.0～63.7N·m;(B)107.9～127.5N·m。

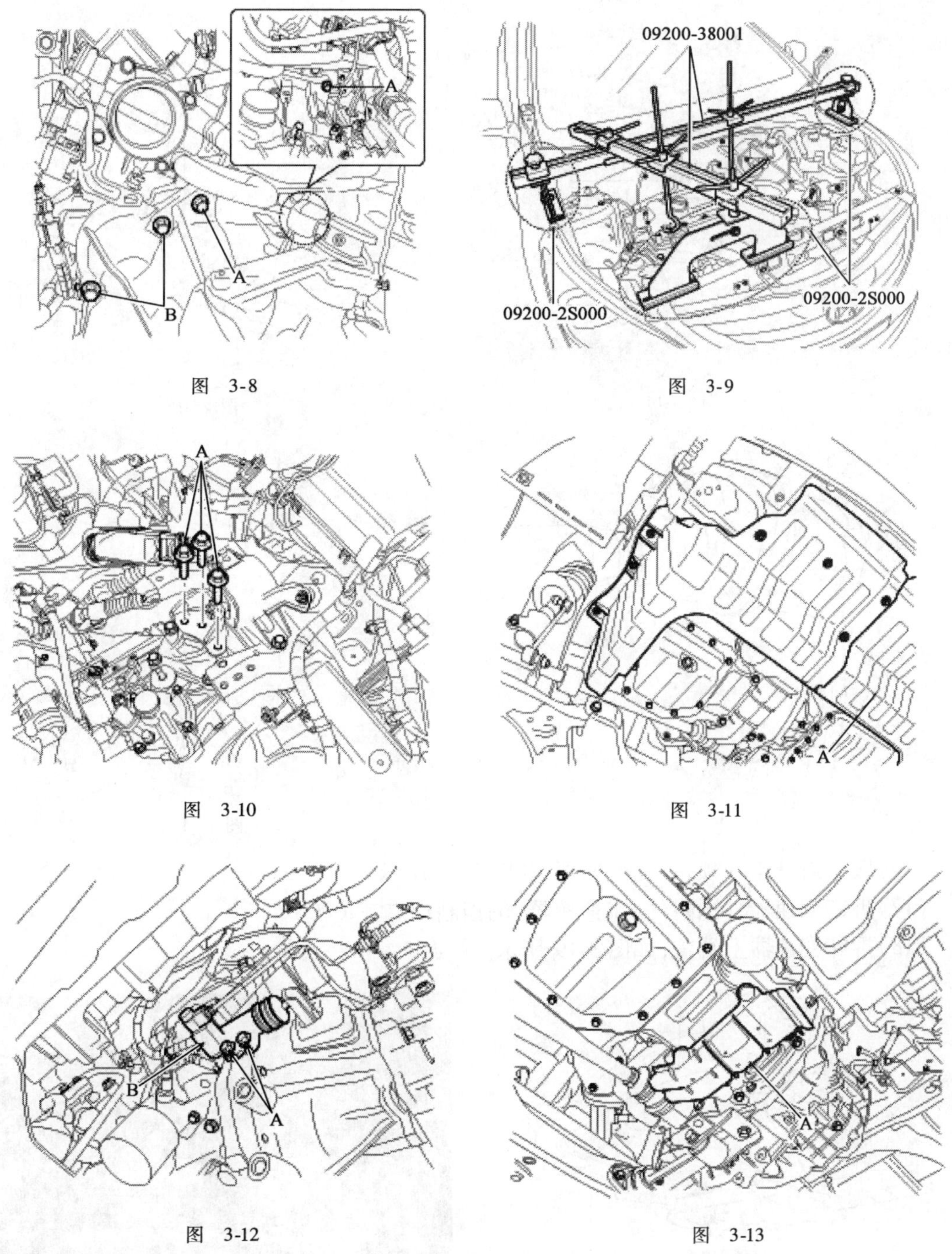

图 3-8

图 3-9

图 3-10

图 3-11

图 3-12

图 3-13

(13)拆卸塑料防尘盖(A),如图 3-15 所示。

(14)拆卸驱动轴总成,如图 3-16 所示。

(15)用千斤顶支撑变速器状态下,拧下变速器下部的装配螺栓(A 为 3 个,B 为 2 个),拆卸左侧盖并拆卸变速器总成,如图 3-17 所示。

注意:拆卸发动机和变速器总成时,小心不要损坏附近的其他系统或部件。

规定力矩:①43～49N·m;

②42.2～53.9N·m。

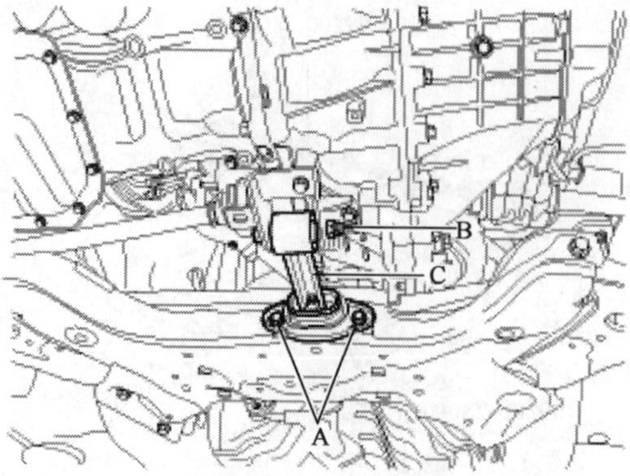

图 3-14

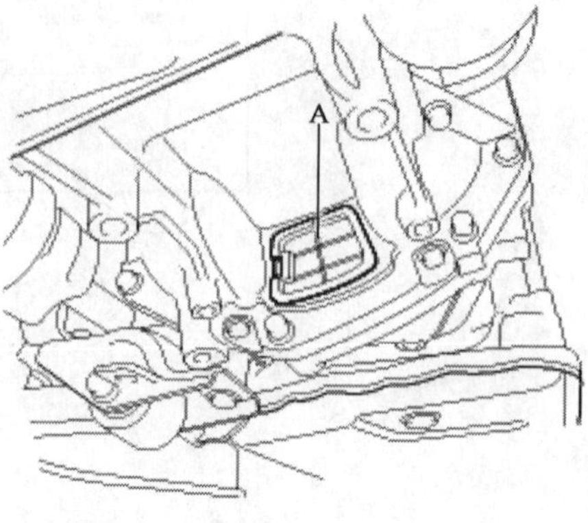

图 3-15

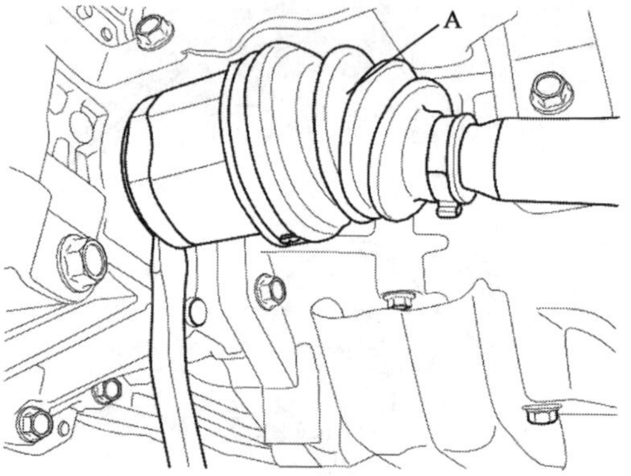

图 3-16

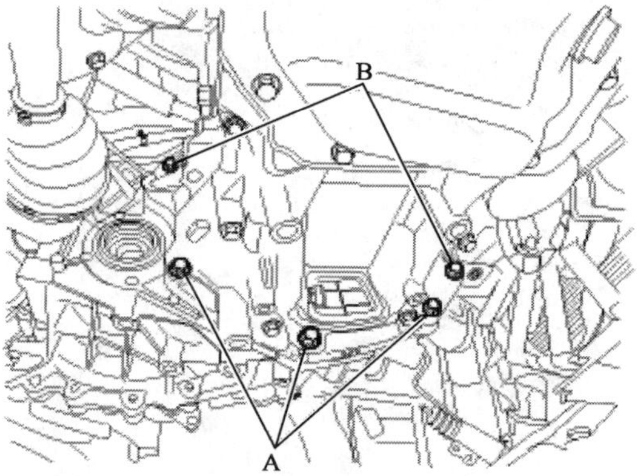

图 3-17

(16)缓慢放低千斤顶,拆卸变速器,如图 3-18 所示。

(17)拆卸变速器外围附件(车速感器、倒挡制动灯开关等)。

(18)拆卸变速器上端盖,如图 3-19 所示。

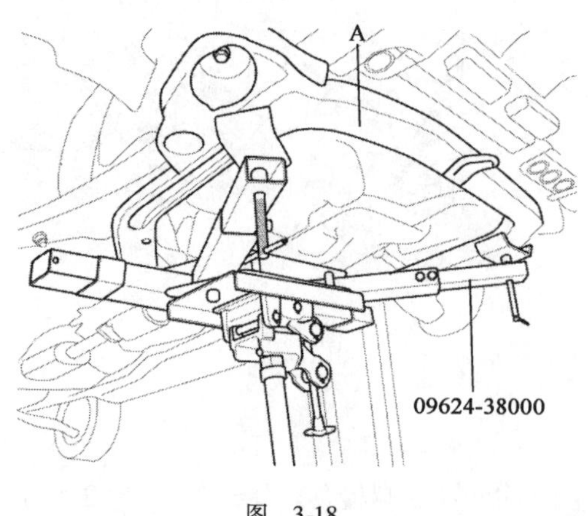

图 3-18

图 3-19

(19)拆下上端盖后结构,如图 3-20 所示。

(20)拆卸倒挡轴固定装置,如图 3-21 所示。

图 3-20

图 3-21

(21)拆卸自锁、互锁钢球,如图 3-22 所示。

(22)拆卸变速器侧盖固定螺栓,如图 3-23 所示。

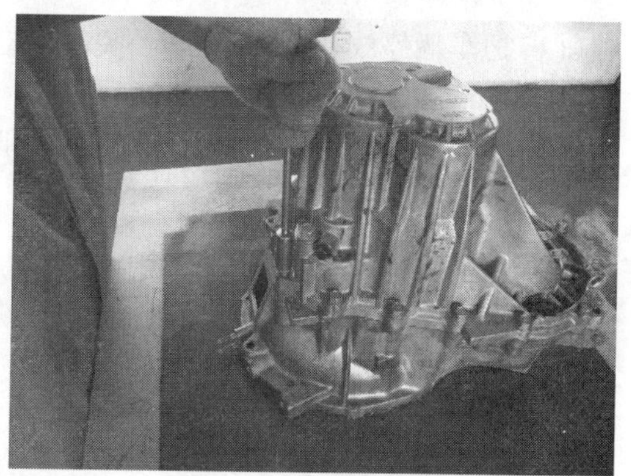

图 3-22

图 3-23

(23)拆下变速器侧盖后整体结构,如图 3-24 所示。

三、手动变速器总成的安装

1. 装配前的准备工作

(1)用专用清洗液清洁变速器壳体,各零部件。

(2)对变速器各零件进行检查和测量,如不符合要求应予修理或更换。

(3)检查各油封和轴承有无损坏。

(4)检查自锁和互锁装置。

2. 变速器的安装要点

(1)安装挡位拨叉定位销时应确认销口与拨叉轴中心对齐。

(2)安装变速器壳体前应确认倒挡固定螺栓孔与壳体倒挡固定孔对齐,否则无法安装壳体。

(3)在变速器各结合面均匀涂抹专用密封胶,防

图 3-24

止变速器漏油。

(4)各连接螺栓应用专用工具按原厂规定扭矩扭紧。

3.变速器的装配

(1)按照变速器分解的相反步骤进行安装。

(2)将变速器擦拭干净,并进行基本的换挡性能试验。

(3)清洁场地,整理工具。

4.手动变速器拆装螺栓拧紧力矩。

(1)侧盖螺栓　　10~20N·m

(2)倒挡惰轮螺栓　　43~55 N·m

(3)换挡拉线支架螺栓　　20~27 N·m

(4)输入轴锁紧螺母　　140~160 N·m

(5)中间齿轮锁紧螺母　　140~160 N·m

四、手动变速器油的检查

(1)把车辆停放在平整地面上,关闭发动机。

(2)拧下加油塞(A),如图3-25所示。

(3)检查油平面高度,油面在变速器注油螺塞开口0~0.5mm范围,如图3-26所示。

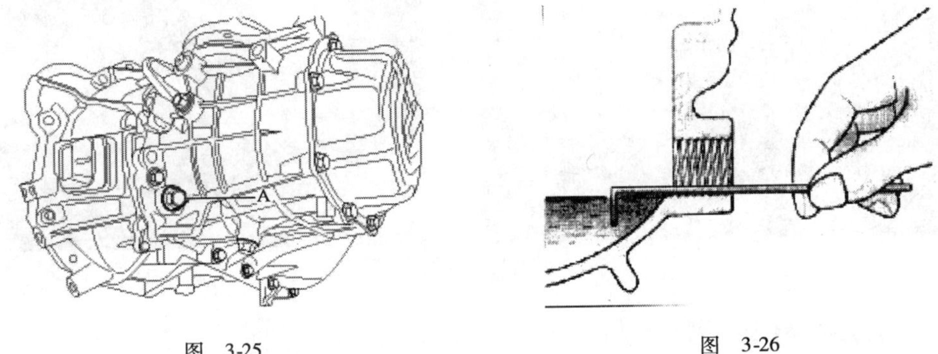

图 3-25　　图 3-26

(4)油位低时,检查机油是否泄漏,(半轴油封、放油螺塞、壳体处是否有灰尘黏附)如有需处理。

注意:油位必须在加油孔面,如果不是,添加变速器油,直到溢出为止。

(5)安装加油孔塞。

规定力矩:58.9~78.5N·m。

五、手动变速器油的更换

(1)将车辆举升到离地20cm高度,启动发动机挂入1挡,保持车辆带挡运转3~5min,使发动机停转,目的是提高变速器温度,降低油液黏度,有利于彻底排放油液。

(2)将车辆举升到适当高度,拆卸变速器放油油螺塞和加油螺塞,如图3-27所示。

(3)排放变速器油,(将油液回收,集中处理),如图3-28所示。

(4)用新衬垫安装放油塞。

规定力矩:58.9~78.5N·m。

(5)将专用加油机加油嘴插入变速器加油螺塞孔,如图3-29所示。

(6)用专用加油机将变速器油加注到规定位置(加油口外溢即可),如图3-30所示。
标准变速器油:SAE 75W/85,API GL-4。
变速器油容量:1.9~2.0L。

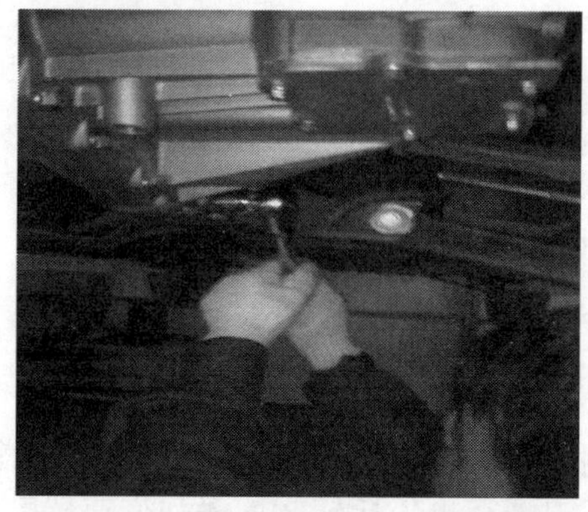

图 3-27

图 3-28

图 3-29

图 3-30

(7)安装加油螺塞。

规定力矩:58.9~78.5N·m。

(8)将车辆降到离地20cm高度,起动发动机,变换挡位,保持车辆各挡运转3~5min后,使发动机停转。

(9)将车辆举升到适当高度,检查变速器加油螺塞和放油螺塞处有无泄露,如有,进行修理后再使用车辆。

六、手动变速器的检修

(一)同步器的检修

同步器总成由同步器套筒,同步器毂和同步器键等部件组成。同步器损坏会造成换挡困难,应及时检修。

(1)检查同步器套筒和同步器毂,将同步器套筒安装在同步器毂上,检查滑动是否平滑,套筒有无磨损以及同步器毂前端的磨损程度,如必要,则更换同步器套和同步器毂。

(2)检查同步器键和同步器弹簧;主要检查同步器键中心凸起部位是否磨损,同步器弹簧弹力是否减弱,弹簧是否扭曲和破损。必要时,应更换新品。

(二)变速器齿轮检查

(1)检查斜啮合齿轮的轮齿有无损坏和磨损。

(2)检查齿轮锥面有无起毛、损坏磨损。

(3)检查齿轮内孔有无损伤和严重磨损。

(三)变速器轴检查

(1)检查输入轴圆锥滚子轴承外表有无损伤或异常磨损。

(2)检查输入轴花键有无损伤或严重磨损,必要时更换新件。变速器输入轴在装配时要记清各部件相关位置,不能装错或漏装。

(3)检查中间轴圆锥滚子轴承外表面有无损伤或异常磨损。

(4)检查中间轴花键有无损伤和异常磨损,必要时予以更换。中间轴在检修时,应弄清楚中间轴零部件相互关系位置,不能错装或漏装零部件。

(四)变速器异响检查

变速器异响:包括空挡发响和挂上挡后发响两种情况。

(1)空挡发响现象:发动机怠速运转变速器处于空挡位时有异响踏下离合器踏板时响声消失。

(2)换挡后发响现象:变速杆挂入挡位后发响是因啮合齿轮运转时撞击和变速器壳体空腔共鸣作用引起。

(3)检查:

①变速器壳形位公差;

②齿轮各部位止推轴承是否装错,齿轮位置是否正确;

③齿轮是否成对更换;

④轴承及孔是否松旷,止推垫是否磨损是否漏装,螺栓是否松动。

任务2　北京现代手动变速器案例分析

案例一:瑞纳轿车换挡困难

一、原因分析

接受任务后进行问诊,分析 M5CF1 变速器换挡困难的可能原因:

(1)控制拉线故障(检查变速杆控制拉线是否正常工作或卡住、运动受限制等情况。详见手动变速器课程)。

(2)同步器环和齿轮锥接触不良或磨损。

(3)机油等级不正确。

二、检查分析排除故障

本着先易后难的原则,对手动变速箱操纵机构进行先期检查,发现控制拉线出现卡住、运动受限制故障,需进行检查调整。

(1)手动变速器操纵机构整体结构如图 3-31 所示。

(2)手动变速器操纵机构拆检。

①从中央控制台上拆卸上盖(参考维修手册中央控制台拆装部分)。

②拆卸中央控制台(参考维修手册中央控制台拆装部分)。

③拆卸卡销(A)和夹子(B)。如图 3-32 所示。

④拆卸变速杆总成(A)。如图 3-33 所示。

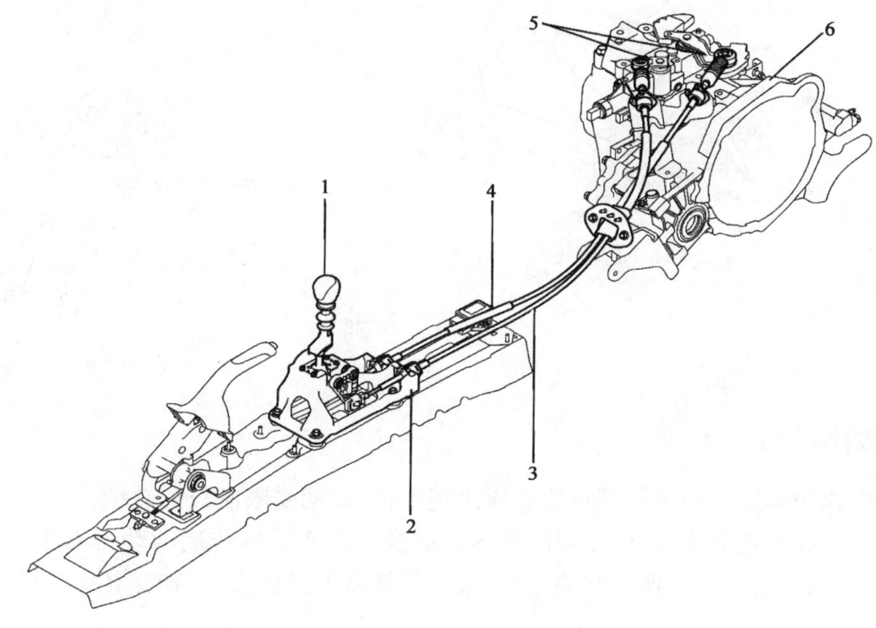

图 3-31

1-变速杆手柄;2-换挡杆总成;3-选择拉线总成;4-换挡拉线总成;5-换挡杆总成(手动变速器侧);6-手动变速器总成

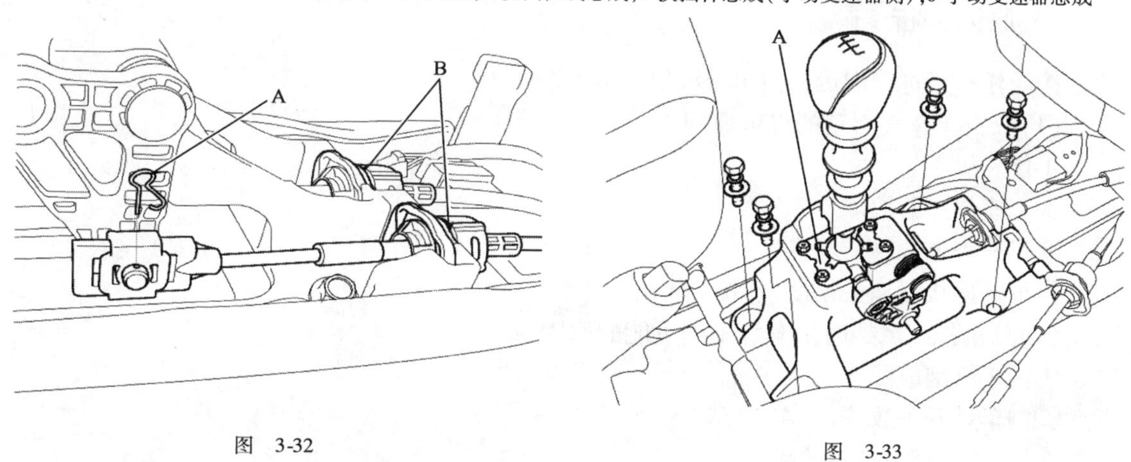

图 3-32

图 3-33

⑤从换挡拉线上拆卸卡扣(A)。如图 3-34 所示。

⑥拆卸挡圈(A)和螺母(B)。如图 3-35 所示。

⑦从变速器上拆卸拉线总成(参考手动变速器的拆卸)。

⑧拆卸换挡拉线总成并进行以下几项检查。

a. 检查变速杆是否正常工作或损坏。

b. 检查正常工作状态和损坏状态下的换挡导线。

c. 检查防尘罩的损坏。

d. 检查防尘套的磨损、磨蚀、卡住、运动受限制或损坏情况。

e. 检查弹簧是否疲软或损伤。

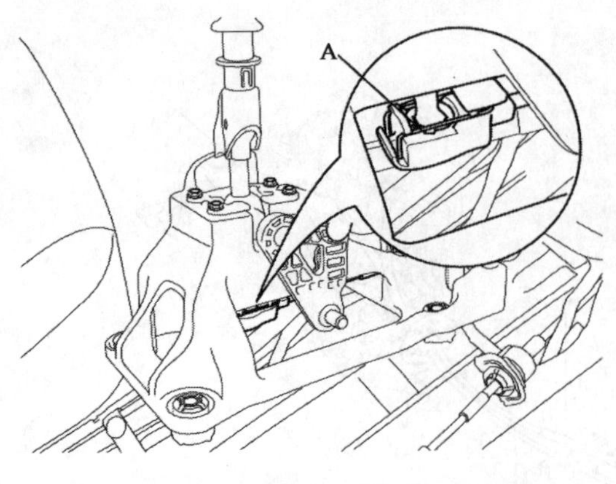

图 3-34

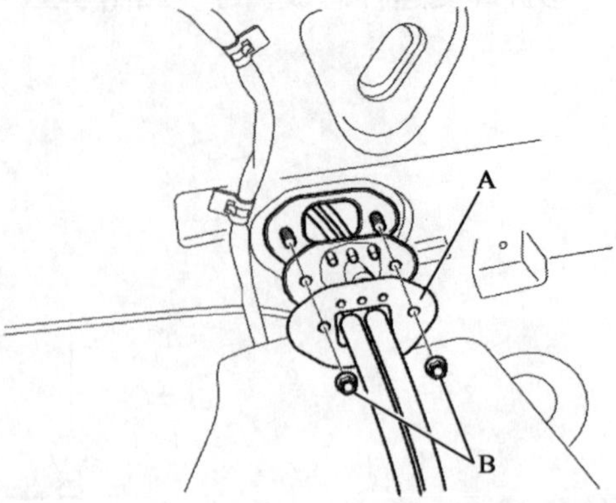

图 3-35

三、故障总结

手动变速箱操纵机构中换挡拉线总成出现卡住、运动受限制故障总结：

当换挡拉线出现卡住、运动受限时会导致从换挡操作手柄传递的动力不能正确传递到变速器拨叉，从而无法使同步器正常的工作，进一步导致不能换入所需的挡位即换挡出现困难。

案例二：瑞纳轿车在行驶中车速表不动，挂入倒挡时倒车灯不亮

一、原因分析

接受任务后进行问诊，分析可能的原因：

(1)分析车速表不动的可能原因：

①仪表故障。

②车速传感器故障。

③车速表电源、搭铁故障。

④线路连接器插头松动、虚接。

(2)分析挂入倒挡时倒车灯不亮可能的原因：

①倒车灯泡故障。

②倒车灯开关故障。

③倒车灯电源、搭铁故障。

④线路连接器插头松动、虚接。

二、检查分析排除故障

本着先易后难的原则，对手动变速箱 M5CF1 相关附件进行检查，发现车速表不动由于车速传感器插头虚接导致。倒车灯不亮是由于倒车灯开关损坏导致。需进行维修更换。

1. 车速传感器线路的检修

注：参考悦动轿车车速系统电路图。

(1)拆卸发动机盖。

(2)拆卸蓄电池端子后拆卸蓄电池(A)，如图 3-36 所示。

(3)分离进气软管(A)，如图 3-37 所示。

(4)分离 ECM 连接器(A)后,通过拧下装配螺栓和拆卸夹具(C)拆卸空气滤清器总成(B),如图 3-38 所示。

(5)拆卸变速器(A)搭铁导线,如图 3-39 所示。

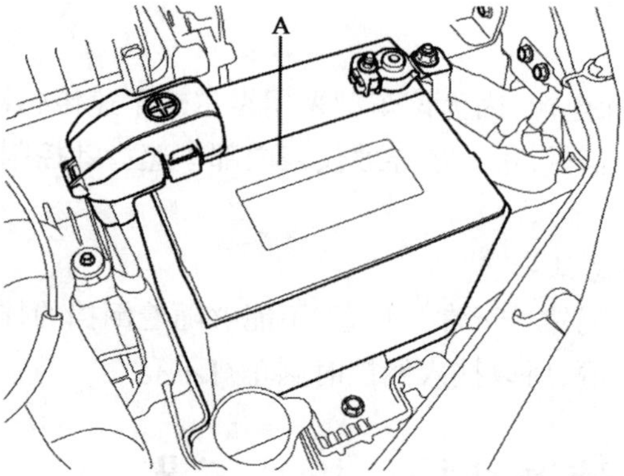

图 3-36

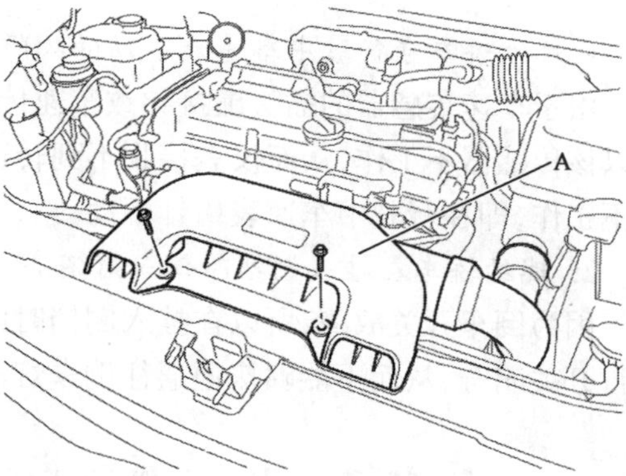

图 3-37

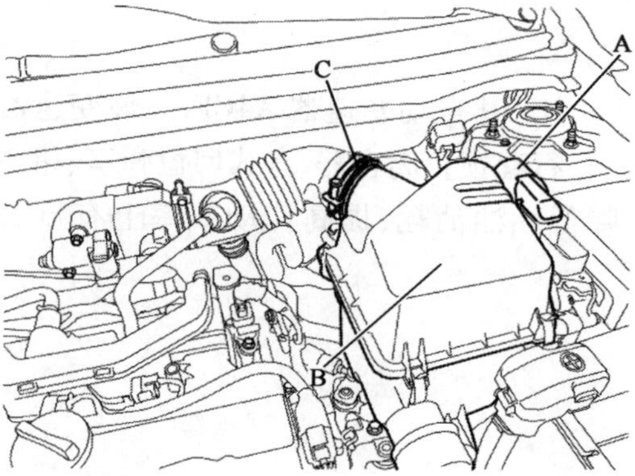

图 3-38

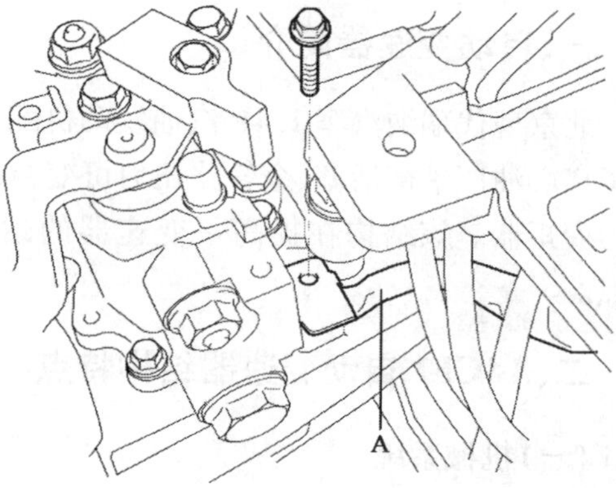

图 3-39

(6)分离车速传感器和倒车灯开关集成连接器(A),如图 3-40 所示。

2. 倒车开关的检修

(1)分离倒车灯开关(A),如图 3-41 所示。

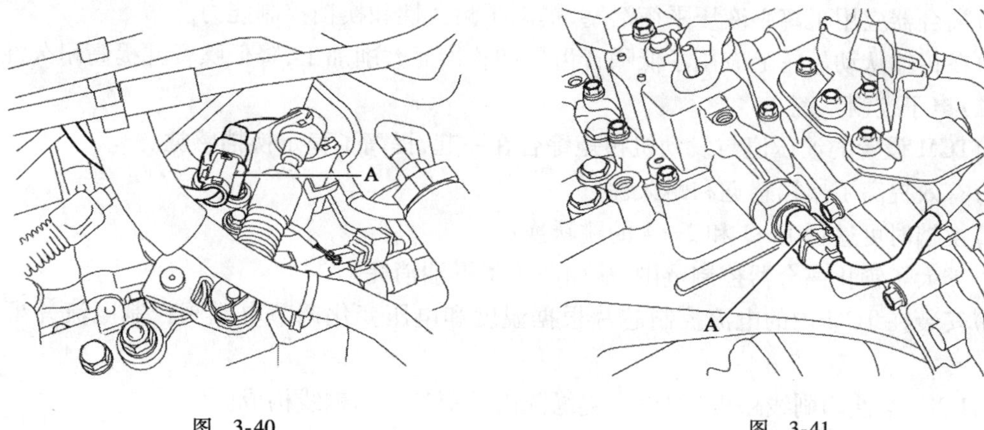

图 3-40

图 3-41

(2)检查倒车灯开关的 1 号和 2 号端子之间的导通性,当换挡杆在倒挡位置时,应该导通。经检查两端子之间不通,更换后故障排除。

三、故障总结

1. 瑞纳轿车在行驶中车速表不动的故障总结

由于车速传感器的插头虚接导致车速传感器无电源,因为该车型采用霍尔式车速传感器,所以该传感器不工作,从而仪表接收不到转速脉冲信号,进一步导致仪表内部车速指针控制模块不工作,即在行驶中车速表指针不动。

2. 瑞纳轿车在挂入倒挡时倒车灯不亮的故障总结

因为倒车开关故障,所以在挂入倒挡时此开关仍然处于常开状态,不能够随着倒挡的挂入进行开关闭合,从而不能够接通通往倒车灯泡的电源,所以挂入倒挡时倒车灯不亮。

任务 3　北京现代自动变速器结构与拆装工艺

一、自动变速器简介

北京现代瑞纳汽车 1.4L 汽油发动机配用的新型小尺寸自动变速器 A4CF1。该变速器采用了离心油压平衡活塞、全管路压力可变控制系统、长行程锁止离合器、盘式回位弹簧、超扁平液力变矩器。该结构在提高了变速器的耐久性、降低燃油消耗、提高传动效率上有显著的优点。

二、A4CF1 自动变速器结构特点

(一)机械系统

(1)阀体内的全管路压力可变控制,改善燃油消耗。

(2)应用到液力变矩器上的长行程锁止离合器改善发动机转速变化,降低了容积和燃油消耗量。

(3)机油泵从中心转子型变为抛物面型,改善了低转速范围内的工作性能和容积效率。

(4)低倒挡制动器上应用了盘式回位弹簧,提高了耐久性并缩短了长度。

(5)离合器应用了离心液压平衡活塞,提高了耐久性和换挡控制能力。

(6)在传输从动齿轮上应用了低噪音齿轮和轮齿面磨削加工,降低噪音并提高耐久性。

(二)电子控制系统

(1)TCM 设置的油压值与发动机扭矩综合在一起,提高了稳定换挡感觉。

(2)有效提高了换挡感觉和耐久性。

(3)换挡时可进行 1↔3 和 2↔4 的跳跃换挡。

(4)扩大了锁止离合器控制范围,从而改善了燃油消耗。

(5)安装在 TCM 内的电流控制芯片根据温度和电压变化调节电磁阀控制电流并牢固控制油压。

(6)FPC(柔性印刷线路板)线束由绝缘膜内的薄且平的铜线构成。

(7)通过从 TCM 到仪表盘的频率信号显示车速表、而不是使用车速传感器。

三、A4CF1 自动变速器参数(表 3-4)

A4CF1 自动变速器参数表　　表 3-4

变速器型号		A4CF1
发动机型号		汽油 1.4L
T/CON		3 元件 2 相 1 段
液力变矩器尺寸(ϕ)		236
油泵类型		抛物面
T/M 壳类型		分离
摩擦元件		离合器：3 个
		制动器：2 个
		OWC：1 个
行星齿轮		2EA
传动比	1 挡	2.919
	2 挡	1.551
	3 挡	1.000
	4 挡	0.713
	倒挡	2.480
主减速比		3.849
油压平衡活塞		2 个
失速转速		2000～2700r/min
蓄能器		4 个
电磁阀		6 个(PWM：5 个,VFS：1 个)
变速杆位置		6 个位置(P、R、N、D、2、L)
机油滤清器		1EA

(一)变速器规定力矩(表 3-5)

变速器规定力矩表　　表 3-5

项　目	单位(N·m)	项　目	单位(N·m)
导线线束支架	15～22	阀体固定螺栓	10～12
输入轴速度传感器	10～12	排油塞	40～50
输出轴速度传感器	10～12	压力检查塞	8～10
手动控制杆	17～21	前滚转止动器支架螺拴	50～65
油温传感器	10～12	后滚转支撑支架螺拴	50～65
油底壳	10～12	变速器支撑架螺栓	60～80

(二)润滑油(ATF)(表 3-6)

润 滑 油 表　　表 3-6

项　目	规定润滑油	数量(L)
变速器油(US qt,lmp. qt)	正品 DIAMOND ATF SP-III 或 SK ATF SP-III	6.8

(三)密封胶(表 3-7)

密 封 胶 表　　表 3-7

项　目	指定密封胶
后盖 液力变矩器外壳 油底壳	LOCTITE FMD-546

四、变速器结构(图 3-42)

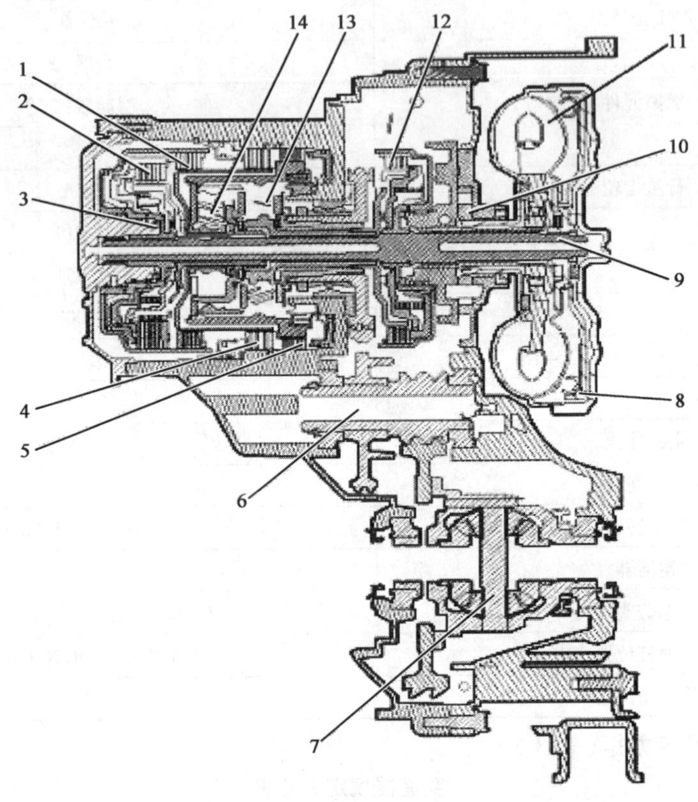

图　3-42

1-倒挡离合器;2-超速挡离合器;3-后盖;4-2 挡制动器; 5-低倒挡制动器;6-输出轴;7-差速器;8-锁止离合器;9-输入轴;10-油泵总成;11-液力变矩器总成;12-低速挡离合器;13-输出行星架;14-超速挡行星架

五、机械系统结构

1. 液力变矩器

液力变矩器作用是输送发动机动力到自动变速器的动力装置。

液力变矩器中液压油的流动截面,如图 3-43 所示。

从圆形变为平面形,缩短了液力变矩器长度。

安装在变速器内的锁止离合器最大工作角度,如图 3-44 所示。从 11°增加到 18. 5°,改善发动机转速变化,降低了容积和燃油消耗量。

2. 油泵

油泵由铝材料制成(反作用轴支撑),减小了质量并选择抛物面型,改善了低转速范围内的工作性能和容积效率，如图 3-45 所示。

3. 制动器

自动变速器(A4CF1)使用低倒挡制动器和2ND 制动器。

盘式回位弹簧应用在低倒挡制动器上，最小化由于均匀弹簧操作力导致的摩擦材料滑移，提高耐久性并减小长度，如图 3-46 所示。

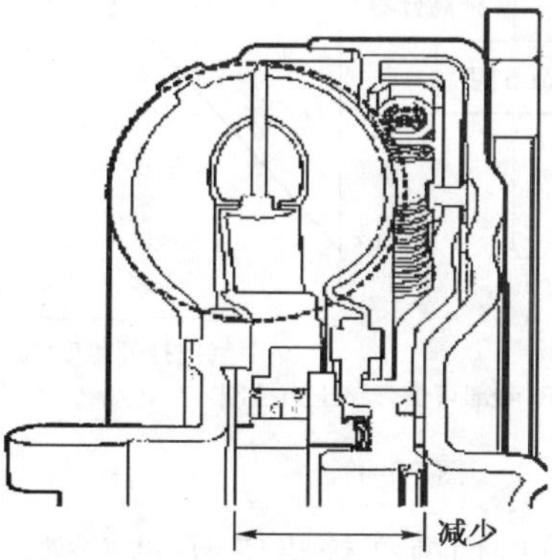

减少

图 3-43

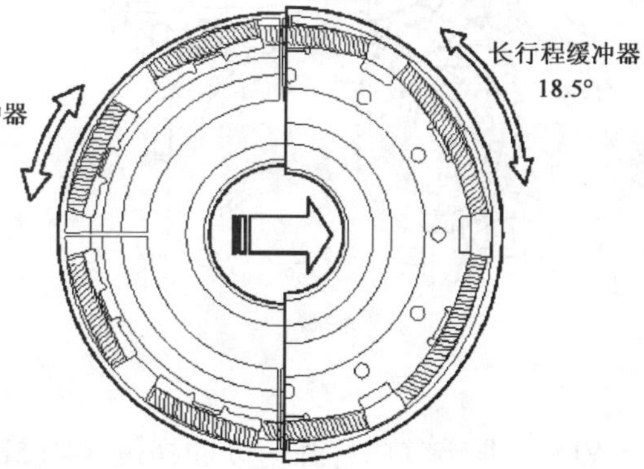

原有缓冲器
11°
长行程缓冲器
18.5°

图 3-44

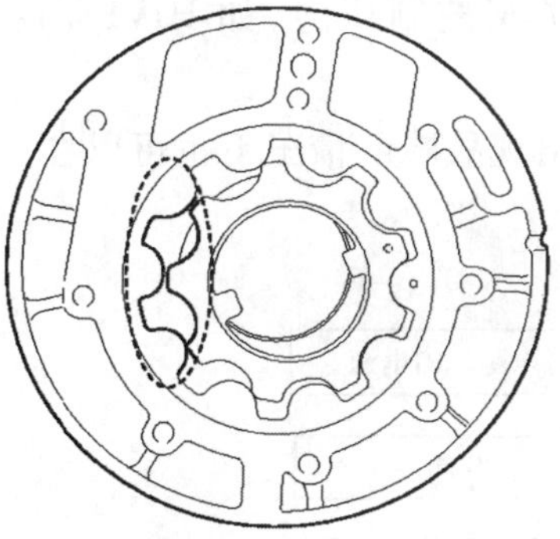

〈抛物面〉

图 3-45

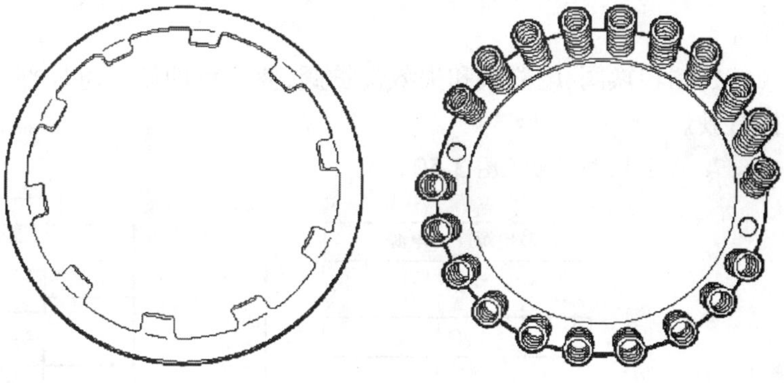

图 3-46

4. 离合器

多片离合器和单向离合器使用在变速器。

各离合器挡圈由精密金属薄板制成，提高了生产能力并减轻了质量。

离合器总成内应用了离心油压平衡装置，如图 3-47 所示。

通常留在活塞油压室内的油通过离心力推动活塞。但为防止活塞被推动，活塞和回位弹簧挡圈之间填充的油也发生离心力，两力抵消，所以活塞不移动。结果，提高了耐久性和换挡控制能力。

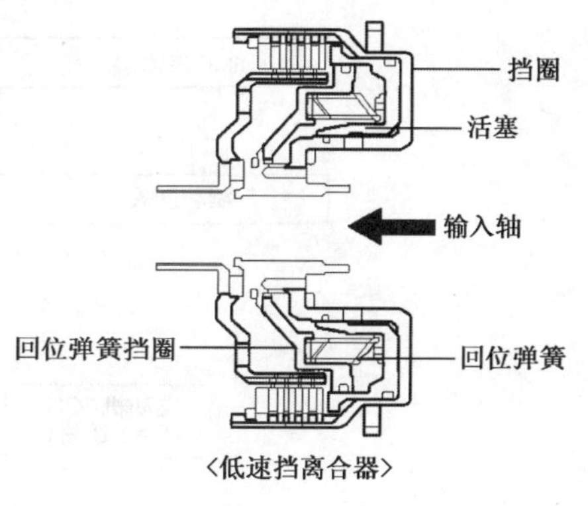

挡圈
活塞
输入轴
回位弹簧挡圈
回位弹簧
〈低速挡离合器〉

图 3-47

5. 驻车系统

A4CF1 式的驻车系统是凸轮型，如图 3-48 所示。

安装在当前新一代 AT 内的滚子型需要支架部件以便在操作驻车系统时移动滚子，这很复杂。

但 A4CF1 式的凸轮类型不需要支撑架并且结构简单，它只需要防止凸轮惰性移动的导轨。

6. 液压控制系统

在变速器(A4CF1)上应用了安装在阀体内的 VFS(可变压力电磁阀),如图 4-49 所示。

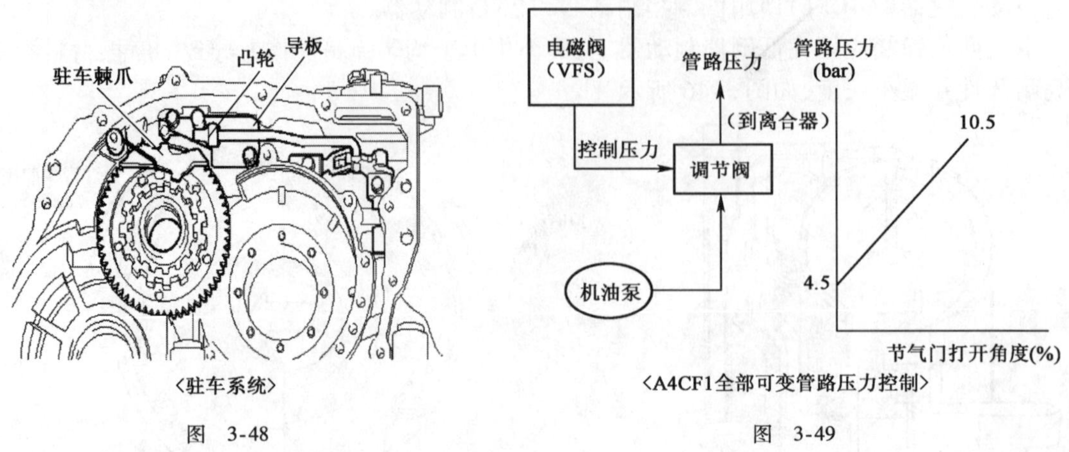

图 3-48　　　　图 3-49

VFS 根据节气门打开角度和挡位在 4.5bar 到 10.5bar 范围内改变管路压力,改善燃油消耗和换挡性能。

安装在阀体内的减压阀利用减压代替管路压力产生电磁阀控制压力,如 HIVEC 变速器。

控制转换阀、电磁阀和失效保护阀,使车辆即使在电控部件出现故障的情况下也可以在 3 挡行驶。

7. 电子控制系统(图 3-50)

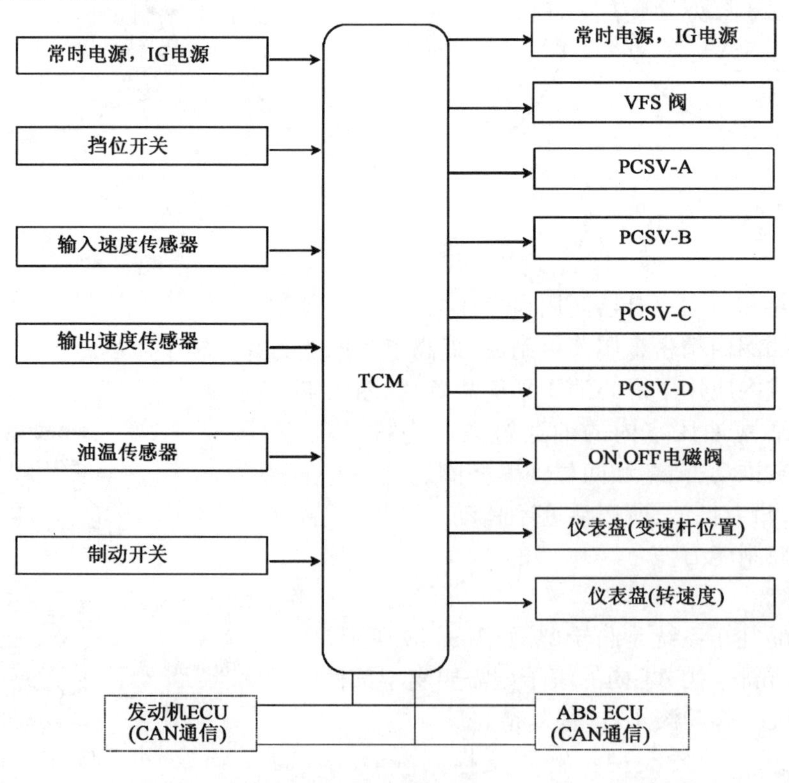

图 3-50

8. 传感器和执行器功能(表3-8)

传感器和执行器功能表　　表3-8

项　　目	功　　能
输入速度传感器	检测OD/RVS挡圈处的输入轴转速(涡轮转速)
输出速度传感器	检测T/F驱动齿轮处的输出轴转速(T/F驱动齿轮转速)
发动机转速信号	使用ECM经由CAN通信接收发动机转速信息
油温传感器	通过热敏电阻检测ATF温度
制动开关	检测制动踏板触点开关处的制动器操作
挡位开关	通过触点开关检测变速杆位置
ON/OFF电磁阀(SCSV-A)	控制换挡的液压油路
VFS电磁阀	根据节气门打开角度和换挡位置在4.5 bar到10.5 bar范围内改变管道压力
PCSV-A(SCSV-B)	控制到压力控制阀的OD或L/R液压以进行换挡控制
PCSV-B(SCSV-C)	控制到压力控制阀的2/4或REV液压以进行换挡控制
PCSV-C(SCSV-D)	控制到压力控制阀的UD液压以进行换挡控制
PCSV-D(TCC)	控制进行锁止离合器控制的液压压力
扭矩减少操作信号	经由CAN通信从ECM处接收发动机减压压力操作信号
仪表盘	发送当前换挡杆位置和车速信号并操作灯、里程表和车速表

(1)油温传感器,如图3-51所示。

检测油温,使用在换挡时油压控制和锁止离合器的控制;传感器故障时,油温固定在80℃。

(2)输入/输出速度传感器　如图3-52所示。

发生故障时,变速杆在 D 位置:3 挡固定/2、L 位置:2 挡固定;取消了车速传感器,用输出速度传感器驱动车速表。

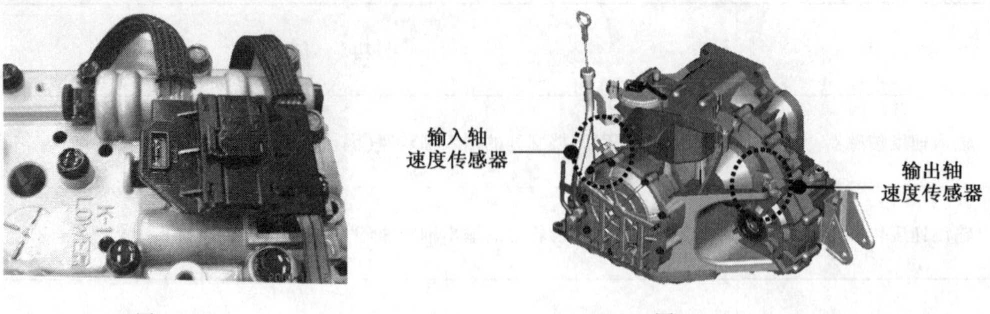

图 3-51　　　　图 3-52

9. TCM(表 3-9)

TCM 表　　表 3-9

项　目	Bosch TCM	项　目	Bosch TCM
硬件	集成型	ATF 温度补偿控制	独立
占空比驱动	断续控制法	直接控制范围	宽
主油压控制部件	涡轮扭矩,车速		

A4CF1 自动变速器内采用的 TCM 集成在 PCM 内,经由 CAN 通信传递信息,项目说明如下:

(1)TLE6288 电流控制芯片。安装在 TCM 内的 TLE6288 电流控制芯片根据温度和电压变化调节电磁阀控制电流并牢固控制液压。在这种情况下,电磁阀控制信号被分为峰值信号和固定信号。

①峰值:提供 12V 电压信号,快速移动电磁阀柱塞。

②固定:应用此信号保持电磁阀状态

(2)FPC(柔性印刷线路板)线束,如图 3-53 所示。

在绝缘片上黏附又薄又平的铜线构成的电路;减轻质量,线束设置空间容易,故障率小;维修时注意不要拽或扭曲。

10. CAN 通信配置(图 3-54)

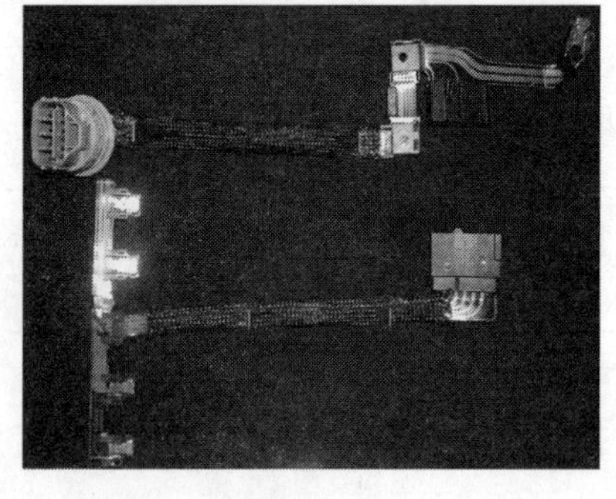

图 3-53

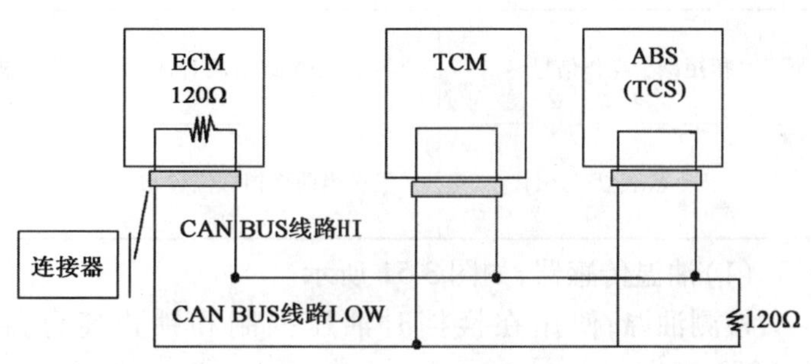

图 3-54

六、诊断电路(图 3-55 ~ 图 3-58)

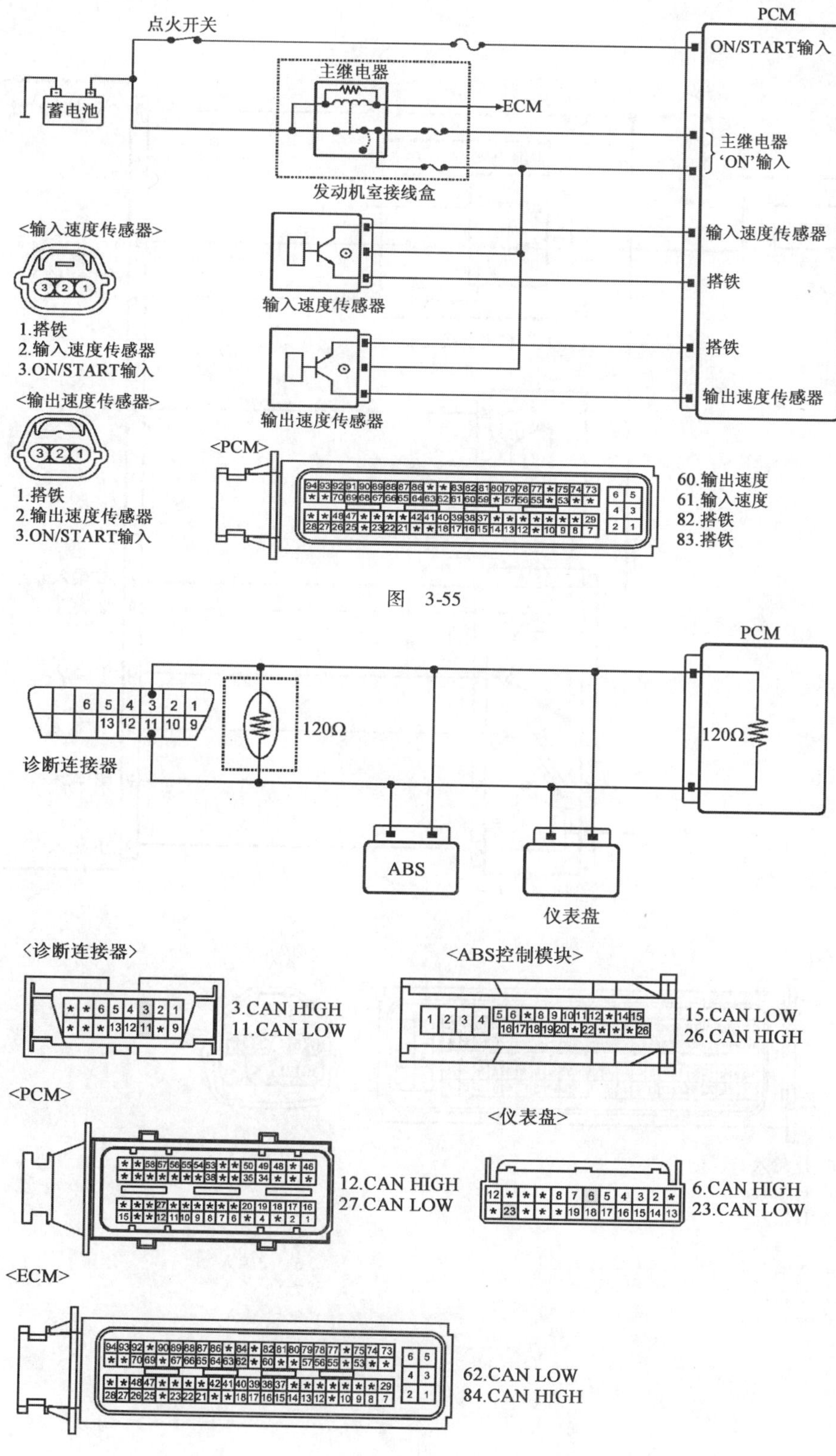

图 3-55

图 3-56

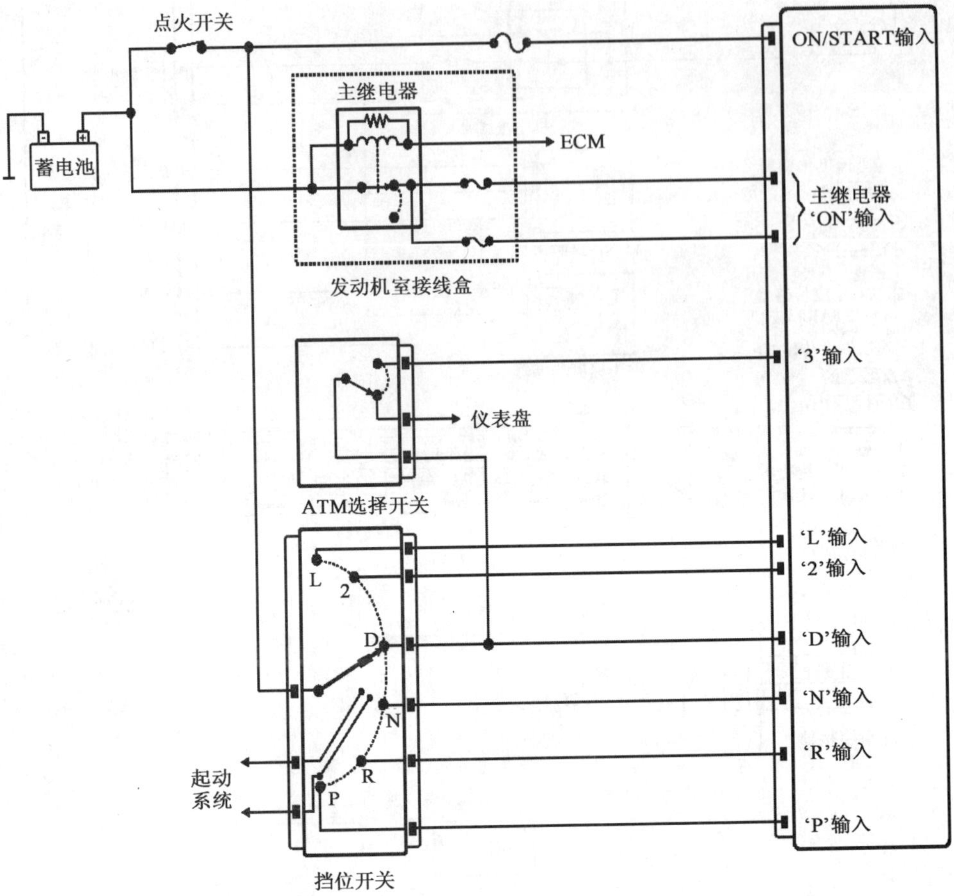

点火开关
主继电器
ECM
蓄电池
ON/START输入
主继电器
'ON'输入
发动机室接线盒
'3'输入
仪表盘
ATM选择开关
L
2
D
N
R
P
'L'输入
'2'输入
'D'输入
'N'输入
'R'输入
'P'输入
起动
系统
挡位开关

<PCM>

<挡位开关>

66. 'D'输入
67. 'P'输入
68. 'L'输入
88. 'R'输入
89. '2'输入
90. '3'输入
91. 'N'输入

1. 'P'输入
2. 'D'输入
3. 'L'输入
5. '2'输入
6. 'N'输入
7. 'R'输入
8. '3'输入

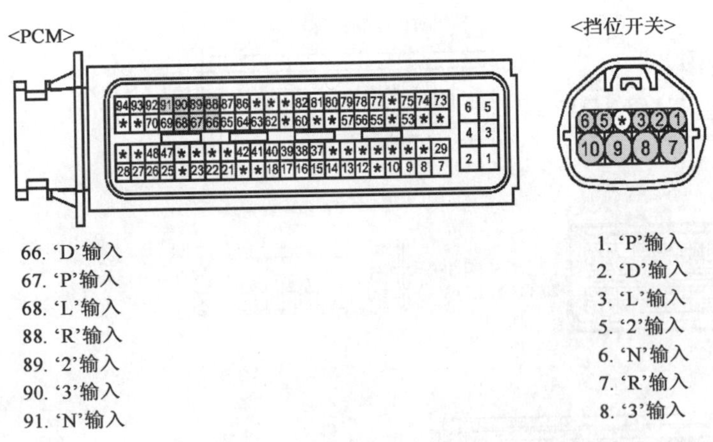

图 3-57

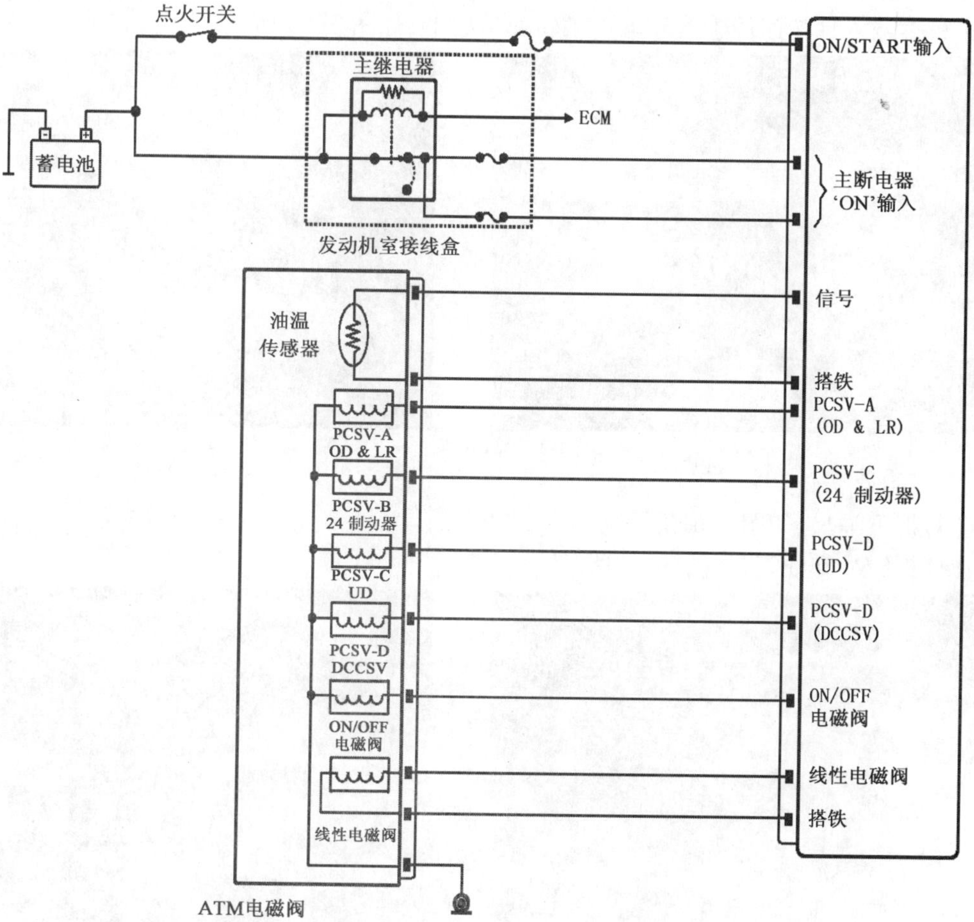

点火开关
ON/START输入
主继电器
ECM
蓄电池
主断电器
'ON'输入
发动机室接线盒
信号
油温
传感器
搭铁
PCSV-A
(OD & LR)
PCSV-A
OD & LR
PCSV-C
(24 制动器)
PCSV-B
24 制动器
PCSV-D
(UD)
PCSV-C
UD
PCSV-D
(DCCSV)
PCSV-D
DCCSV
ON/OFF
电磁阀
ON/OFF
电磁阀
线性电磁阀
搭铁
线性电磁阀
ATM电磁阀

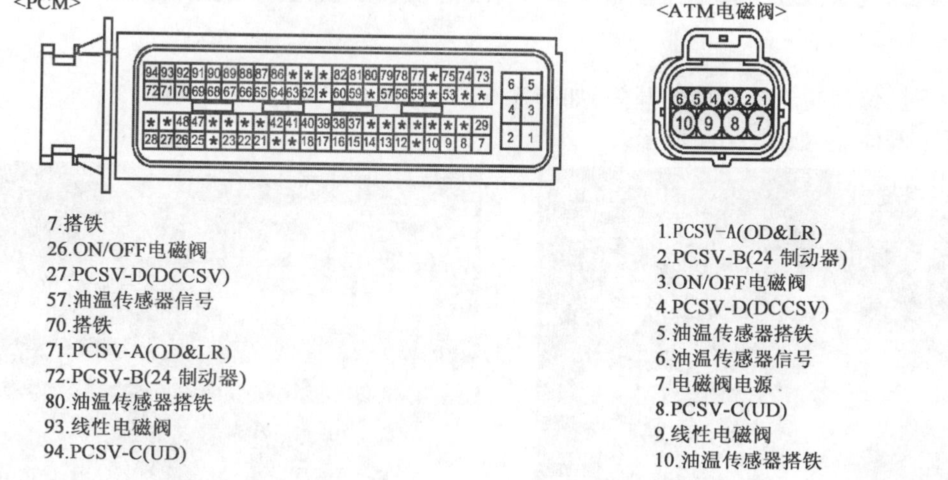

7.搭铁
26.ON/OFF电磁阀
27.PCSV-D(DCCSV)
57.油温传感器信号
70.搭铁
71.PCSV-A(OD&LR)
72.PCSV-B(24 制动器)
80.油温传感器搭铁
93.线性电磁阀
94.PCSV-C(UD)

1.PCSV-A(OD&LR)
2.PCSV-B(24 制动器)
3.ON/OFF电磁阀
4.PCSV-D(DCCSV)
5.油温传感器搭铁
6.油温传感器信号
7.电磁阀电源
8.PCSV-C(UD)
9.线性电磁阀
10.油温传感器搭铁

图 3-58

七、自动变速器的拆卸

(1)放掉自动变速器油,拆下变矩器,把自动变速器放到实验台上,如图3-59所示。

(2)拆输入轴转速传感器和输出轴转速传感器,如图3-60所示。

图 3-59

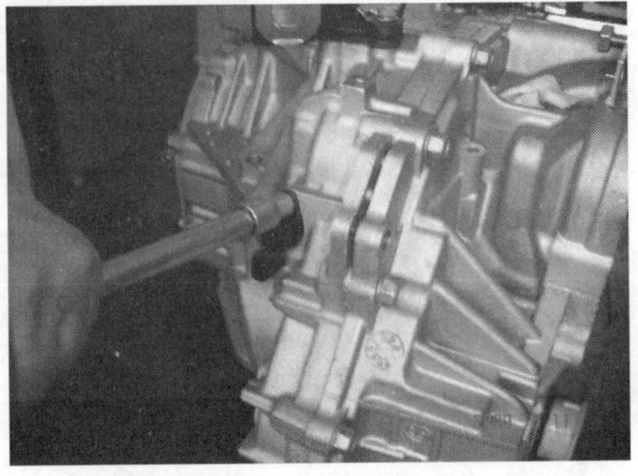

图 3-60

(3)拆下油尺,如图3-61所示。

(4)拆卸冷却油管,如图3-62所示。

图 3-61

图 3-62

(5)拆下挡位控制连杆和挡位开关,如图3-63所示。

(6)拆下阀体盖,如图3-64所示。

图 3-63

图 3-64

(7)拆下电磁阀线束连接器固定卡环,拆下电磁阀线束,如图 3-65 所示。

(8)拆下滤清器,如图 3-66 所示。

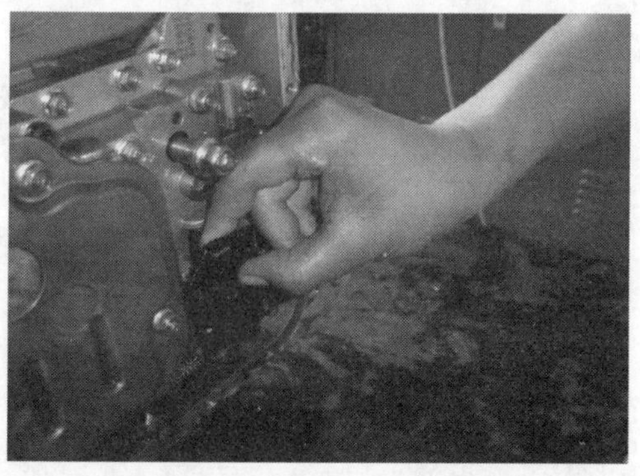

图 3-65

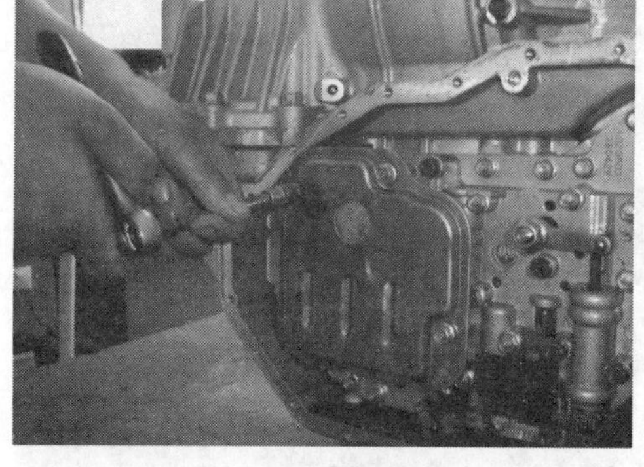

图 3-66

(9)拆下阀体安装螺栓,如图 3-67 所示。

(10)拆下阀体,如图 3-68 所示。

图 3-67

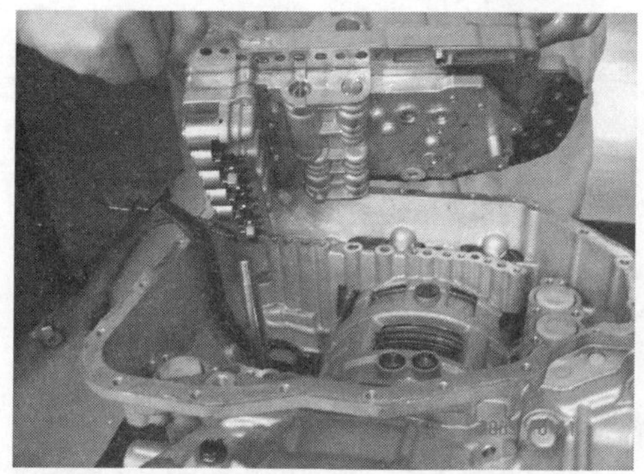

图 3-68

(11)拆下各蓄能器活塞及弹簧,如图 3-69 所示。

ⓐUD (白色/双簧);

ⓑOD (黄色/单簧);

ⓒ 2nd (黄色/双簧);

ⓓ L/R (黄色/单簧)。

(12)拆卸变矩器壳体,如图 3-70 所示。

图 3-69

图 3-70

(13)拆卸差速器,如图 3-71 所示。

(14)拆卸油泵,如图 3-72 所示。

图 3-71

图 3-72

(15)拆下手控阀止动板和弹簧,手动控制杆和驻车锁止连动杆总成,如图 3-73 所示。

(16)拆下前进挡离合器(UD),如图 3-74 所示。

图 3-73

图 3-74

(17)拆下前进挡离合器毂和 2 号止推轴承(滚针轴承),如图 3-75 所示。

(18)拆下后盖,如图 3-76 所示。

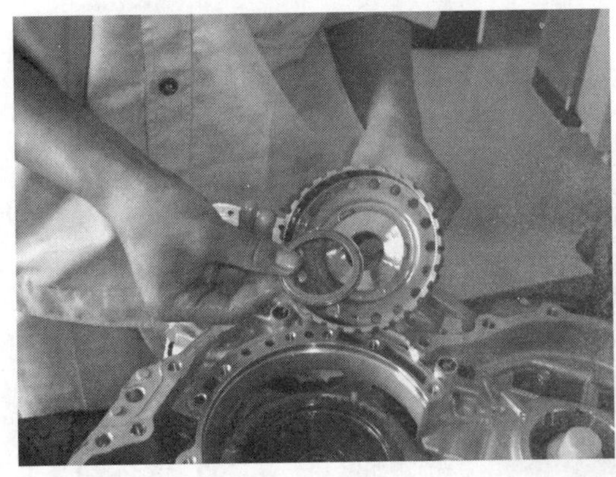

图 3-75

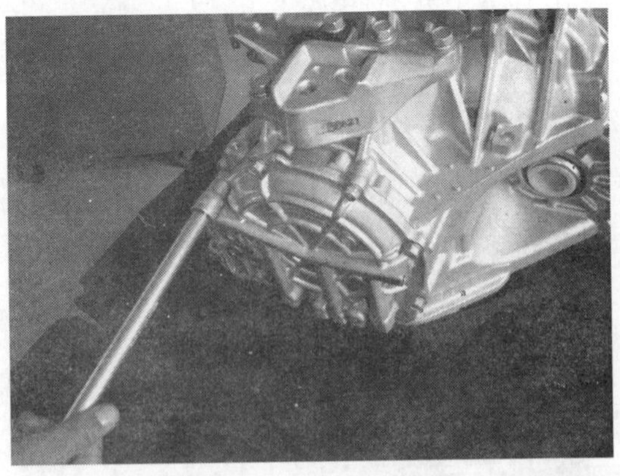

图 3-76

(19)拆下 8 号止推轴承(滚针轴承),如图 3-77 所示。

(20)拆下倒挡制动器及超速挡离合器,如图 3-78 所示。

图 3-77

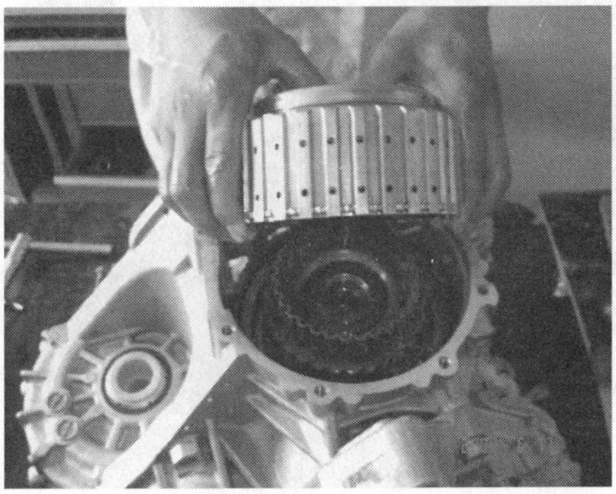

图 3-78

(21)拆下 7 号止推轴承(滚针轴承),如图 3-79 所示。

(22)拆下 6 号止推轴承(滚针轴承),超速挡离合器毂,如图 3-80 所示。

图 3-79

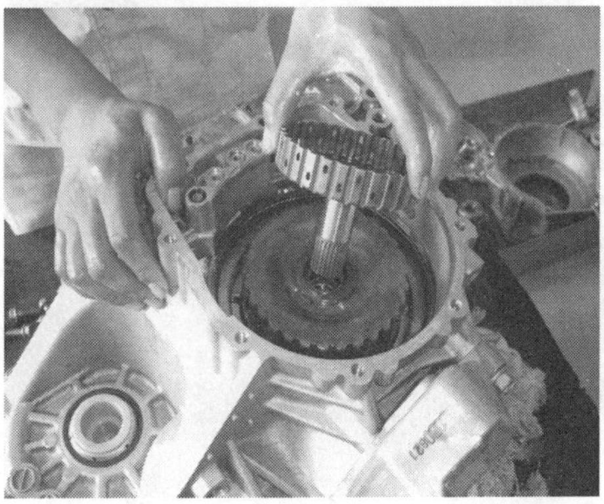

图 3-80

(23)拆卸 5 号止推轴承(滚针轴承),如图 3-81 所示。

(24)拆卸倒挡太阳轮,如图 3-82 所示。

图 3-81

图 3-82

(25)取下弹簧卡环,如图 3-83 所示。

(26)拆下低倒挡制动器活塞及波形弹，如图 3-84 所示。

图 3-83

图 3-84

(27)取出低倒挡制动器回位弹簧及挡圈，如图 3-85 所示。

(28)取出卡簧，如图 3-86 所示。

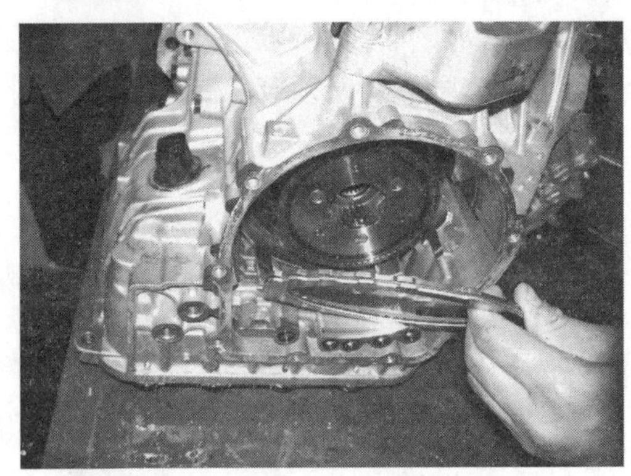

图 3-85

图 3-86

(29)取出低倒挡制动片，如图 3-87 所示。

(30)取出低倒挡行星齿轮组，如图 3-88 所示。

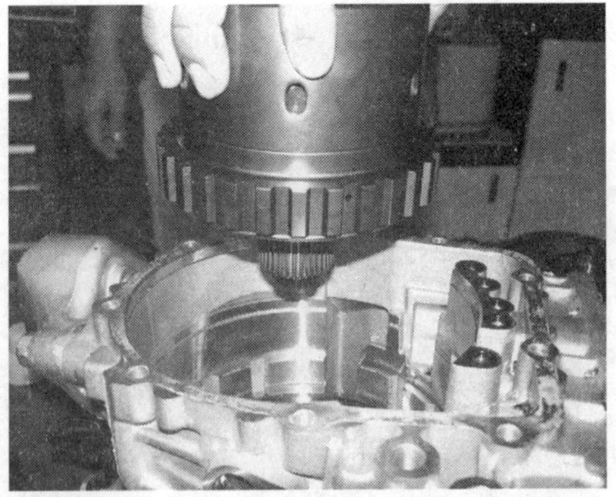

图 3-87

图 3-88

(31)取出卡簧，如图 3-89 所示。

(32)取出 2ND 挡制动盘，片，如图 3-90 所示。

图 3-89

图 3-90

(33)拆卸差速器主动轮。

八、装配

(一)装配

按照与拆卸相反的顺序进行。

注意:要更换大修包。

(二)装配注意事项

(1)各螺栓拧紧力矩。

①变速器后盖螺栓的拧紧力矩为:20~27N·m。

②输入轴速度传感器的拧紧力矩为:10~12N·m。

③输出轴速度传感器的拧紧力矩为:10~12N·m。

④油泵总成螺栓的拧紧力矩为:20~27N·m。

⑤油底壳螺栓的拧紧力矩为:10~12N·m。

⑥排放塞螺栓的拧紧力矩为:40~50N·m。

(2)在装油底壳之前,在机油盘对应点上连续涂上2.5mm (0.098in) 厚度的液体衬垫。

任务4　北京现代自动变速器案例分析

案例:瑞纳轿车在换挡时车速上不去

一、原因分析

接受任务后进行故障码的调取,仪器显示内容为:P0717 输入/涡轮速度传感器“A”电路无信号。经过分析,其可能原因有:

(1)信号电路断路或短路。

(2)传感器电源电路断路。

(3)传感器搭铁电路断路。

(4)输入轴速度传感器故障。

(5)PCM/TCM 故障。

二、部件检查

根据原因,对输入轴传感器进行检查

1. 传感器说明(输入轴 & 输出轴速度传感器)

(1)类型:霍尔式。

(2)电流消耗: 22mA(最大值)。

(3)传感器体和传感器连接器已集成一体。

2. 诊断电路

参考自动变速器介绍一节。

3. 用诊断仪检测数据

(1)把诊断连接器(DLC)连接到诊断仪上。

(2)发动机“ON”。

(3)监测诊断仪上“输入速度传感器”参数如图 3-91、图 3-92 所示。

(4)以超过 30 km/h 的速度驾驶车辆。规定值为:逐渐增加。

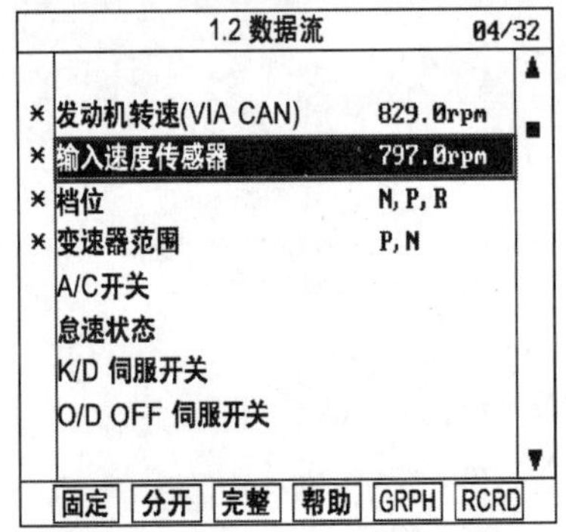

a)

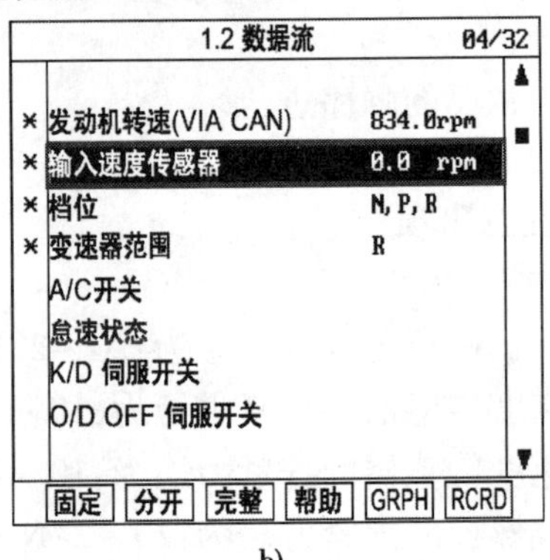

b)

图 3-91 输入速度传感器

a)“P,N”挡;b)“R”挡,车速 =0

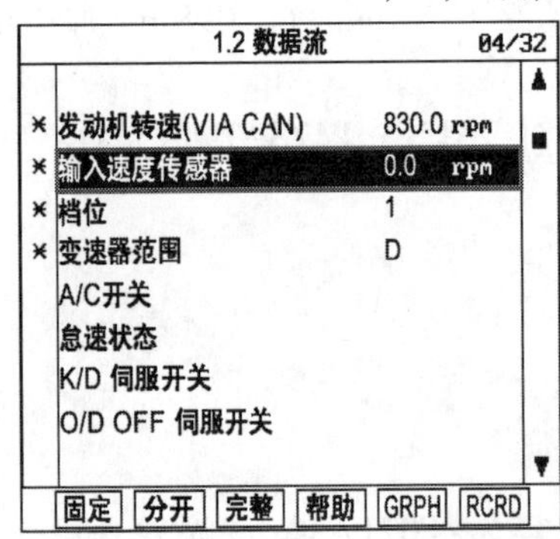

a)

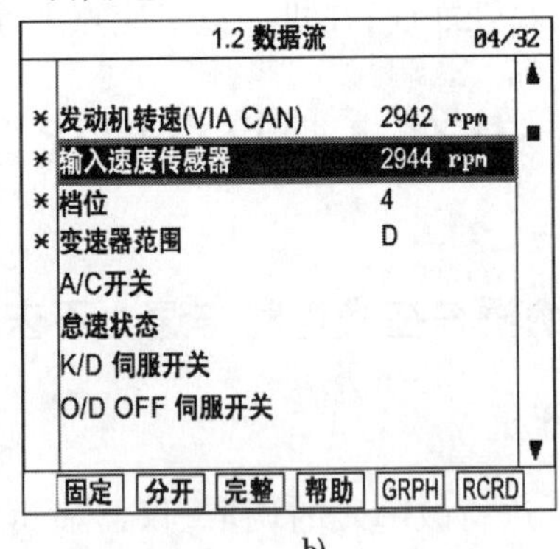

b)

图 3-92 输入速度传感器参数

a)“D”挡,车速 =0;b)高速驱动

4. “输入轴速度传感器”是否符合参考数据

YES▶轮速传感器和或 TCM(PCM)连接器连接不良或维修后没有清除 TCM(PCM)记录导致的间歇故障。彻底检查连接器是否松动,连接不良,弯曲,腐蚀,污染,变形或损坏。按需要更换或维修并转至“检验车辆维修”程序。

NO▶转至“线束检查”程序。

(1)端子与连接器检查

①电系统内的很多故障是由线束和端子连接不良造成的。故障还可能是由其他电系统干涉和机械或化学损坏造成的。

②彻底检查连接器是否有松动,连接不牢,弯曲,腐蚀,被污染,变形或者损伤的情况。

③发现故障了吗?

YES ▶ 按需要维修,转至“检验车辆维修”程序。

NO ▶ 转至“信号电路检查” 程序。

(2)检查信号电路。

①点火开关“ON”& 发动机“OFF”。

②分离“输入轴速度传感器”连接器。

③测量输入速度传感器线束连接器的“信号”端子与搭铁之间的电压,约12V。

④电压在规定值范围内吗?

YES ▶ 转至“电源电路检查”程序。

NO ▶ 检查电路是否断路或短路,按需要维修并转至“检验车辆维修”程序。

如果线束的信号电路良好,转至“部件检查”程序的“检查PCM/TCM”。

(3)电源电路检查。

①点火开关“ON”& 发动机“OFF”。

②分离“输入速度传感器”连接器。

③测量输入速度传感器线束连接器的“电源” 端子与搭铁之间的电压。规定值:约B+。

④电压在规定值范围内吗?

YES ▶ 转至“搭铁检查”电路程序。

NO ▶ 检查线束是否断路。必要时维修,至“车辆维修检验”程序。

(4)检查搭铁电路。

①点火开关“ON”& 发动机“OFF”。

②分离“输入轴速度传感器”连接器。

③测量输入速度传感器连接器的“搭铁”端子和TCM连接器的“搭铁”端子之间的电阻。

规定值:约0Ω。

④电阻在规定值范围内吗?

YES ▶ 转至“部件检查”程序。

NO ▶ 检查电路是否与搭铁电路短路。按需要进行维修,转至“检验车辆维修”程序。

▶ 如果搭铁电路正常,转至“部件检查”程序“检查PCM/TCM”。

(5)部件检查。

①点火开关“OFF”。

②分离“输入轴速度传感器”连接器。

③测量“输入速度传感器”的“1”,“2”端子和“2”,“3”端子以及“1”,“3”之间的电阻。参考“参考数据”。

④电阻在是否规定值范围内(表3-10)。

参考数据表 表3-10

项　目	参考数据	
电流	22mA	
气隙	输入轴速度	1.3mm
	输出轴速度	0.85mm
电阻	输入轴速度	大于4MΩ
	输出轴速度	大于4MΩ
电压	高	4.8~5.2V
	低	小于0.8V

YES ▶转至“检查 PCM/TCM”。

NO ▶按需要更换“输入轴速度传感器”并转至“检验车辆维修”程序。

(6)检查 PCM/TCM。

①点火开关“ON”& 发动机“OFF”。

②连接“输入速度传感器” 连接器。

③安装诊断仪并选择 SIMU-SCAN。

④模拟输入速度传感器信号电路的频率，如图3-93所示。(该值随车型或条件变化)。

⑤“输入轴速度传感器” 信号值随模拟频率变化吗?

YES▶彻底检查连接器的松动、不良连接、弯曲、腐蚀、污染、变质或损坏情况，按需要维修或更换，然后转至“检验车辆维修”程序。

NO▶用良好的、相同型号的 PCM/TCM 更换并检查是否正常工作。如果不再出现故障，更换 PCM/TCM 并转至“检验车辆维修”程序。

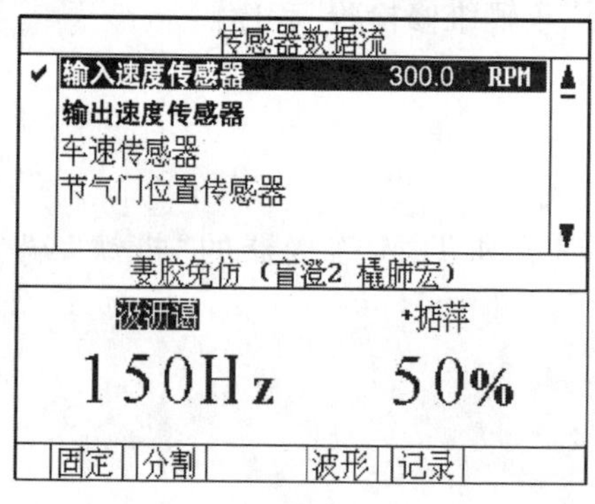

a)

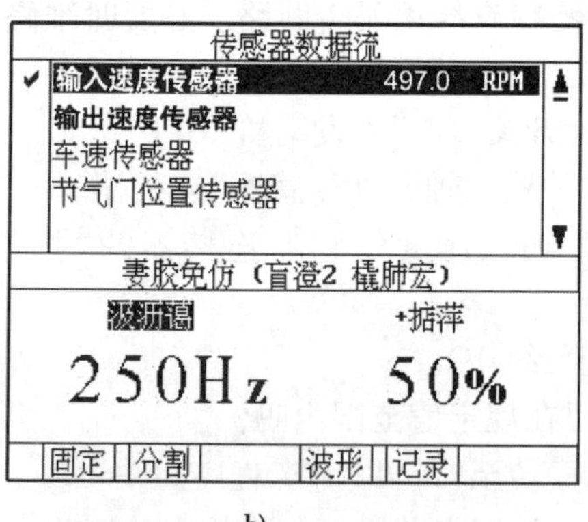

b)

图3-93　模拟输入速度传感器信号

a)输入150Hz→300rpm;b)输入250Hz→497rpm

(7)检验车辆维修。

维修后，有必要确认故障是否排除。

①连接诊断仪并选择“故障代码(DTCs)”模式。

②使用诊断仪清除 DTC。

③在一般事项的 DTC 诊断条件内操作车辆。

④显示 DTC 吗?

YES ▶转至适当的故障检修程序。

NO ▶ 此时系统按规定进行工作。

三、故障总结

输入(涡轮) 速度传感器根据变速器输入轴的转数输出脉冲信号。PCM/TCM 通过计算脉冲频率确定输入轴速度。这个值主要用于在换挡期间控制最佳油压。发动机转速在 2500 转/分钟以上时,如果没有从输入轴速度传感器检测到输出脉冲信号,PCM/TCM 记录此故障代码。如果检测到此故障代码,PCM/TCM 记录失效保护功能。

任务 5　北京现代悬架系统拆装工艺

一、悬架的作用

悬架是车架(或承载式车身)与车桥(或车轮)之间的一切传力连接装置的总称。它的作用是把路面作用于车轮上的各种反力以及这些反力所造成的力矩传递到车架(或承载式车身)上,以保证汽车正常行驶。瑞纳轿车的悬架主要由弹性元件(螺旋弹簧)、减振器和导向装置等组成。另外,为防止车身在转向等情况下发生过大的横向倾斜,在悬架中还装设了稳定杆。

二、悬架的结构

前悬架如图 3-94 所示;后悬架如图 3-95 所示。

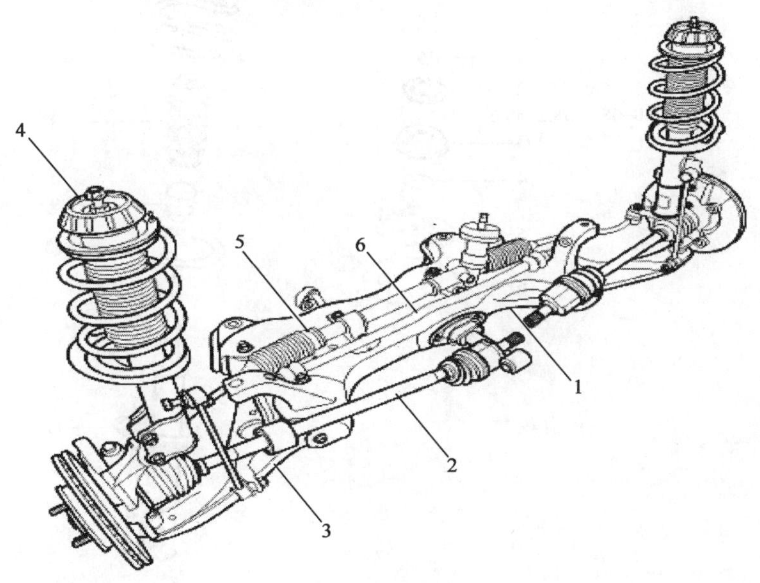

图 3-94

1-副车架;2-驱动轴;3-下摆臂;4-支柱总成;5-转向器;6-稳定杆

减振器总成,如图 3-96 所示。

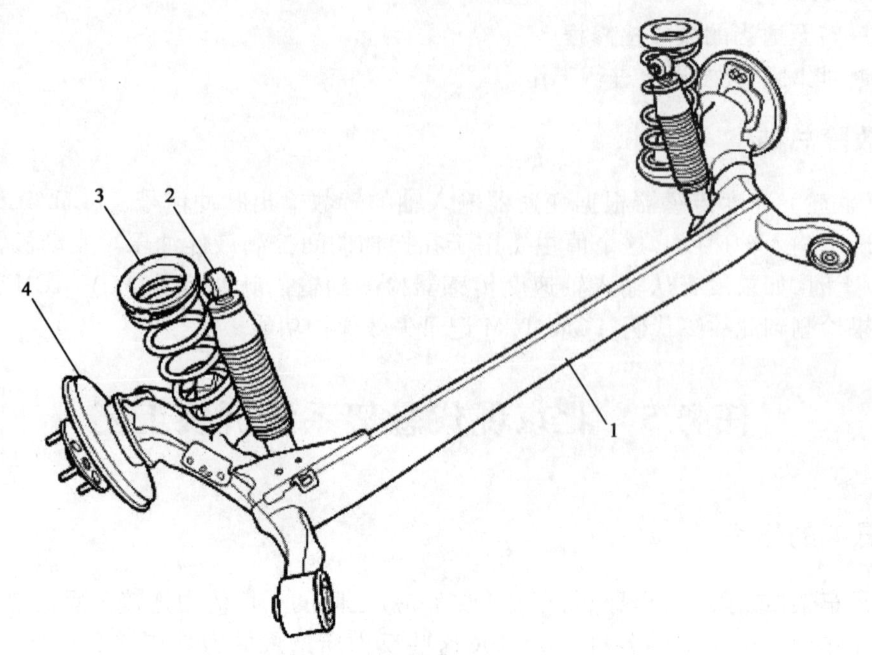

图 3-95

1-扭力梁车桥;2-减振器;3-螺旋弹簧总成;4-后制动盘

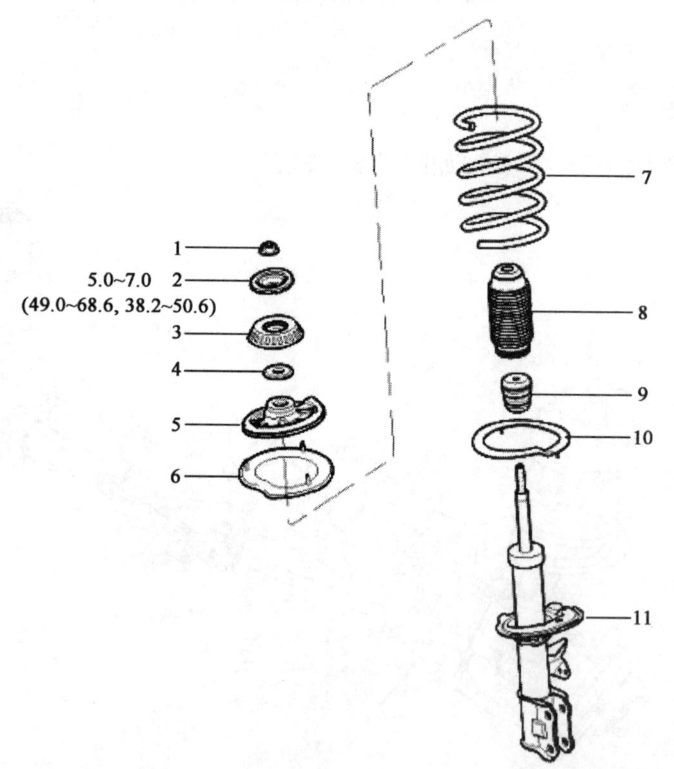

图 3-96

1-锁止螺母;2-绝缘防尘盖;3-支柱绝缘垫;4-支柱轴承;5-上弹簧座;6-上弹簧垫;7-螺旋弹簧;8-防尘套;9-橡胶缓冲块;10-弹簧下衬垫;11-减振器

1. 规格

前悬架(表 3-11)

前 悬 架 表 表 3-11

项目		规格
悬架类型		麦弗逊式支柱式
减振器	类型	油
螺旋弹簧	自由高度[内径颜色]	313.0mm(12.32in.)[红色 - 红色]
		319.4mm(12.57in.)[黄色 - 黄色]

后 悬 架 表

项目		规格
悬架类型		扭力梁形车桥
减振器	类型	油
		双管
螺旋弹簧	自由高度[内径颜色]	320.9mm(12.63in.)[白色]

2. 规定力矩

前悬架(表 3-12)

规定力矩前悬架表 表 3-12

项目	规定力矩(N·m)	项目	规定力矩(N·m)
轮毂螺母	88.3~107.9	稳定杆至稳定连杆	98.1~117.7
下摆臂至副车架(前)	98.1~117.7	稳定杆至副车架	44.1~53.9
下摆臂至副车架(后)	156.9~176.5	稳定杆至前支柱总成	98.1~117.7
下摆臂至前桥	58.8~70.6	前支柱总成至前桥	98.1~117.7
横拉杆端部槽顶螺母	23.5~33.3	副车架固定螺栓和螺母	156.9~176.5
转向器壳至副车架	58.8~78.8		

后悬架(表 3-13)

规定力矩后悬架表 表 3-13

项目	规定力矩(N·m)	项目	规定力矩(N·m)
轮毂螺母	88.3~107.9	扭力梁车桥至车身	98.1~117.7
减振器至车身	98.1~117.7	扭力梁车桥至后桥	49.0~58.8
减振器至扭力梁车桥	98.1~117.7	扭力梁车桥至盘式制动器	63.7~73.5

三、前悬架支柱总成的拆装

(1)拆卸前轮和轮胎 如图 3-97 所示。

规定力矩:88.3~107.9N·m。

注意:拆卸前车轮和轮胎时,小心不要损坏轮毂螺栓。

(2)拧下装配螺栓,从前支柱总成上拆卸制动器软管(A)和轮速传感器支架(B),如图 3-98所示。

(3)拧下螺母后,从前支柱杆总成(A)分离稳定连杆(B),如图 3-99 所示。

规定力矩:98.1~117.7N·m。

(4)拧下支柱装配螺母(A),如图 3-100 所示。

规定力矩:49.0 ~69.6N·m。

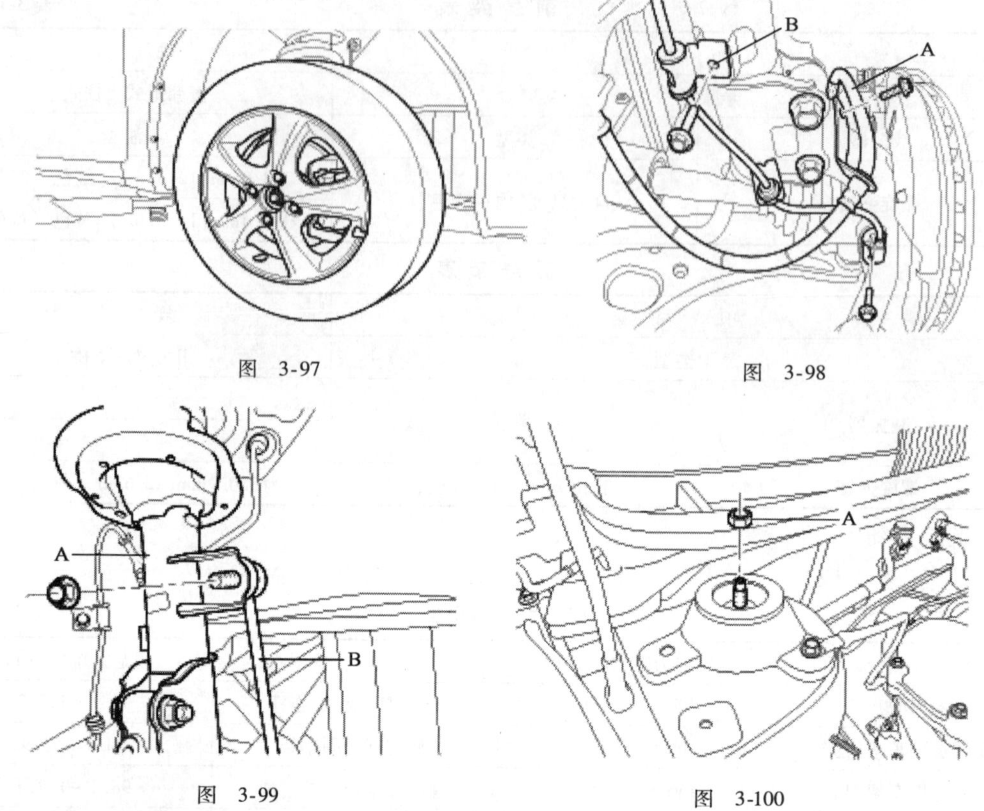

图 3-97

图 3-98

图 3-99

图 3-100

(5)拧下螺栓与螺母分离前支柱总成(A)与前桥(B),如图 3-101 所示。

规定力矩:98.1 ~117.7N·m。

(6)从车身上拆卸前支柱总成。

(7)按拆卸的相反顺序安装。

四、前悬架螺旋弹簧的拆装

(1)使用弹簧压缩器将螺旋弹簧压缩,拆下自锁螺母(A),取下安装绝缘体(B),如图 3-102所示。

规定力矩:49.0 ~68.6N·m。

注意:安装时,自锁螺母要更换新的。

(2)取出弹簧上衬垫(A)和座圈(B),如图 3-103 所示。

(3)取下缓冲橡胶块(A)和防尘罩(B),如图 3-104 所示。

(4)取出螺旋弹簧和弹簧垫块。

(5)装配,在安装螺旋弹簧时应将螺旋弹簧下端(A)正确地安装在下弹簧座垫(B)上,如图 3-105 所示。

(6)安装弹簧垫块(C)时要将凸出部位(A)装配进弹簧座的孔(B)里,如图 3-106 所示。

(7)安装时按拆卸相反顺序将前支柱装配并将总成安装到车上。

注意:更换减振器时,一般要将相关橡胶部件同时更换。

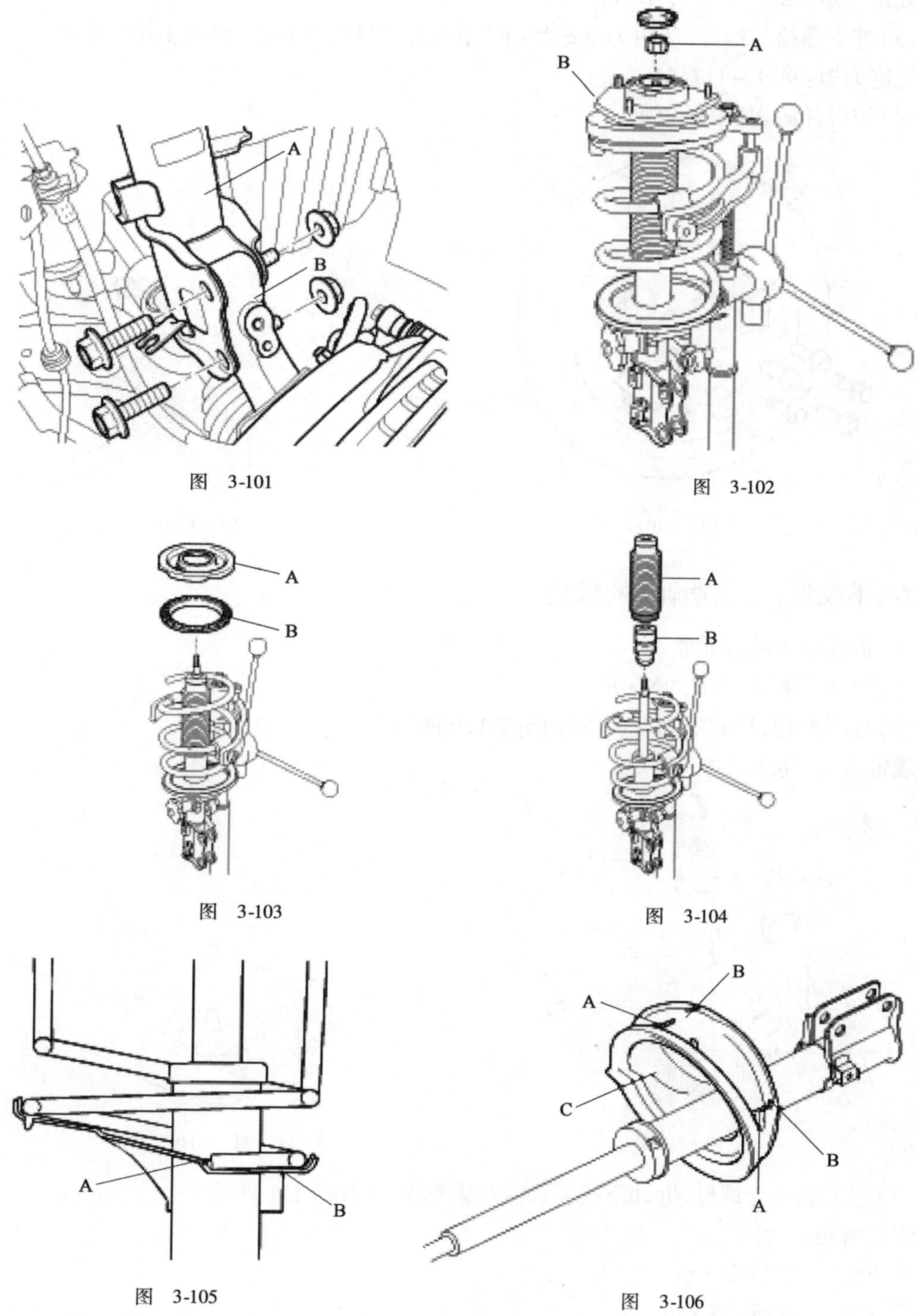

图 3-101

图 3-102

图 3-103

图 3-104

图 3-105

图 3-106

五、后减振器的拆装

(1)拆卸后车轮和轮胎,如图 3-107 所示。

规定力矩:88.3 ~ 107.9N · m。

(2)拧下螺栓,从车架上拆卸后减振器(A),如图 3-108 所示。

规定力矩:98.1～117.7N·m。

(3)拧下螺栓与螺母,从扭力梁车桥(B)上拆卸后减振器(A),如图3-109所示。

规定力矩:98.1～117.7N·m。

(4)按拆卸的相反顺序安装。

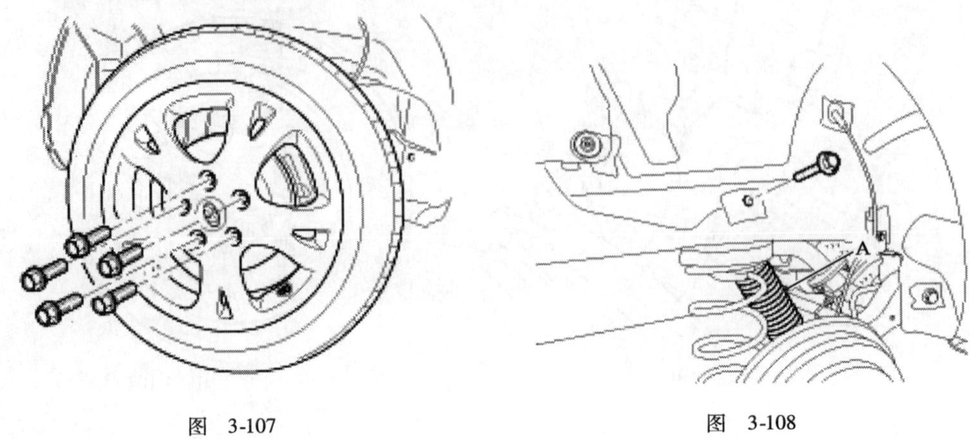

图 3-107　　图 3-108

六、下摆臂(三角摆臂)的拆装

(1)拆卸后车轮和轮胎。

规定力矩:88.3～107.9N·m。

(2)拧下螺栓,拆卸下摆臂(A),如图3-110所示。

规定力矩:58.8～70.6N·m。

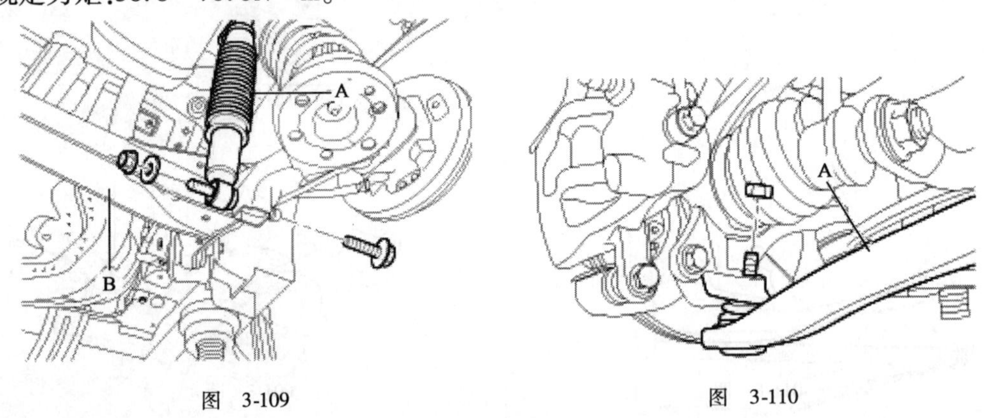

图 3-109　　图 3-110

(3)拧下螺栓与螺母,拆卸下摆臂(A)与副车架,如图3-111所示。

规定力矩:

前:98.1～117.7N·m。

后:156.9～176.5N·m。

(4)按拆卸的相反顺序安装。

七、前悬架的拆装

(1)拆卸前轴左右的车轮。

规定力矩:88.3～107.9N·m。

(2)分离压力软管(A)、回油软管(B),排出动力转向油,如图 3-112 所示。

(3)拧下螺母后,分离稳定连杆和前支柱总成,如图 3-113 所示。

规定力矩:98.1~117.7N·m。

(4)拧下螺母,从前桥拆卸横拉杆末端(A),如图 3-114 所示。

规定力矩:23.5~33.3N·m。

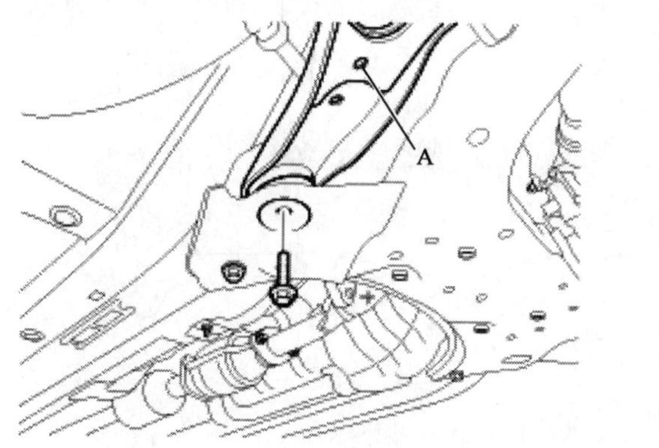

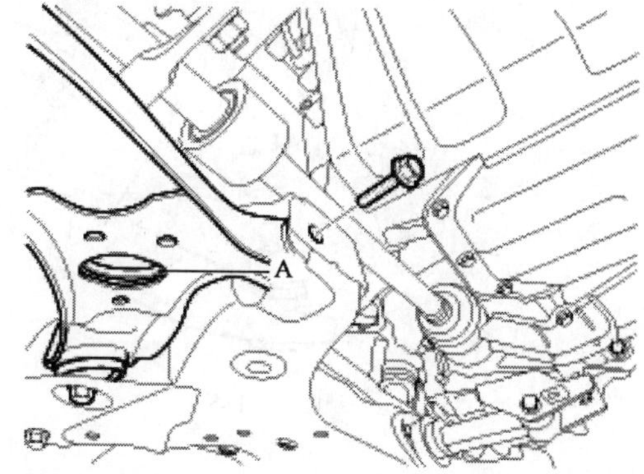

图 3-111

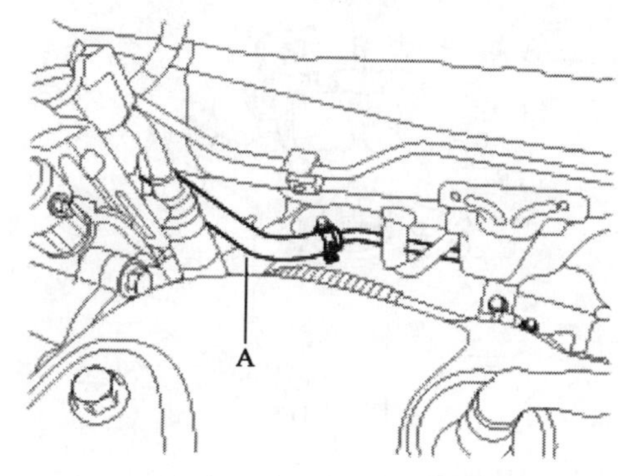

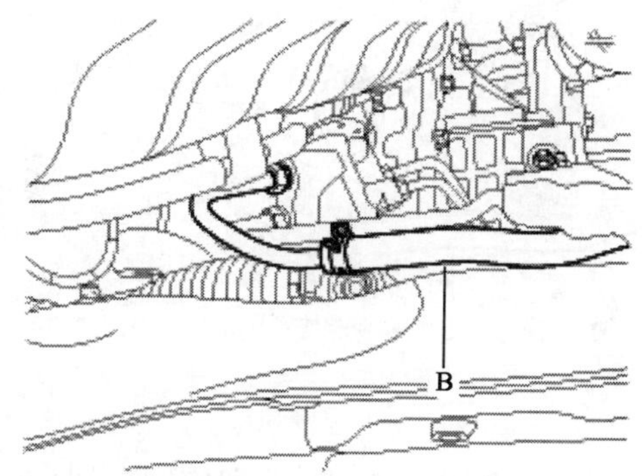

图 3-112

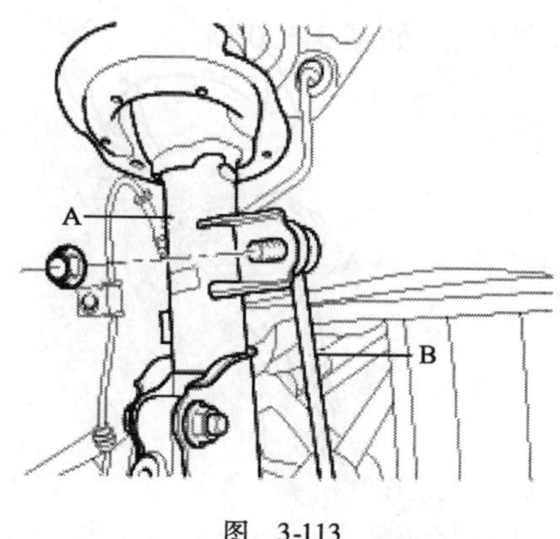

图 3-113

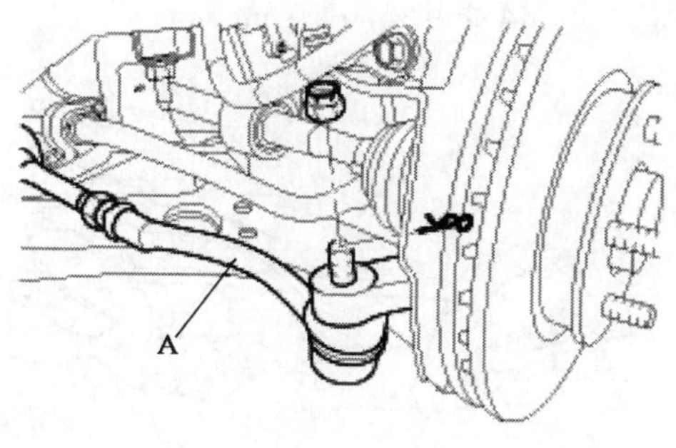

图 3-114

(5)拧下螺母,拆卸下摆臂(A),如图 3-115 所示。

规定力矩:58.8~70.6N·m。

(6)拧下螺栓(A),分离转向器小齿轮的万向节总成,如图 3-116 所示。

规定力矩:32.4~37.3N·m。

注意：处理方向盘时，朝正前方锁止方向盘，防止损坏时钟弹簧内部导线。

(7)拆卸橡胶吊架(A)，如图 3-117 所示。

(8)拧下滚子杆(A)装配螺栓和螺母，从车身上拆卸横梁，如图 3-118 所示。

规定力矩：53.9～63.7N·m。

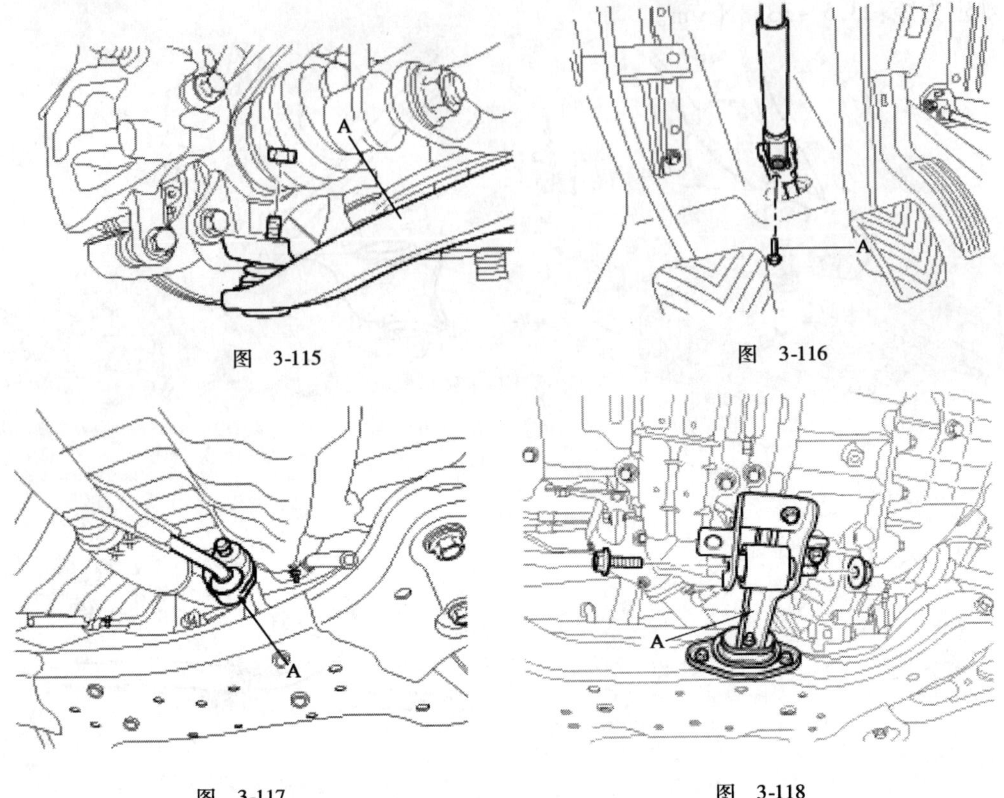

图 3-115

图 3-116

图 3-117

图 3-118

(9)拧下螺栓与螺母，拆卸前副车架(A)，如图 3-119 所示。

规定力矩：156.9～176.5N·m。

(10)拧下装配螺栓和螺母，从副车架上拆卸稳定杆(A)，如图 3-120 所示。

规定力矩：44.1～53.9N·m。

图 3-119

图 3-120

(11)拧下螺母，分离稳定连杆(A)与稳定杆，如图 3-121 所示。

(12)从稳定杆上拆卸衬套(A)和夹具(B)，如图 3-122 所示。

(13)按拆卸的相反顺序安装。
(14)添加转向油至储液罐。
(15)进行动力转向系统放气。

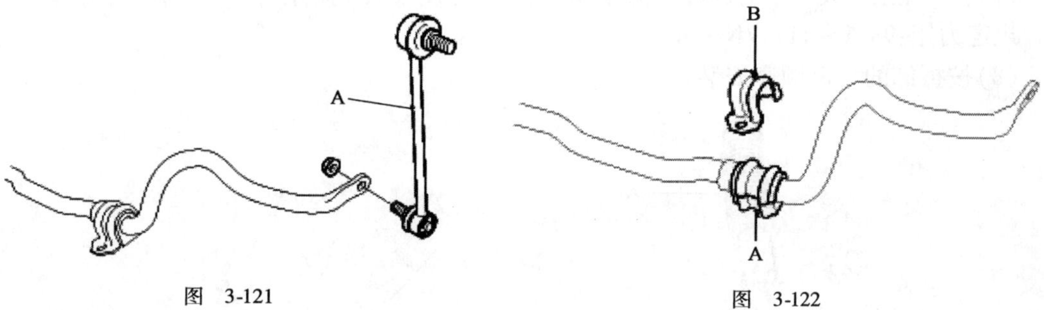

图 3-121　　图 3-122

八、后悬架的拆装

(1)拆卸后轴左右的车轮。
规定力矩:88.3～107.9N·m。
(2)拧下螺栓(A),从扭力梁车桥上拆卸制动钳总成(B),如图 3-123 所示。
规定力矩:63.7～73.5N·m。
(3)拧下螺钉(A) 如图 3-124 所示。

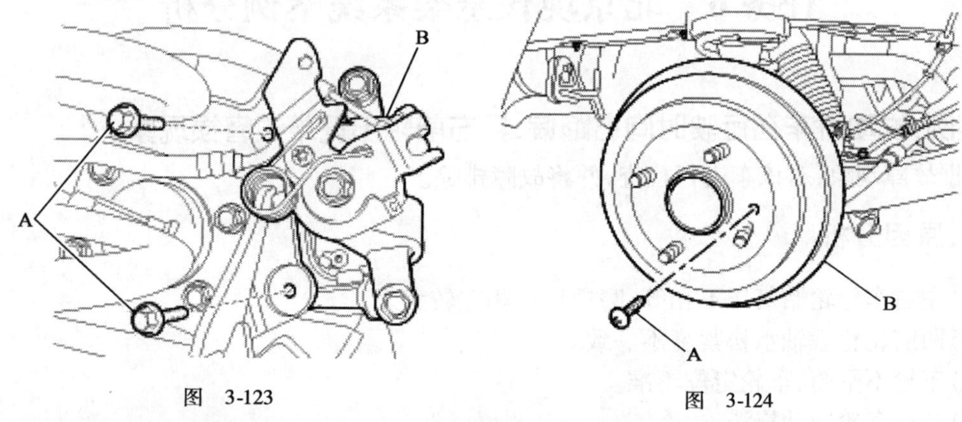

图 3-123　　图 3-124

(4)拆卸轮速传感器导线(A),拧下装配螺栓,如图 3-125 所示。
规定力矩:68.6～88.3N·m。
(5)拧下轮速传感器拉线(A)和驻车制动拉线(B)装配支架螺栓,如图 3-126 所示。

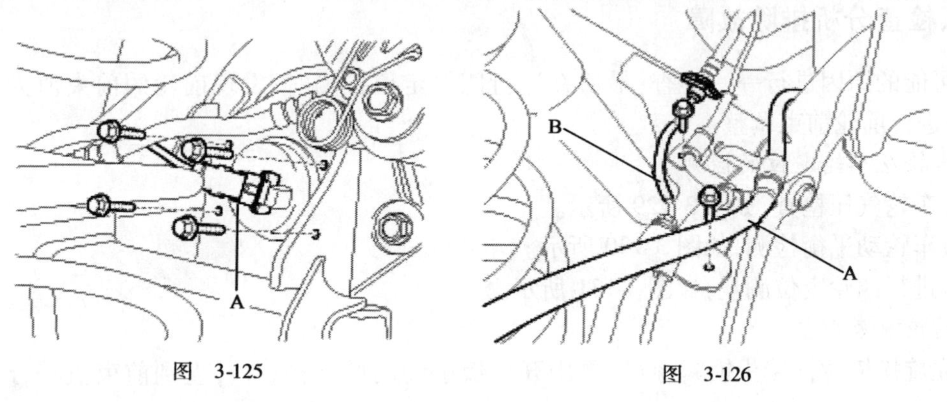

图 3-125　　图 3-126

(6)拧下螺栓与螺母,从扭力梁车桥(B)上拆卸后减振器(A),如图 3-127 所示。

规定力矩:98.1～117.7N·m。

(7)拧下螺栓,从车身上拆卸扭力梁车桥(A),如图 3-128 所示。

规定力矩:98.1～117.7N·m。

(8)按拆卸的相反顺序安装。

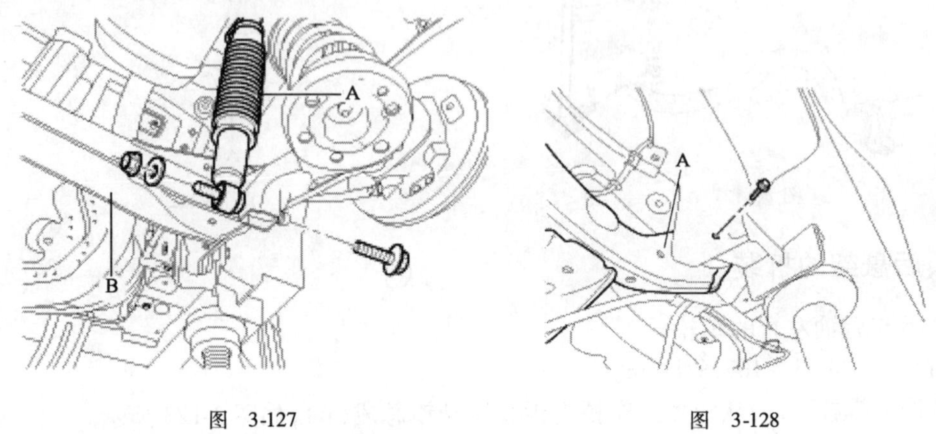

图 3-127　　　　图 3-128

任务 6　北京现代悬架系统案例分析

案例:悦动轿车在行驶时向右跑偏,且右前轮出现单边磨损现象。

根据故障现象,对该车进行检查,并将故障排除。

一、原因分析

(1)左右车轮轮胎气压不相等,磨损程度相差较大。

(2)两前轮轮毂轴承松紧度不一致。

(3)车轮不平衡、车轮定位不准。

(4)右边车轮制动拖滞。

(5)车体变形,前、后桥轴线不平行。

(6)右侧减振器或螺旋弹簧损坏。

二、检查分析排除故障

对可能的原因进行一一排查,最后在进行四轮定位检测时,发现前轮的前束值大于标准值,需要进行前轮前束调整。

1. 车轮及车轮定位的检测

(1)车轮气压检查,如图 3-129 所示。

(2)车轮动平衡检测,如图 3-130 所示。

(3)进行四轮定位测量,如图 3-131 所示。

2. 前轮前束调整

首先旋松横拉杆端头锁紧螺母,再用开口扳手转动横拉杆(A),直到前束值符合标准为止，最后按规定力矩50～55N·m拧紧锁紧螺母。如图3-132所示。

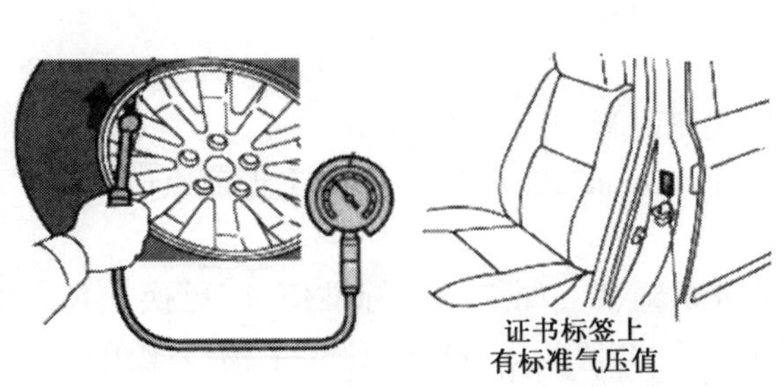

图 3-129

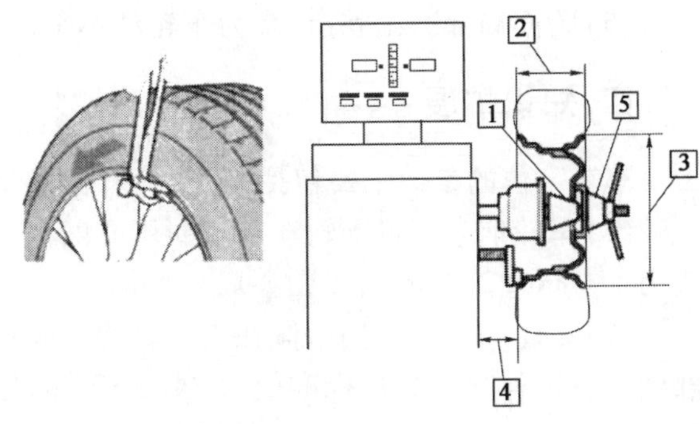

图 3-130

1-车轮中心；2-轮辋宽度；3-轮辋直径；4-轮辋边缘；距机箱距离；5-适配器

图 3-131

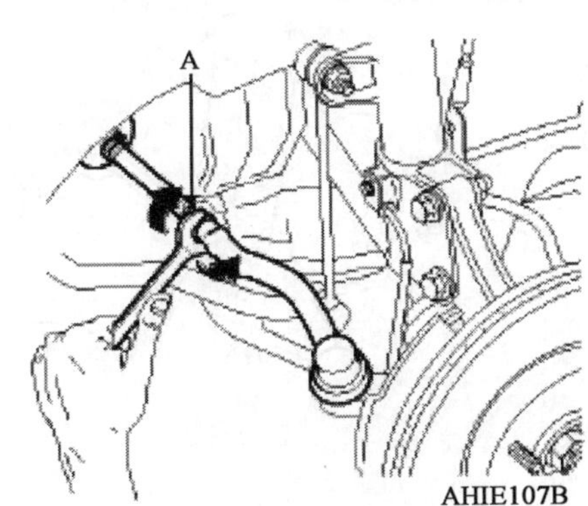

图 3-132

三、故障总结

1. 车辆跑偏

(1)左右前轮轮胎气压不一致，气压低的轮胎与地面接触面积大，导致旋转阻力增大，车轮会向气压低的一侧跑偏。

(2)前轮单边制动拖滞，由于制动分泵不灵活、分泵油管堵塞等原因导致摩擦片始终与制动盘接触，车辆行驶过程中会向有拖滞的一侧跑偏。

(3)车体变形，前、后桥轴线不平行时，车辆行驶方向与车身几何中心线不平行，导致车辆跑偏。

(4)主销后倾、主销内倾角度过大时，将会使车辆方向回正能力降低，严重的将导致跑偏。

(5)前轮单侧车轮外倾角过大、正前束值过大、车轮不平衡、轮毂轴承松旷、减振器或螺旋弹簧损坏等都将导致车辆向一边跑偏。

2. 轮胎异常磨损

(1)轮胎两侧胎肩迅速磨损，主要是由于轮胎长时间气压不足所致。

(2)胎面中央迅速磨损，主要是由于轮胎长时间气压过高所致。

(3)胎面单侧边缘磨损，多为车轮外倾角超差或前束调整不当所致。

(4)轮胎内侧或外侧磨损成羽毛状，多为前束值不正确。

(5)胎面局部磨出秃点，多为车轮动不平衡。

四、知识扩展

车轮定位的参数主要包括：车轮前束、车轮外倾、主销后倾、主销内倾。

(1)车轮前束。悦动轿车前轮属于零前束(标准值为0mm ±2mm)，后轮属于正前束(标准值为4.4mm ±2.2mm)，如图3-133所示。

(2)车轮外倾和主销后倾在出厂时均已固定，不需要调整。如果超出标准值，应更换损坏部件。前轮外倾角B的标准值为-34′±30′，后轮外倾角标准值为-1°30′±30′。主销后倾角到的标准值为4°22′±30′。车轮外倾和主销后倾如图3-134、图3-135所示。

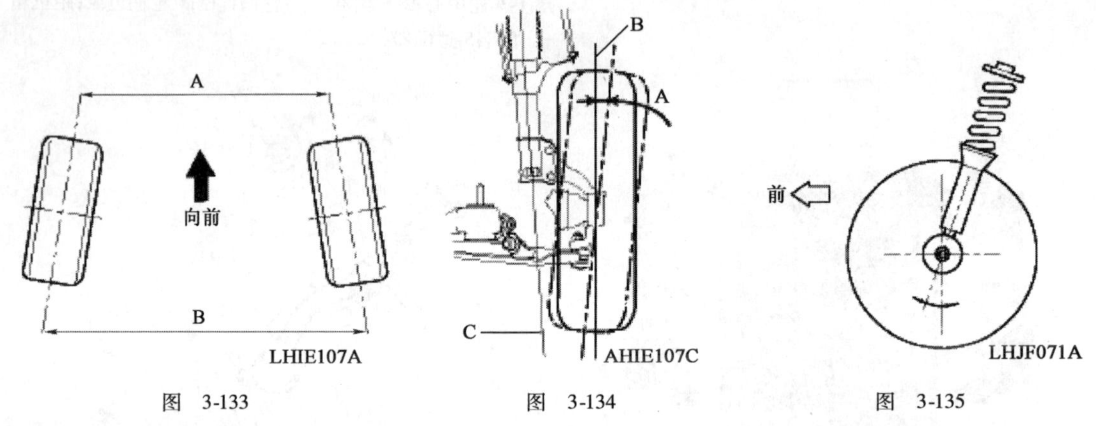

图 3-133　　图 3-134　　图 3-135

任务7　北京现代动力转向系统拆装工艺

一、转向系统概述

1. 转向系统的作用

汽车转向系用于改变和保持汽车的行驶方向。

当汽车需要改变行驶方向时，必须使转向轮绕主销轴线偏转一定角度，直到新的行驶方向符合驾驶员的要求时，再将转向轮恢复到直线行驶位置。这种由驾驶员操纵转向轮偏转和回位的一套机构，称为汽车转向系统。

2. 转向系统的类型

汽车转向系按转向能源的不同分为机械转向系和动力转向系两大类。

3. 转向系统的组成

所有的转向系统都由转向操纵机构、转向器和转向传动机构三大部分组成。

二、北京现代瑞纳轿车动力转向系统采用的齿轮齿条式转向器

(1)转向系统结构，如图3-136所示。

(2)转向器结构，如图3-137所示。

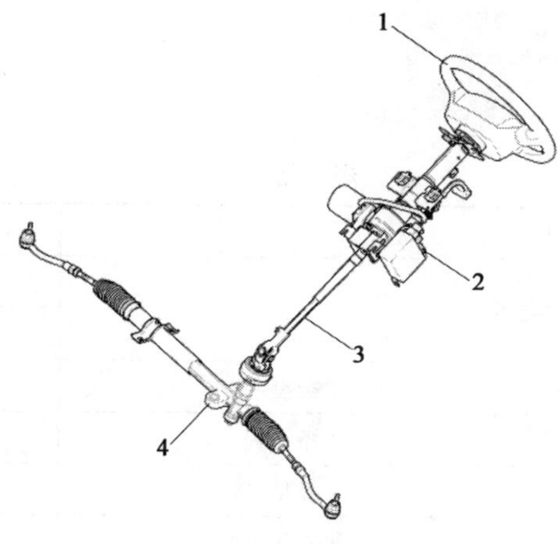

图　3-136

1-方向盘;2-转向柱和 EPS 控制模块总成;3-万向节总成;4-转向器

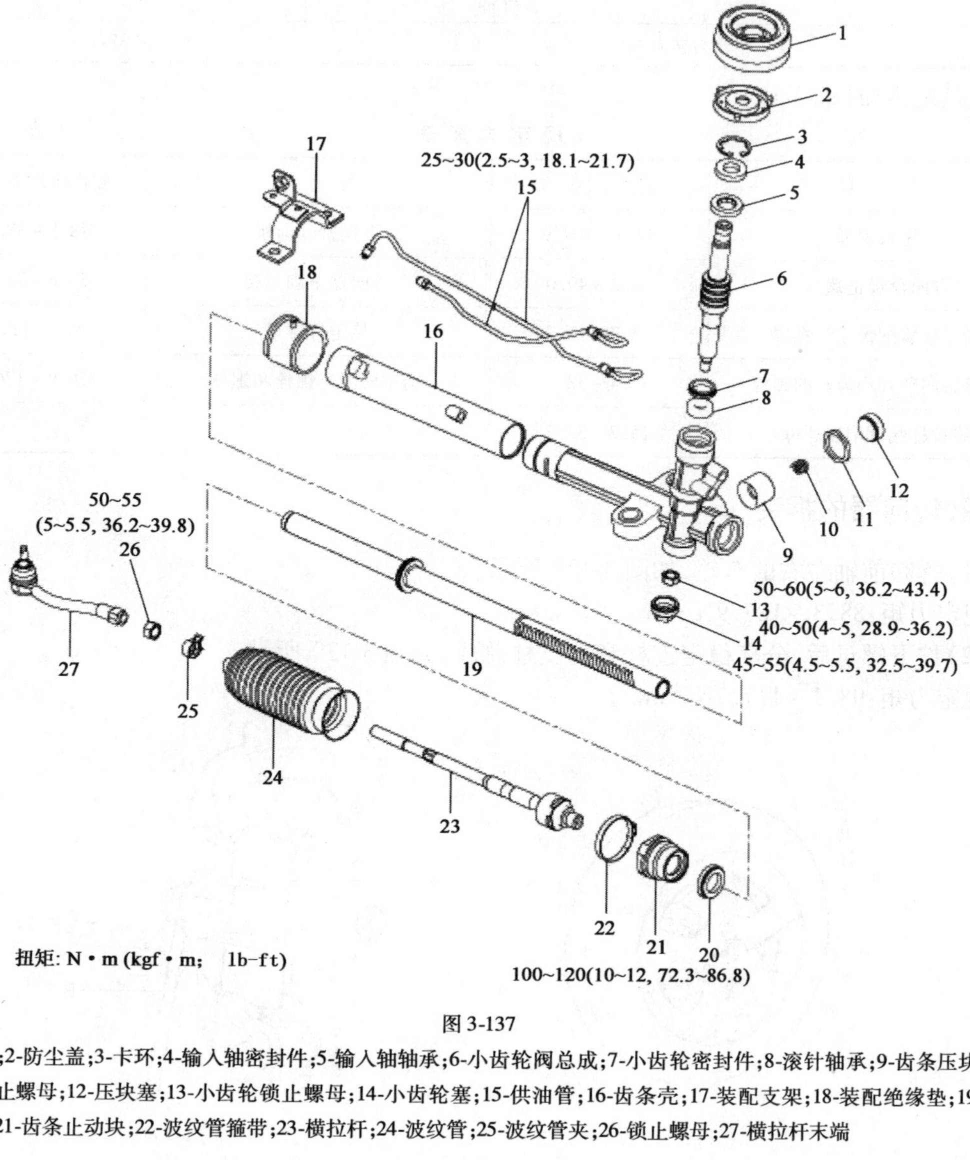

25~30(2.5~3, 18.1~21.7)

50~55
(5~5.5, 36.2~39.8)

50~60(5~6, 36.2~43.4)

40~50(4~5, 28.9~36.2)

45~55(4.5~5.5, 32.5~39.7)

扭矩: N·m (kgf·m;　lb-ft)

100~120(10~12, 72.3~86.8)

图 3-137

1-橡胶盖;2-防尘盖;3-卡环;4-输入轴密封件;5-输入轴轴承;6-小齿轮阀总成;7-小齿轮密封件;8-滚针轴承;9-齿条压块;10-弹簧;11-锁止螺母;12-压块塞;13-小齿轮锁止螺母;14-小齿轮塞;15-供油管;16-齿条壳;17-装配支架;18-装配绝缘垫;19-齿条;20-油封;21-齿条止动块;22-波纹管箍带;23-横拉杆;24-波纹管;25-波纹管夹;26-锁止螺母;27-横拉杆末端

三、技术参数

1. 规格(表 3-14)

规 格 表　　表 3-14

项　　目		规　　格
类型		液压动力转向系统
		电动转向系统
转向器	类型	齿轮齿条式
	齿条行程	138mm
动力转向泵	类型	叶片式
	泵送压力	765 ~ 814N/cm^2
转向角(最大)	内部	39.36° ±2°
	外部	30.99°
动力转向油		PSF-3

2. 规定力矩(表 3-15)

规 定 力 矩 表　　表 3-15

项　　目	规定力矩(N·m)	项　　目	规定力矩(N·m)
轮毂螺母	88.3 ~ 107.9	下摆臂到前桥	78.5 ~ 88.8
方向盘锁止螺母	39.2 ~ 49.0	转向器至副车架	58.8 ~ 78.8
转向柱装配螺栓和螺母	12.7 ~ 17.7	稳定杆螺母	98.1 ~ 117.7
连接转向节和小齿轮的螺栓	32.4 ~ 38.3	副车架固定螺栓和螺母	156.9 ~ 176.5
横拉杆端部槽顶螺母	15.7 ~ 33.3		

四、转向器的拆装

(1)拆卸前轴左右的车轮,如图 3-138 所示。

规定力矩:88.3 ~ 107.9N · m。

(2)拧下螺母后,分离稳定连杆和前支柱总成,如图 3-139 所示。

规定力矩:98.1 ~ 117.7N · m。

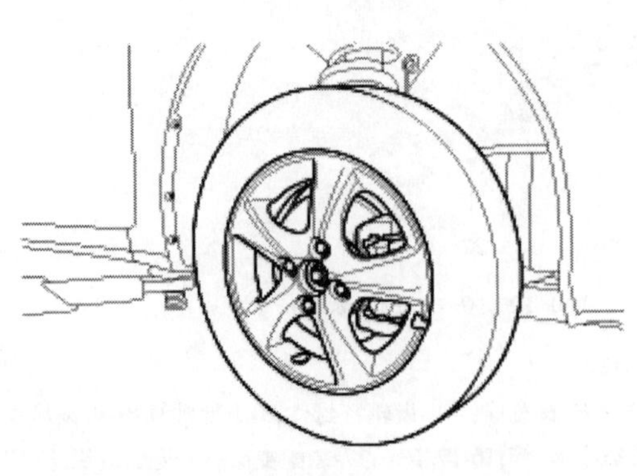

图 3-138

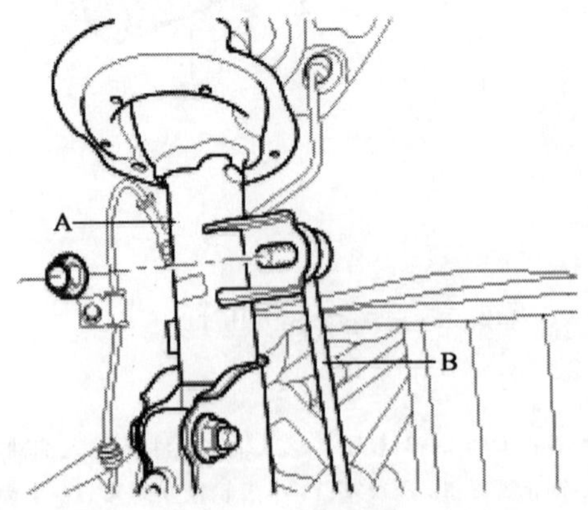

图 3-139

(3)拧下螺母,从前桥拆卸横拉杆末端(A),如图 3-140 所示。

规定力矩:23.5 ~33.3N · m。

(4)拧下螺母,拆卸下摆臂(A),如图 3-141 所示。

规定力矩:58.8 ~70.6N · m。

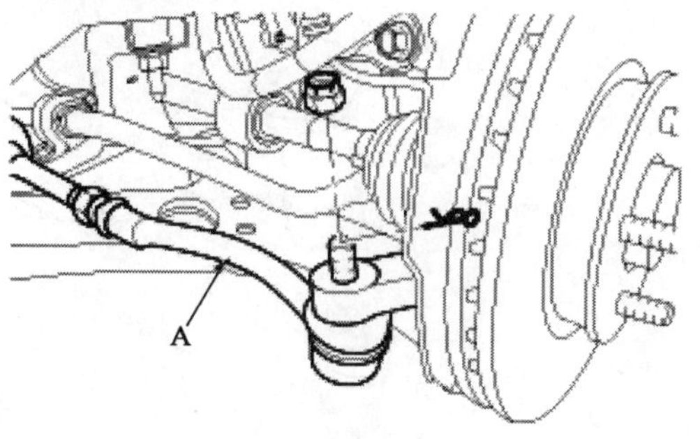

图 3-140

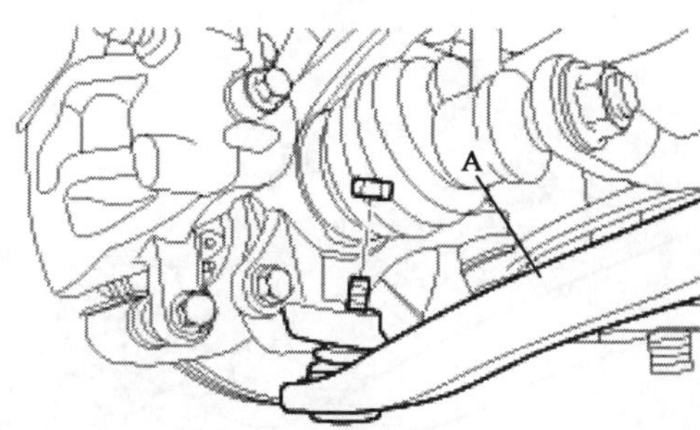

图 3-141

(5)拧下螺栓(A),分离转向器小齿轮的万向节总成,如图 3-142 所示。

规定力矩:32.4 ~37.3N · m。

注意:处理转向盘时,朝正前方锁止方向盘,防止损坏时钟弹簧内部导线。

(6)拆卸橡胶吊架(A),如图 3-143 所示。

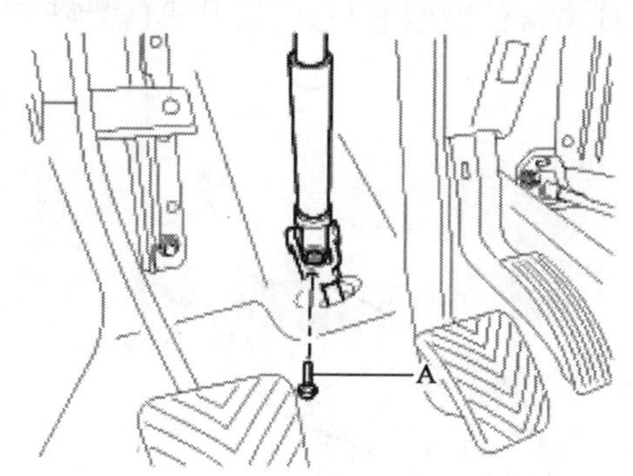

图 3-142

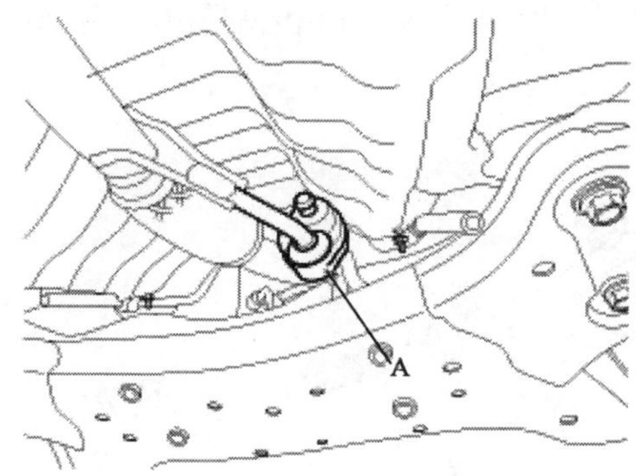

图 3-143

(7)拧下滚子杆(A)装配螺栓和螺母,从车身上拆卸横梁,如图 3-144 所示。

规定力矩:53.9 ~63.7N · m。

(8)拧下螺栓与螺母,拆卸前副车架(A),如图 3-145 所示。

规定力矩:156.9 ~176.5N · m。

图 3-144

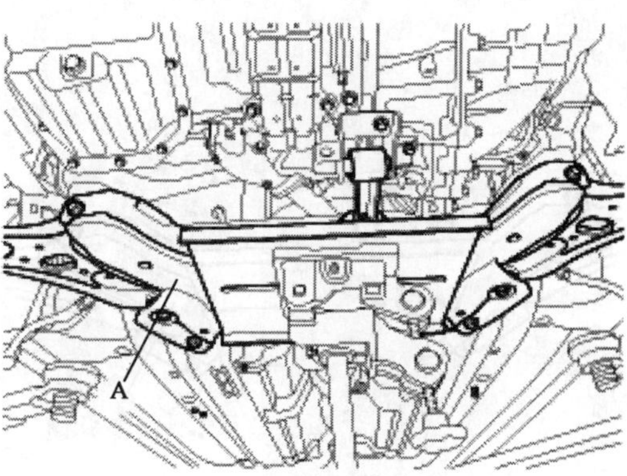

图 3-145

(9)通过拧下装配螺栓,从前副车架上拆卸转向器(A),如图 3-146 所示。
规定力矩:58.8 ~78.8N · m。
(10)拆卸小齿轮壳的防尘盖和防尘套(A),如图 3-147 所示。

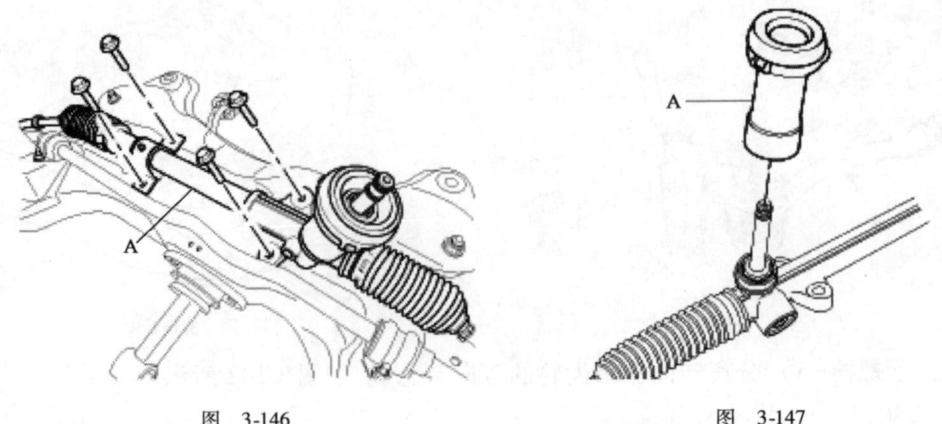

图 3-146　　图 3-147

(11)拧下锁止螺母,然后拆卸横拉杆末端(B)和锁止螺母(A),如图 3-148 所示。
(12)拆卸波纹管夹(A)和箍带(B),分离横拉杆末端的波纹管(C),如图 3-149 所示。

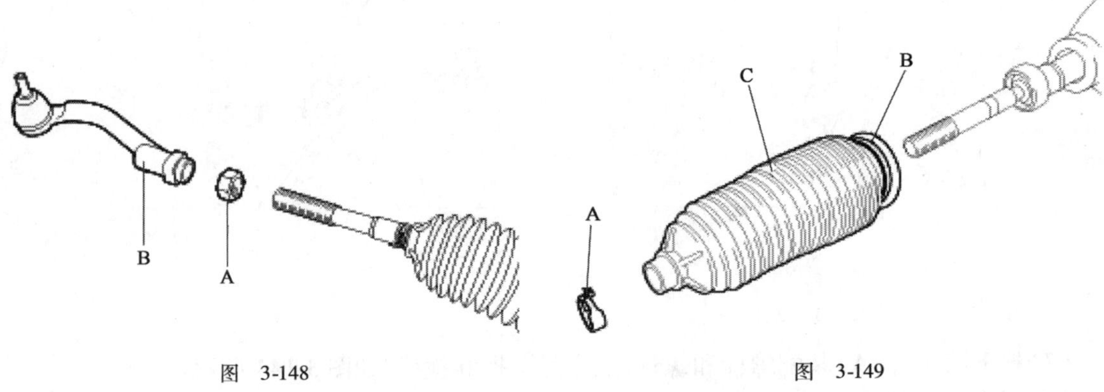

图 3-148　　图 3-149

(13)拧下横拉杆内部球头,从齿条(A)拆卸横拉杆(B),如图 3-150 所示。
(14)从小齿轮壳拆卸塞(A),如图 3-151 所示。

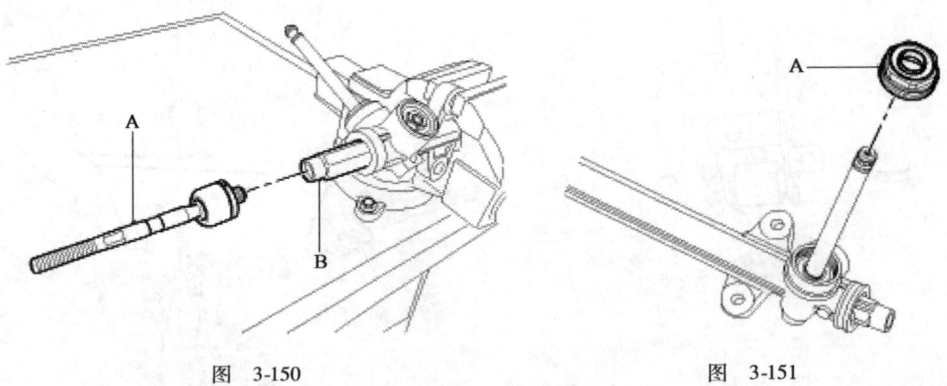

图 3-150　　图 3-151

(15)拆卸塞(A)的油封(B),如图 3-152 所示。

(16)拆卸塞(A)弹簧(B),拔出压块(C),如图 3-153 所示。

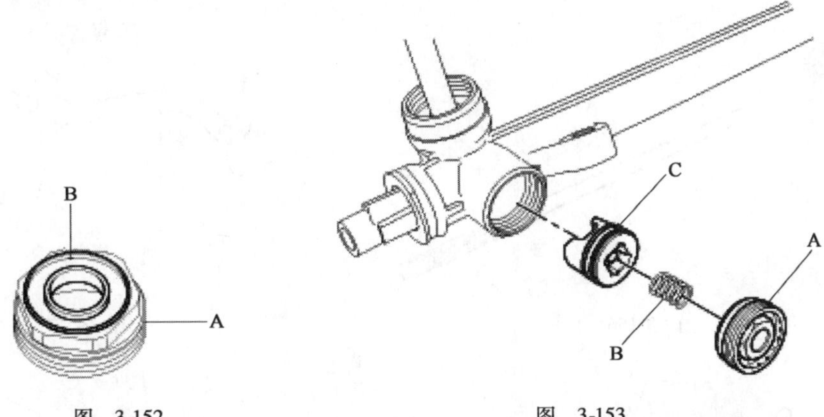

图 3-152

图 3-153

(17)拆卸压块总成(A)的 O 形环(B),图 3-154 示所示。

(18)从小齿轮壳拉出小齿轮总成(A),如图 3-155 所示。

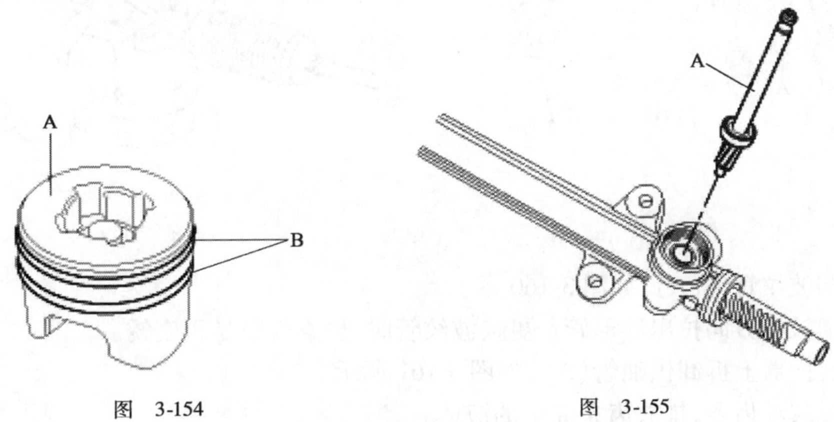

图 3-154

图 3-155

(19)从齿条壳拉出齿条(A),如图 3-156 所示。

(20)检查。

①齿条。

a. 检查齿条齿轮是否损坏。

b. 检查齿条是否弯曲和变形。

②小齿轮总成。

a. 检查小齿轮齿轮是否磨损。

b. 检查表面连接油封是否损坏。

③检查齿条壳内部是否损坏。

④检查波纹管是否损坏。

(21)按拆卸的相反顺序安装。

五、动力转向器的拆装

(1)从横拉杆(A)上拆卸横拉杆端部(B),如图 3-157 所示。

(2)从球头(A)拆卸防尘套(B),如图 3-158 所示。

(3)拆卸波纹管箍带(A),如图 3-159 所示。

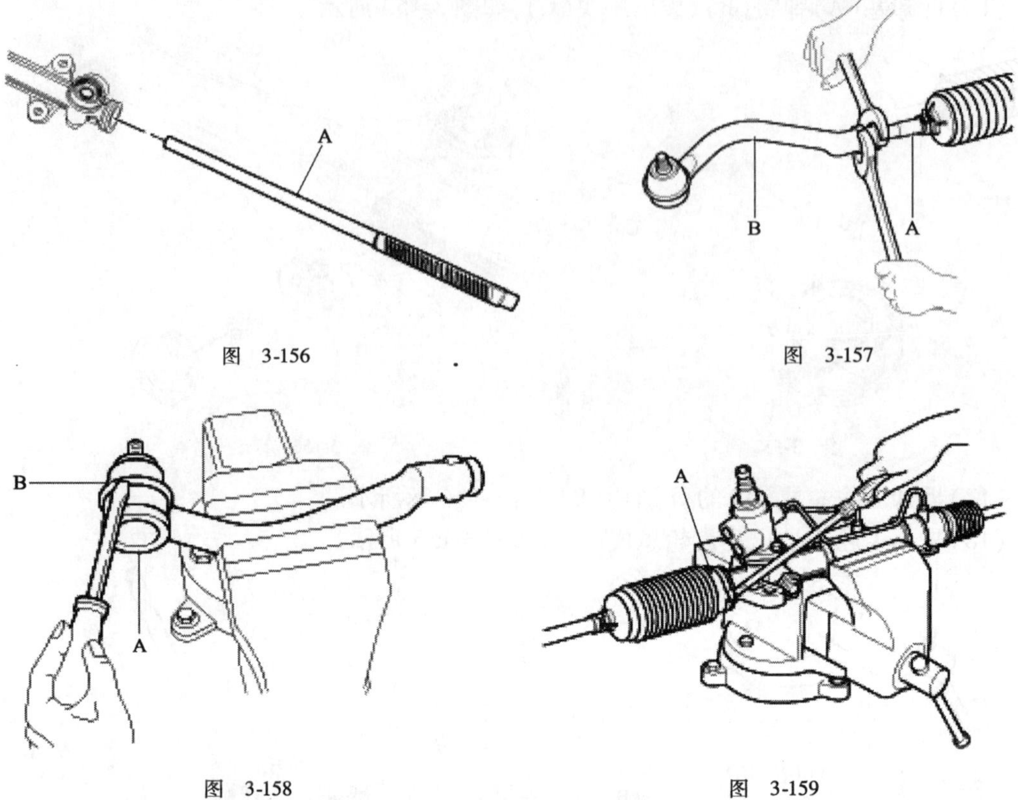

图 3-156　　图 3-157

图 3-158　　图 3-159

(4)拆卸波纹管夹(A),如图 3-160 示。

(5)朝横拉杆方向拉出波形管。更换波纹管时,检查齿条是否生锈。

(6)从转向器上拆卸供油管(A),如图 3-161 所示。

(7)缓慢移动齿条,排放齿条壳中的液体。

(8)用凿子松动固定横拉杆(B)和齿条(C)的有耳垫圈(A),如图 3-162 所示。

(9)从齿条(A)上拆卸横拉杆(B),如图 3-163 所示。

注意:从齿条(A)拆卸横拉杆(B)时,注意不要扭曲齿条。

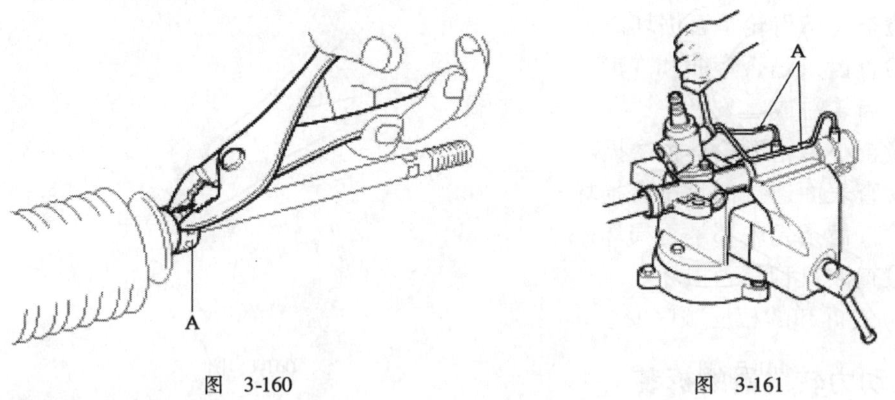

图 3-160　　图 3-161

(10)拆卸压块锁止螺母(A),如图 3-164 所示。

(11)使用 14mm 套筒扳手(A)拆卸塞(B),如图 3-165 所示。

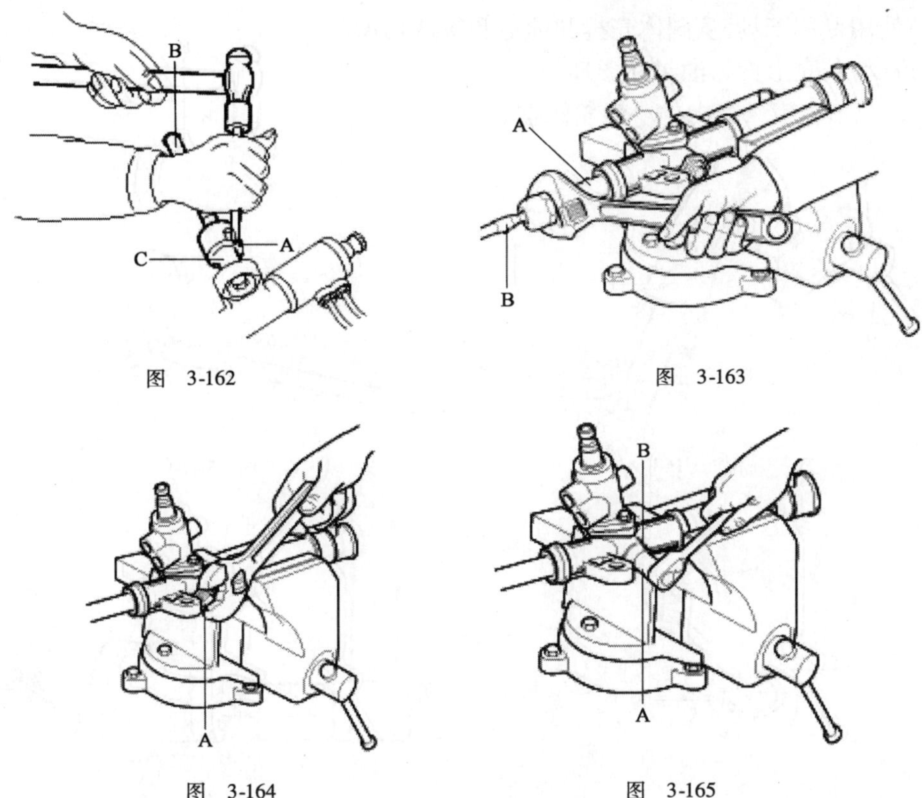

图 3-162　　图 3-163

图 3-164　　图 3-165

（12）从转向器上拧下锁止螺母（D）、塞（C）、弹簧（B）和齿条压块（A），如图 3-166 所示。

（13）当弹簧卡环的末端从壳齿条缸的凹孔出来时，顺时针转动齿条止动器（A），拆卸弹簧卡环，如图 3-167 所示。

注意：不要损坏齿条。

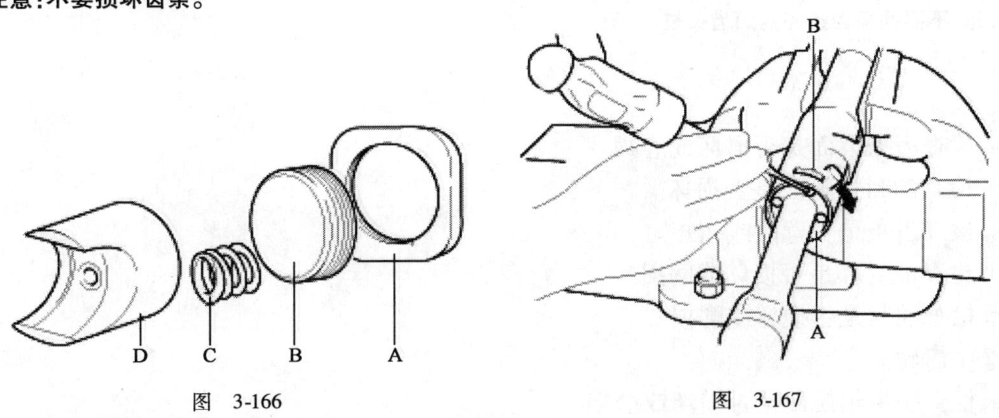

图 3-166　　图 3-167

（14）当弹簧卡环的末端从壳齿条缸的凹孔（A）出来时，逆时针转动齿条止动器（B），拆卸弹簧卡环，如图 3-168 所示。

注意：不要损坏齿条。

（15）从齿条壳上拆卸齿条衬套和齿条。

（16）从齿条壳（B）上拆卸 O 形环（A），图 3-169 所示。

（17）从齿条壳（A）上分离油封（B），如图 3-170 所示。

（18）用软锤子从阀体壳（B）拆卸阀体（A），如图 3-171 所示。

(19)使用专用工具,从阀体壳拆卸油封和滚珠轴承。

(20)从齿条壳上拆卸油封和形环。

小心避免损坏齿条壳内的小齿轮阀缸。

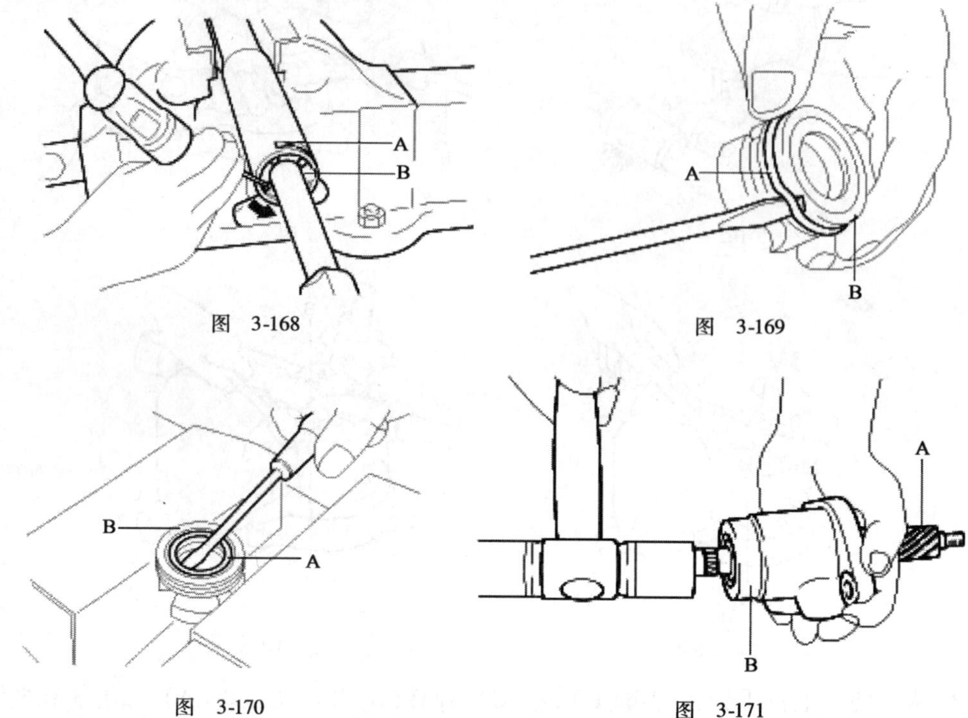

图 3-168

图 3-169

图 3-170

图 3-171

(21)使用专用工具(09573-33100,09555-21000),从齿条壳拆卸油封(A),如图3-172所示。

注意:不要损坏齿条壳内的齿条缸。

(22)检查。

①齿条。

a. 检查齿条齿面是否损坏或磨损。

b. 检查油封接触面是否损坏。

c. 检查齿条是否弯曲或扭矩。

d. 检查油封环是否损坏或磨损。

e. 检查油封是否损坏或磨损。

②小齿轮阀。

a. 检查小齿轮齿面是否损坏或磨损。

b. 检查油封接触面是否损坏。

c. 检查密封环是否损坏或磨损。

d. 检查油封是否损坏或磨损。

③轴承。

a. 检查轴承转动时是否咬粘或有异常噪音。

b. 检查间隙是否过大。

c. 检查滚针轴承的滚子是否缺失。

④其他。

a. 检查齿条壳和缸孔是否损坏。

b. 检查衬套是否损坏、分裂或老化。

(23)按分解的反顺序组装。

六、动力转向泵的更换

(1)排放动力转向油。

(2)拆卸驱动皮带。

(3)从转向泵上拆卸压力软管(A),从吸入管(B)上拆卸吸入软管,如图 3-173 所示。

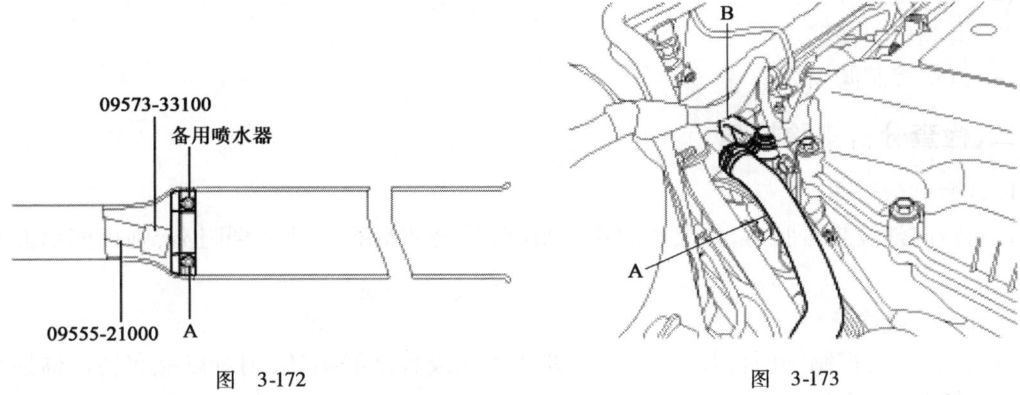

图 3-172

图 3-173

(4)拧下装配螺栓,拆卸动力转向泵,如图 3-174 所示。

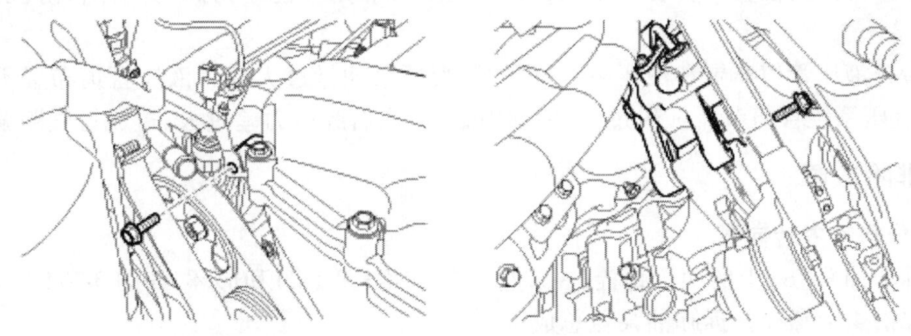

图 3-174

(5)按拆卸的相反顺序安装。

(6)添加转向油至储液罐。

(7)进行动力转向系统放气。

七、动力转向油的更换

(1)举起储液罐,分离回流软管,排尽液体。注意不要让液体喷溅在车身和部件上,立刻擦去任何喷溅出的液体。

(2)在分离的回油软管上连接适当尺寸管路,把软管末端放入适当容器内。

(3)用插座抬起前轮,从左极限位置到右极限位置转动方向盘直到油停止运转,超出管为止。

(4)重新连接回油管至储油箱。

(5)使用动力转向液填充储液罐,并给动力转向系统放气。

任务8　北京现代转向系统案例分析

案例:悦动轿车在行驶中向左跑偏现象比较严重。

一、接受任务后进行问诊,分析可能的原因

转向系统故障:

(1)转向控制阀损坏。

(2)转向液过脏。

(3)滑阀位置偏移。

(4)流量控制阀损坏。

二、检查分析排除故障

1.拆卸前的检查

目测转向油液是否脏污,如果转向油液很脏,就会使滑阀运动受到阻滞,则可能引起故障的产生。

2.拆卸后的检查

(1)检查转向控制阀回位弹簧,如果该弹簧太软或者已经损坏,则难以克服转向器逆传动阻力,使滑阀不能及时回位。

(2)检查滑阀的位置是否在正中间,若不在正中间,则可能是滑阀与阀体台阶位置偏移造成的。

(3)检查液压管道布置和液压泵油量,如果液压泵油量过大或者液压管道布置不合理,则可能导致液压系统管道节流损失过大,使动力缸的左、右腔压力差过大,造成行驶跑偏。

三、排除故障

(一)分解动力转向泵

(1)拆卸油泵(B)上的两个螺栓(A),然后拆卸吸入管(C)和形环,如图3-175所示。

(2)拧松4个螺栓并拆卸油泵盖总成。

(3)拆卸凸轮环。

(4)拆卸转子和叶轮。

(5)拆卸油泵侧面板,如图3-176所示。

(6)拆卸内部(A)和外部O形环(B)。

(7)拆卸侧板弹簧(C),如图3-177所示。

当安装时,使用新垫片与O形环。

(8)装配皮带轮到台钳内,拧下皮带轮螺母,拆卸弹簧垫圈,如图3-178所示。

(9)拉出皮带轮。

(10)用卡环钳拆卸轴的卡环(A),拆卸防尘隔圈(B),如图3-179所示。

(11)用塑料锤(A)轻敲转子轴侧面以便拆卸轴(B),如图3-180所示。

(12)从油泵(B)上拆卸油封(A),如图3-181所示。

安装时,使用一个新油封。

(13)从油泵体上拆卸连接器，取出流量控制阀和流量控制弹簧。

(14)拆卸连接器的 O 形环，如图 3-182 所示。

注意：不要分解流量控制阀。

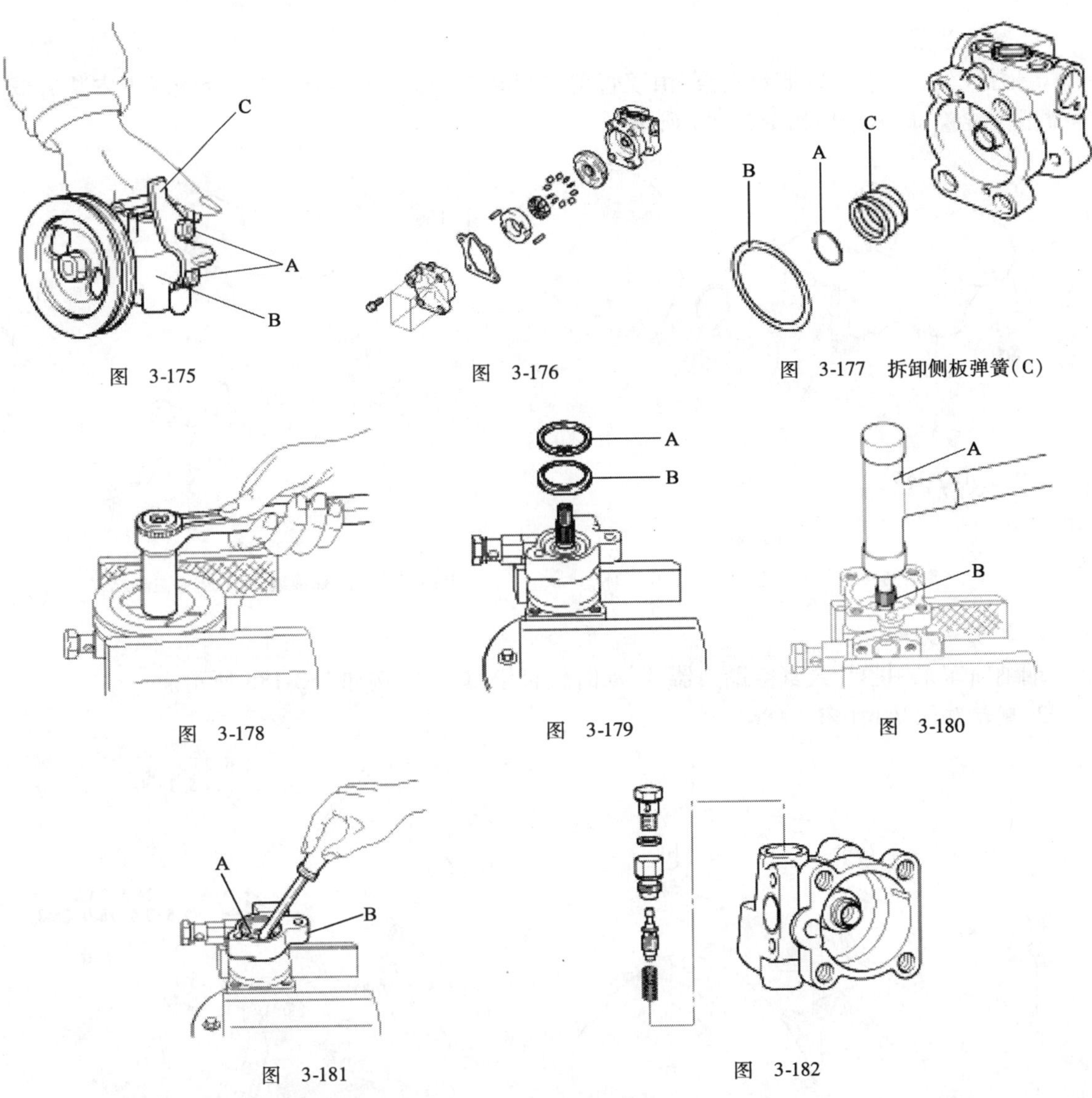

图 3-175

图 3-176

图 3-177 拆卸侧板弹簧(C)

图 3-178

图 3-179

图 3-180

图 3-181

图 3-182

(二)更换转向控制阀、转向液、流量控制阀和滑阀

(三)安装动力转向油泵

安装按照拆卸相反的顺序进行即可。

四、故障总结

车辆行驶跑偏的故障机理：由转向控制阀损坏、转向液过脏、滑阀位置偏移、流量控制阀损坏等原因引起的。转向控制阀损坏、转向液过脏、流量控制阀损坏，都会导致转向液压泵内的滑阀位置不在中间，这就造成车辆在行驶中，转向盘没有旋转的情况下，转向液压泵仍然处于工作状态，转向器右侧油压大于左侧，导致车轮向左偏转，车辆在直线行驶过程中向左跑偏。

任务9　北京现代制动系统拆装工艺

一、制动系结构(图3-183)

1. 制动总泵

瑞纳轿车采用双活塞制动总泵，由双管路将制动液输送至车轮制动器，储液罐内安装有低油位报警装置，具体结构如图3-184所示。

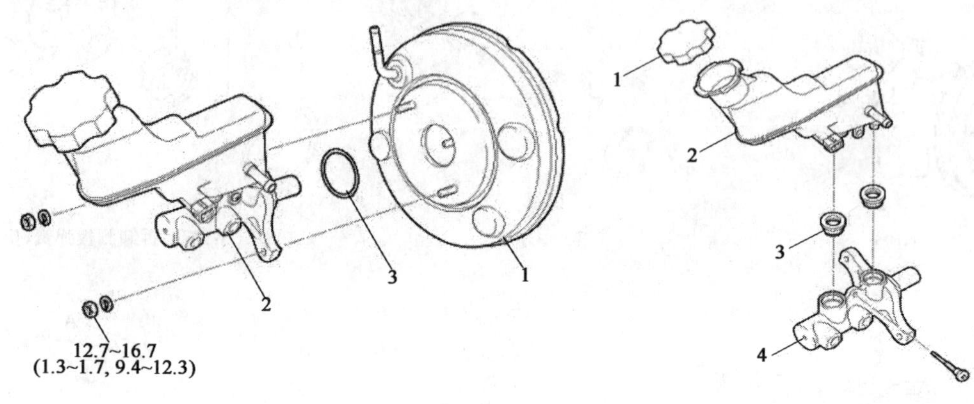

图3-183

1-制动助力器;2-总泵总成;3-O形环

图3-184

1-储液罐盖;2-储液罐;3-孔眼;4-主缸总成

2. 真空助力器

瑞纳轿车采用膜片式真空助力器，制动时较轻松，具体结构如图3-185所示。

3. 制动踏板结构(图3-186)

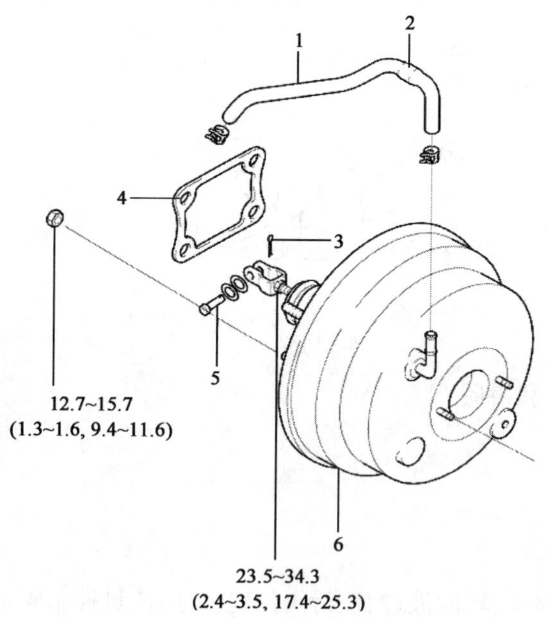

图　3-185

1-真空软管;2-单向阀;3-卡销;4-密封件;5-U形夹销;6-真空助力器

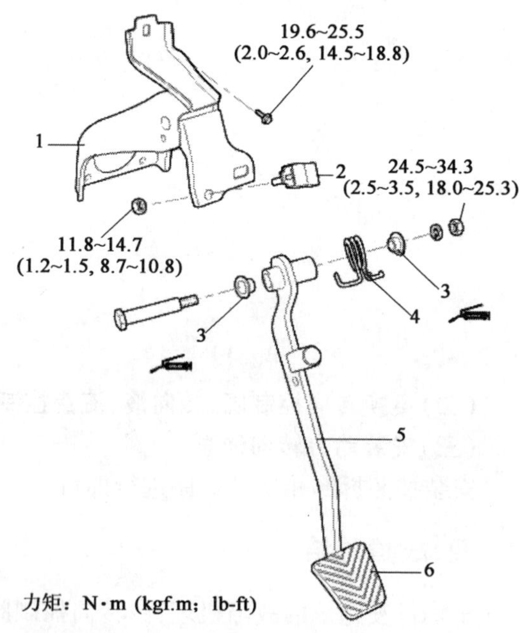

图　3-186

1-制动踏板支架总成;2-制动灯开关;3-踏板衬套;4-回位弹簧;5-制动踏板;6-制动踏板垫

4. 前轮制动器

瑞纳轿车前轮采用通风盘式制动器，具有散热好，制动性能稳定等优点，具体结构如图3-187所示。

5. 后轮制动器结构（图3-188）

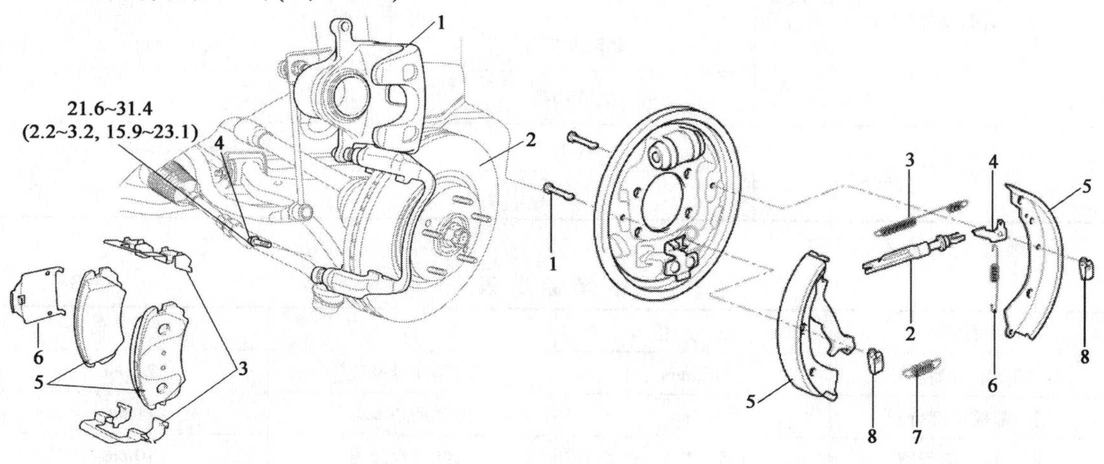

图3-187

1-制动卡钳；2-制动盘；3-制动块架；4-导杆螺栓；5-制动块；6-制动块垫片

图3-188

1-制动蹄固定销；2-制动蹄调整装置；3-上回位弹簧；4-调整杆；5-制动蹄；6-调整弹簧；7-下部回簧；8-制动蹄固定弹簧

二、制动系技术参数

1. 规格（表3-16）

规 格 表　　表3-16

项　目		规　格
主缸	类型	串联式
	汽缸内径	20.64 mm
	活塞行程	(36 ± 1) mm
	制动油位	开关提供
制动助力器	类型	9″单式
	增力比	7:1
前盘式制动器	类型	通风制动盘式
	盘外径	256mm
	制动盘厚度	22mm
	制动钳活塞	单活塞式
	汽缸内径	ϕ54mm
后盘式制动器	类型	实心制动盘式
	盘外径	262mm
	制动盘厚度	10mm
	制动钳活塞	单活塞式
	汽缸内径	ϕ34mm

续上表

项目		规格
后制动器(鼓)	类型	领从蹄式
	制动鼓内径	203.2mm
	制动摩擦片	厚度4.5mm
	间隙调整	自动
驻车制动器(盘式)	类型	BIR(球—坡道内)
	驱动型	式杆

2. 维修标准(表3-17)

维修标准表

表3-17

项目标	准值	项目标	准值
制动踏板高度	173mm	前制动盘厚度	22mm
制动踏板全部行程	108mm	前制动块厚度	11mm
制动灯开关间隙	1.5~2.0mm	后制动盘厚度	10mm
制动踏板自由间隙	3~8mm	后制动块厚度	10mm

3. 润滑油(表3-18)

润滑油表

表3-18

项目	推荐	数量
制动油	DOT 3 或 DOT 4	按需要
制动踏板轴套和制动踏板螺栓	底盘润滑脂	按需要
驻车制动蹄与制动底板接触表面	耐热润滑脂	按需要
前制动钳导杆和防尘套	AI-11P	1.2~1.7g,1.0~1.5g
后制动钳导杆和防尘套	AI-11P	0.8~1.3g

4. 规定力矩(表3-19)

规定力矩表

表3-19

项目	规定力矩(N·m)	项目	规定力矩(N·m)
轮毂螺母	88.3~107.9	后制动钳总成至转向节	49.0~58.8
总泵至制动助力器	12.7~16.7	制动软管到制动钳	24.5~29.4
制动助力器固定螺母	12.7~15.7	制动踏板总成支架固定螺栓	16.7~25.5
放气螺栓	6.9~12.7	制动踏板轴螺母	24.5~34.3
制动管螺母	12.7~16.7	制动灯开关锁紧螺母	11.8~14.7
前制动钳导向杆螺栓	21.6~31.4	轮速传感器固定螺栓	6.9~10.8
后制动钳导向杆螺栓	21.6~31.4	HECU 支架固定螺栓和螺母	16.7~25.5
前制动钳总成至转向节	78.5~98		

三、制动总泵的拆装

(1)将点火开关转至OFF。

(2)从储油罐上拆卸制动油位开关连接器(A),如图 3-189 所示。

(3)使用注射器清除主缸储油罐的制动油。

注意:禁止向车辆喷洒制动油。因为这样可能损坏油漆。如果制动油接触到油漆,立即用水清洗干净。

(4)拧下管油管螺母,分离总泵和制动管(A),图 3-190 所示。

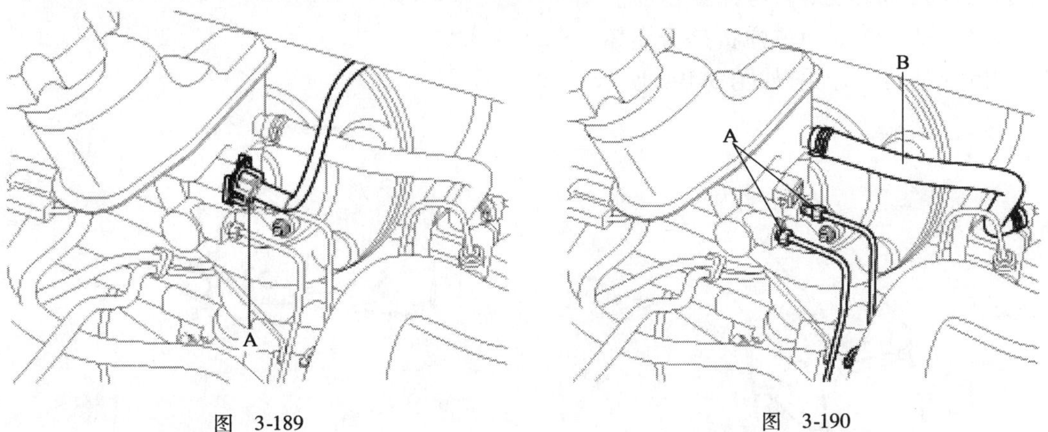

图 3-189　　图 3-190

规定力矩:12.7 ~16.7N · m。

(5)拆卸离合器软管(B)[仅 MT]。

(6)拧下固定螺母(C)后,从制动助力器拆卸总泵(B),如图 3-191 所示。

规定力矩:12.7 ~16.7N · m。

(7)按拆卸的相反顺序安装。

(8)安装后,给制动系统放气。

四、制动踏板和制动灯开关的拆装

(1)将点火开关转至 OFF。

(2)分离制动灯开关连接器(A),如图 3-192 所示。

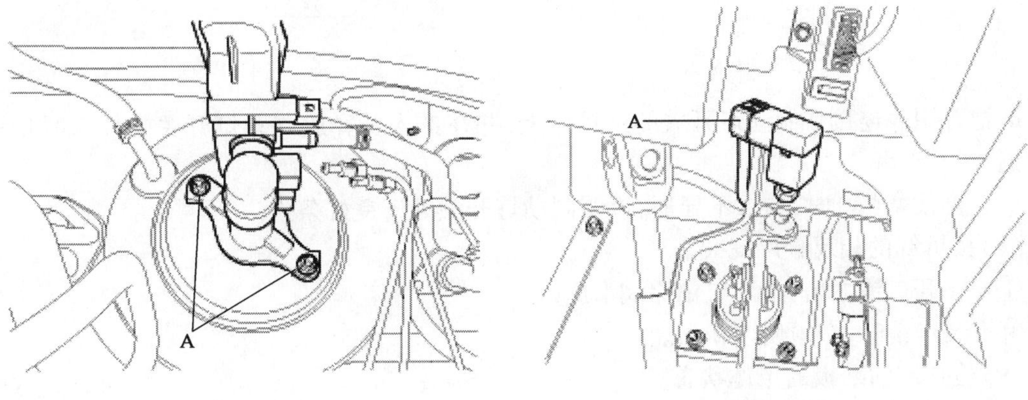

图 3-191　　图 3-192

(3)拆卸固定支架螺栓(B),如图 3-193 所示。

规定力矩: 19.6 ~25.5N · m。

(4)拆卸卡销(A)和 U 形夹销(B),如图 3-194 所示。

(5)拧下制动踏板横梁总成固定螺母(A),然后拆卸制动踏板总成,如图 3-195 所示。

规定力矩:12.7 ~15.7N · m。

(6) 拆卸制动灯开关。

(7)检查。

①检查轴套是否磨损。

②检查制动踏板是否弯曲或扭曲。

③检查制动踏板回位弹簧是否损坏。

④检查制动灯开关,如图 3-196 所示。

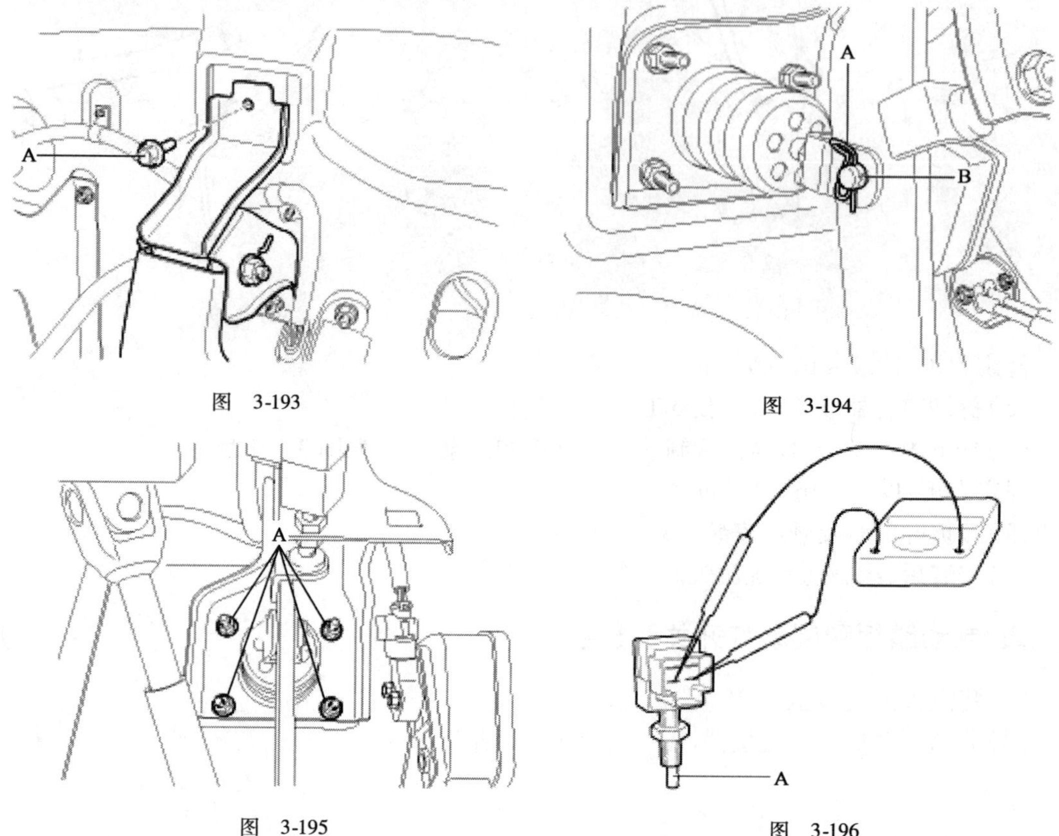

图 3-193

图 3-194

图 3-195

图 3-196

a. 把万用表连接在制动灯开关的连接器上,并在推入及释放制动灯开关的柱塞时检查是否导通。

b. 当推柱塞(A)时,如果不导通,说明制动灯开关处于良好条件。

(8)按拆卸的相反顺序安装。

①安装开口销之前,给开口销涂润滑脂。

②安装卡销时,必须使用新品。

(9)检查制动踏板的工作状态。

五、制动块的更换

(1)拆卸前轮和轮胎。

规定力矩:88.3 ~ 107.9N · m。

(2)拧下制动软管固定支架螺栓(A),如图 3-197 所示。

规定力矩:6.9 ~ 10.8N · m。

(3)拧下导杆螺栓(B),向上转动卡钳(C)。

规定力矩:21.6～31.4N·m。

(4)更换制动钳托架(A)内的制动衬块调整垫片(D)、制动衬块挡圈(C)和制动衬块(B),如图4-198所示。

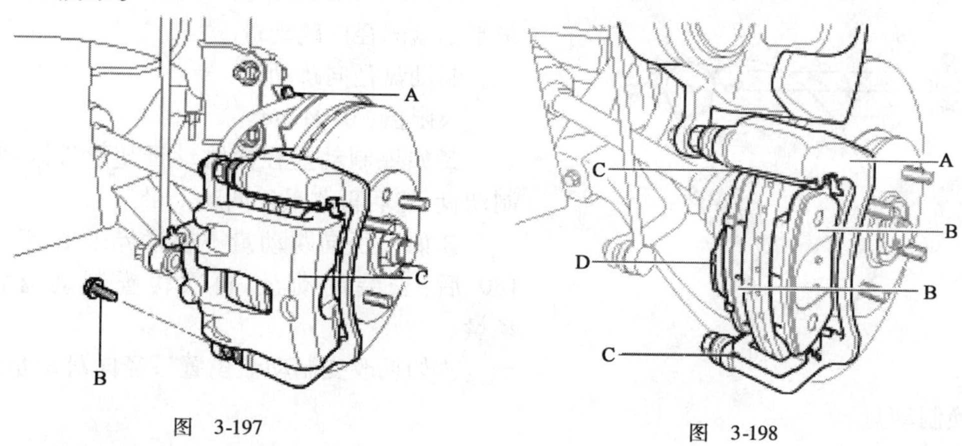

图 3-197

图 3-198

(5)前制动盘厚度的检查。

①检查制动块是否磨损和褪色。

②检查制动盘是否损坏和裂纹。

③清除制动盘表面上的锈及污染物,在离制动盘外缘的8个等分点(5mm)处测量制动盘厚度,如图3-199所示。

制动盘厚度:

标准值:22mm。

维修极限值:20mm。

偏差:小于0.005mm。

④如果磨损超出固定值,更换车辆左右制动盘和制动块总成。

(6)检查前制动块。

①按箭头所示用量具检查制动摩擦片厚度,前轮检查制动块是否磨损。测量制动块厚度,如果它小于标准值,更换它,如图3-200所示。

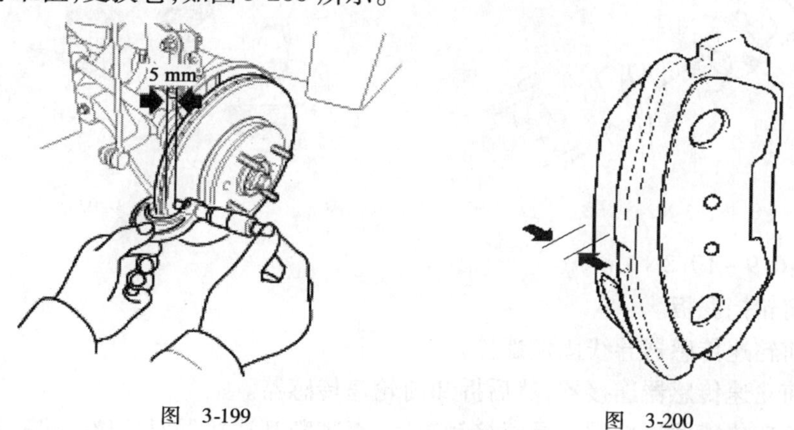

图 3-199

图 3-200

衬垫厚度:

标准值:11mm。

维修界限值：2.0mm。

②检查制动块、后部金属是否损坏及被润滑脂污染。

(7)前制动盘径向跳动量的检查，如图 3-201 所示。

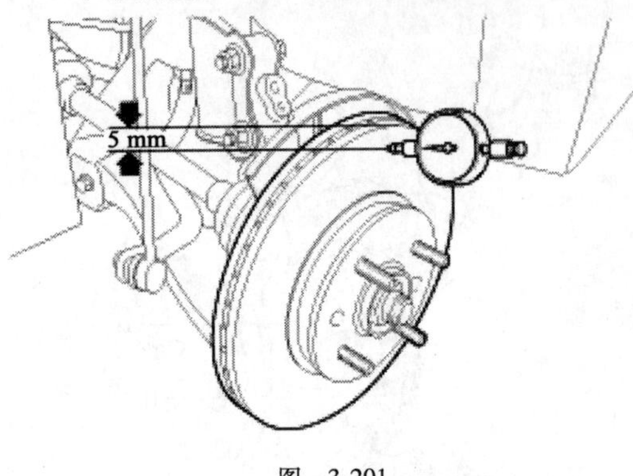

图 3-201

①在距制动盘外缘约 5mm 处放置百分表，测量制动盘的径向跳动量。

制动盘径向跳动量：

极限值：0.04mm。

②如果制动盘径向跳动量超过界限值，更换制动盘，然后再测量径向跳动量。

③如果径向跳动量不超过界限值，将其转动 180°后，安装制动盘，再次检查制动盘径向跳动量。

④如果改变制动盘位置后径向跳动量仍不正确，更换制动盘。

(8)安装。

①按拆卸的相反顺序安装。

②使用专用工具(09581-11000)安装制动钳总成，如图 3-202 所示。

③安装后，给制动系统放气。

六、轮速传感器的拆检

(1)拆卸前轮胎。

(2)拧下前轮速传感器固定螺栓(A)，如图 3-203 所示。

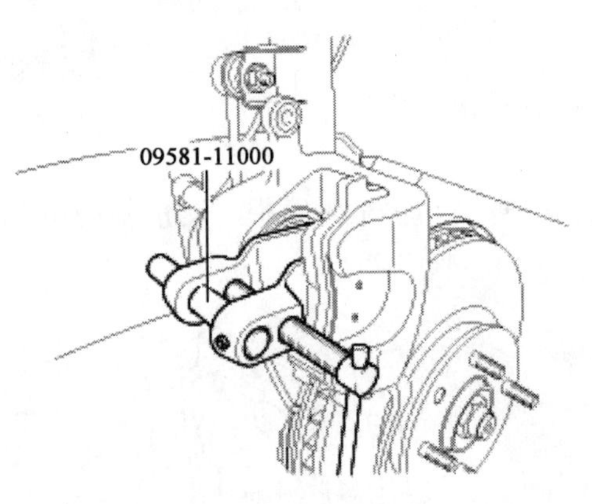

图 3-202

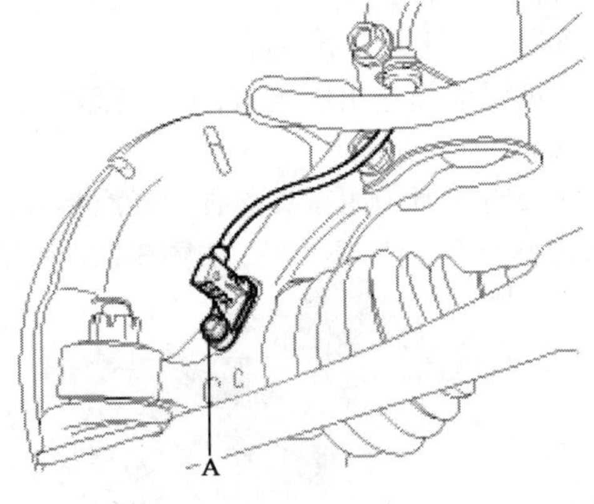

图 3-203

规定力矩：6.9～10.8N·m。

(3)拆卸前轮挡泥板。

(4)拧下前轮速传感器导线固定螺栓。

(5)分离前轮速传感器连接器，然后拆卸前轮速传感器。

(6)检查轮速传感器连接端子是否接触牢固，否则断开连接器对传感器进行检查。

注意：当测量输出电压时，为保护轮速传感器，必须使用 75Ω 电阻，如图 3-204 所示。

(7)比较轮速传感器输出电压的变化与如下所示的正常输出电压的变化。

如图 3-205 所示。

低电压：0.7 ~ 1.0 V。

高电压：1.4 ~ 2.0 V。

频率范围：1 ~ 2500Hz。

(8)按拆卸的相反顺序安装。

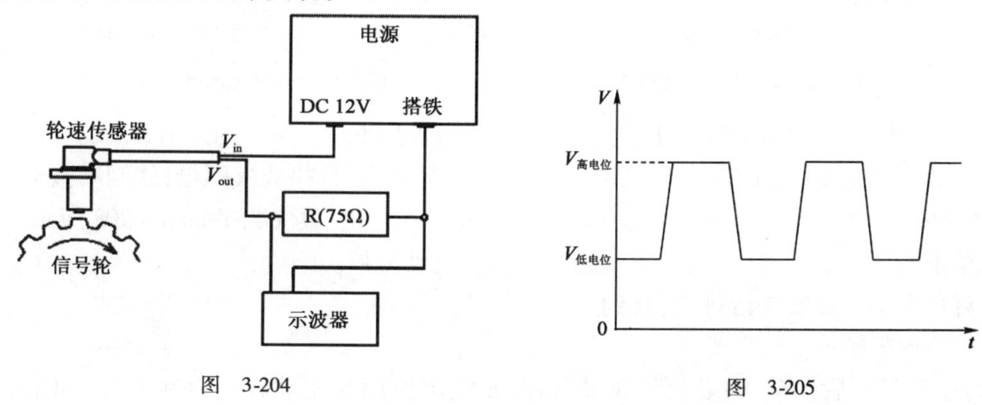

图 3-204

图 3-205

任务 10 北京现代制动系统案例分析

案例一：踩下制动踏板时有发软现象，制动效果不好，且制动时踏板有轻微跳动。

根据故障现象对车辆进行检查并排除故障。

一、检查故障并分析可能原因

(1)制动管路有空气进入。

(2)制动摩擦片磨损较大。

(3)制动总泵、分泵有泄漏。

(4)制动盘磨损较大。

二、检查分析排除故障

(1)经检查仪表无故障警告灯，制动管路、总泵、分泵无泄漏，则先对制动系统进行空气排除。

①用举升机举升车辆，打开储油罐盖，加满制动液。

②一人在驾驶室内踩刹车踏板，一人在车底下操作。

③车上的人将诊断仪连接好，根据屏幕指示进行选择和操作。

注意：使用诊断仪时，严格遵循 ABS 电机的最大工作时间，以免烧坏电机。

a. 选择 hyundai 车辆诊断。

b. 选择车辆名称。

c. 选择防抱死制动系统。

d. 选择放气模式。

e. 按下“YES”键，驱动电动泵和电磁阀，如图 3-206 所示。

f. 再次执行放气操作之前等待60s（否则会损坏电机），如图3-207所示。

1.6 放气模式

ABS 放气状态

01. 电磁阀状态　　CLOSE
02. 电机泵状态　　OFF
是否起动？

（按[YES]键）

图3-206　诊断电脑制动放气模式

1.6 放气模式

ABS 放气状态

01. 电磁阀状态　　OPEN
02. 电机泵状态　　ON

时间：自动计算（1-60 SEC.）

图3-207　诊断电脑放气等待模式

④发动车辆，反复踩下制动踏板数次后，踩下踏板保持不动。车下的人用干净的塑料管连接在制动分泵的放气塞上，将管的另一端插入半满的塑料瓶内，拧松放气螺栓，使制动液流至塑料瓶内，如发现塑料管内有气泡则表明制动管路内有空气被排出，放气顺序如图3-208所示。

⑤车下的人拧紧放气螺栓后，车上的才可松开制动踏板。

⑥对每个车轮反复进行排气，直到无气泡为止。

⑦拧紧放气螺栓。

(2)空气排完后试车，如果制动效果良好，则故障原因为制动管路存在空气，如果制动效果仍不理想，则检查车轮制动器。

①拆卸车轮，打开制动卡钳，检查摩擦片厚度。前轮（标准值：11mm；极限值：2mm）、后轮（标准值：10mm；极限值：2mm）的厚度如不符合规定，则更换摩擦片，如图3-209所示。

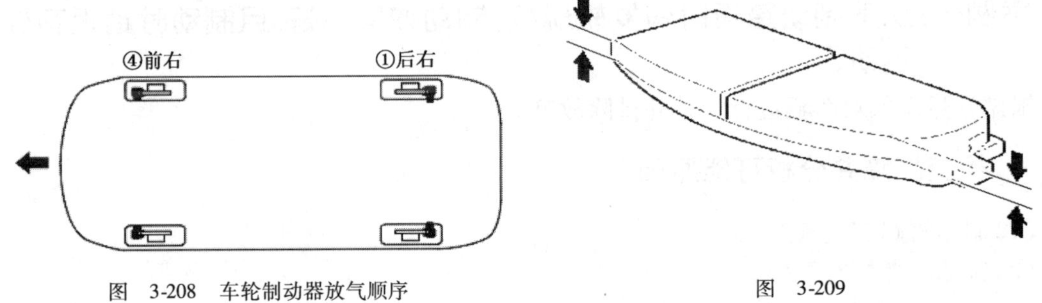

图　3-208　车轮制动器放气顺序

图　3-209

②测量制动盘厚度：前轮（标准值：26mm；极限值：24mm）、后轮（标准值：10mm；极限值：8.4mm）的厚度如果不符合规定，则更换制动盘，如图3-210所示。

③按图3-211所示测量制动盘圆跳动（极限值：0.05mm）。

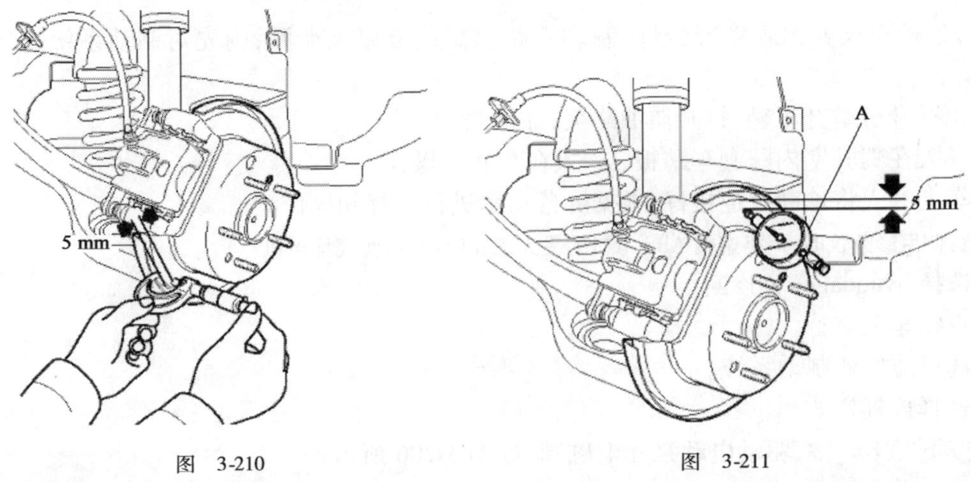

图　3-210

图　3-211

经过测量，发现刹车片厚度都在正常范围内，但两前轮制动盘有明显磨损凹槽，测量厚度小于24mm，且圆周径向跳动为0.15mm。判断故障原因为前轮制动盘磨损过大，必须更换两前轮制动盘。

三、知识扩展

圆周径向跳动：圆周径向跳动是指转动的零部件在工作时没有沿着旋转方向直线旋转，而是向左、右或者上、下发生一定量的偏移的现象，一般是由于零件变形或者零件表面磨损不均匀造成的，圆周径向跳动过大将影响汽车使用性能。

四、故障分析

制动盘磨损较大后，制动分泵活塞会依靠油缸内增加的油压向外移动来弥补制动盘的磨损量，此时驾驶员在制动时要踩下更多的行程方能产生足够的制动力，将造成制动时踏板变低，制动性能有所下降。制动盘圆跳动过大，在制动时会引起摩擦片上、下起伏，由管路内油液反馈至制动踏板上，造成踏板跳动。

当制动盘发生较大磨损时，摩擦片在与制动盘接触时摩擦力将会降低，将造成制动性能下降。

案例二：ABS 工作不良，紧急制动时 ABS 偶尔不工作。

根据故障现象对车辆进行检查并排除故障。

一、检查故障并分析可能原因

(1)如有故障码则使用诊断仪器查找故障码来判断故障。

(2)ABS 电源电路故障。

(3)轮速传感器电路或轮速传感器故障。

(4)检查 ABS 泵及液压系统各零件、管路是否泄漏、损坏。

二、检查分析排除故障

(1)用诊断仪器读取故障码。

①把诊断仪连接在诊断连接器上，将点火开关转至 ON。

②检验系统按照规定进行操作。

③检查系统是否有故障码，如有则清除故障码再次进行检查，如图 3-212 所示，如没有故障码则先检查电源电路。

(2)检查电源电路

①分离 ABS 控制模块连接器。

②点火开关转至 ON，测量 ABS 控制模块线束侧连接器的 18 号端子和搭铁之间的电压，约为电瓶电压 12V。如果测试结果符合标准则检查搭铁电路，如果不符合标准

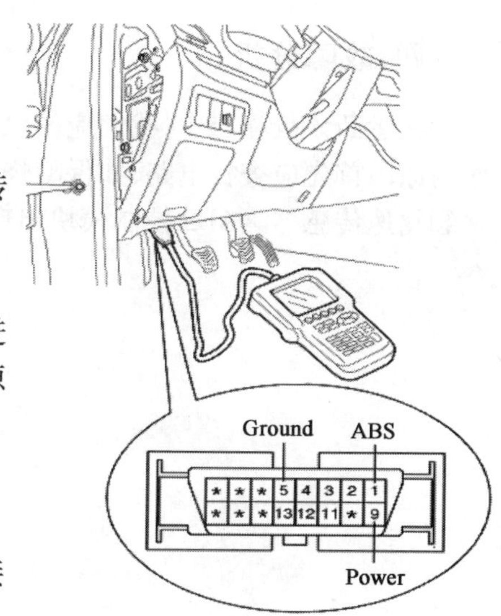

图 3-212 故障诊断仪连接示意图

则检查发动机室接线盒内的熔断丝(10A)和ABS控制模块之间的线束或连接器,必要时维修,如图3-213所示。

③检查搭铁电路。分离ABS控制模块连接器,检查ABS控制模块线束侧连接器的1、4号端子和搭铁之间的导通性。如果符合标准则检查轮速传感器电路,如不符合标准则维修断开的导线和搭铁点,如图3-214所示。

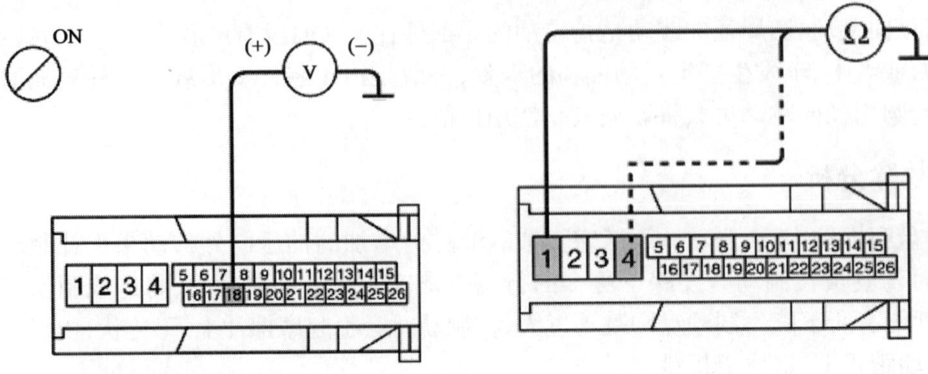

图 3-213 检查电源电压

图3-214 检查搭铁电路

(3)检查轮速传感器电路。连接好故障诊断仪器,试车,检查轮速传感器信号是否符合维修手册标准值。如不符合则更换轮速传感器,如符合标准则检查液压系统是否有泄漏。

(4)检查液压系统泄漏。检查ABS泵、管路等零件是否有泄漏现象,如果有则更换泄漏部件,如果没有泄漏现象则更换ABS控制模块。

三、知识扩展

电源电路:ABS电源电路是将蓄电池电压通过ABS保险向ABS泵上的直流电机、电磁阀等零件供电的电路,该电路如出现故障,ABS泵将不能正常工作。

搭铁电路:搭铁电路是将ABS泵上的电子元件与车身即蓄电池负极连接的电路,该电路出现故障ABS系统将不能正常工作。

四、故障分析

在诊断该故障当中,我们应按照从易到难的原则一步步来判断出故障点。ABS系统不工作的原因首先应查找电路,如保险烧坏、连接器接触不良、搭铁线出现松动,接下来再检查ABS泵和轮速传感器。ABS控制模块出现故障机率不高。

项目四　瑞纳轿车电气系统

Z 知识目标

(1)知道瑞纳轿车各电气系统的结构组成。
(2)知道瑞纳轿车各电气系统元件的拆装与检测方法。
(3)知道瑞纳轿车各电气系统的常见故障。

N 能力目标

(1)能够规范进行瑞纳轿车各电气系统元件的拆装与检测。
(2)能够对瑞纳轿车各电气系统故障分析。
(3)能正确使用拆装与检修的工具、设备。

S 素质目标

(1)我学习能力。
(2)交流沟通能力。
(3)团结协作能力。
(4)安全操作能力。

任务1　灯光系统元件拆检与故障检修

一、车身照明系统位置分布(图4-1)

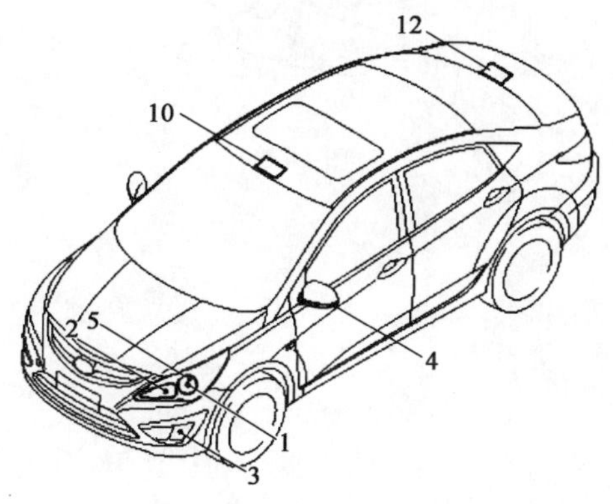

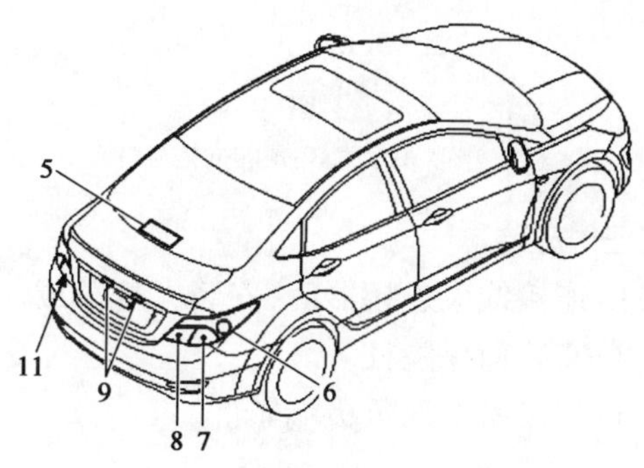

图　4-1

1-前照灯(近光/远光);2-转向信号灯;3-前雾灯;4-转向信号灯(侧面转向灯);5-高架制动灯;6-尾灯/制动灯;7-转向信号灯;8-倒车灯;9-牌照灯;10-车顶控制台灯;11-后雾灯;12-行李舱

二、前大灯的组成与拆卸

(一)前照灯总成的拆卸

(1)分离蓄电池负极端子。

(2)拆卸前保险杠。

(3)拧下前照灯固定螺栓(2个),分离前照灯连接器。拆卸前照灯总成(A),如图4-2所示。

(4)拆卸防尘罩,分离连接器。拆卸前照灯(远光/近光)灯泡(A),如图4-3所示。

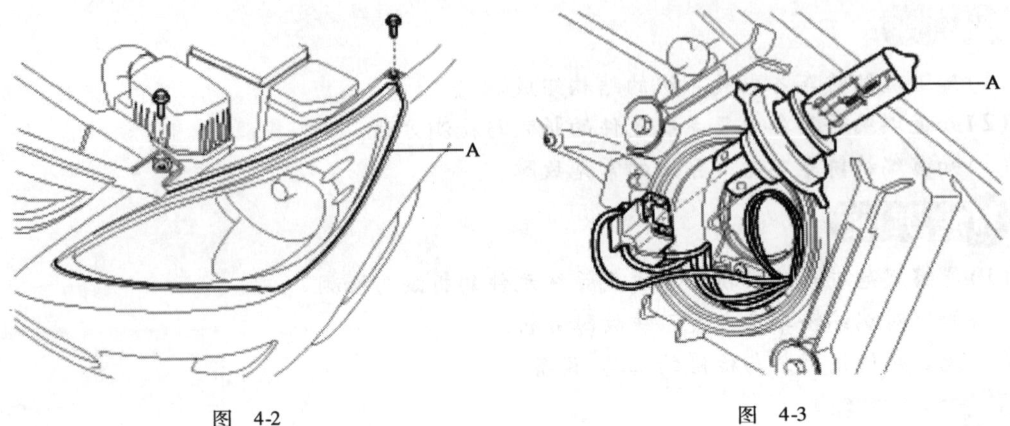

图 4-2　　图 4-3

(5)拆卸其他灯泡,如图4-4所示。

(二)前示宽灯的拆卸

(1)分离蓄电池负极端子。

(2)拆卸大灯防尘罩和示宽灯(A),如图4-5所示。

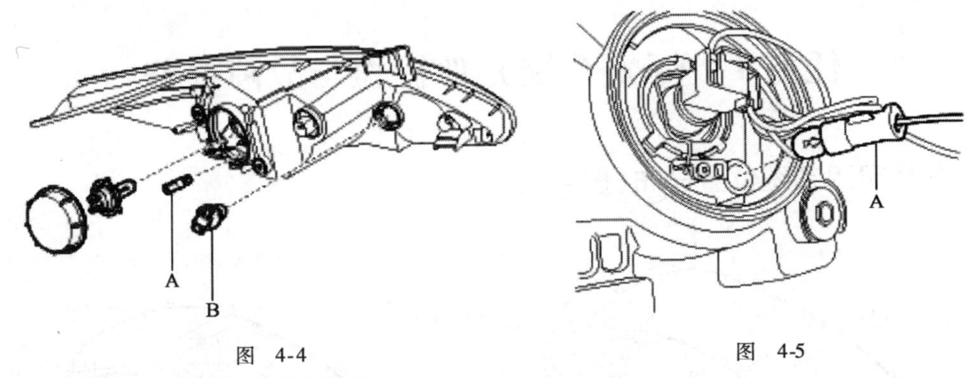

图 4-4

A-示宽灯;B-转向信号灯

图 4-5

(三)安装

(1)连接线束连接器后,安装大灯总成。

(2)安装前保险杠。

(3)连接蓄电池负极端子。

三、后尾灯的组成与拆卸

(一)后尾灯总成的拆卸

(1)分离蓄电池负极(-)端子。

(2)拆卸行李舱下装饰板。

(3)分离后组合灯连接器(A),如图 4-6 所示。

(4)拧下 3 个螺母,拆卸后组合灯总成(B),如图 4-7 所示。

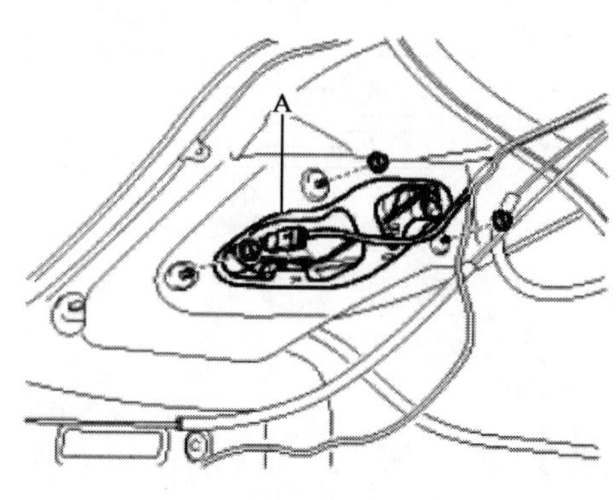

图 4-6

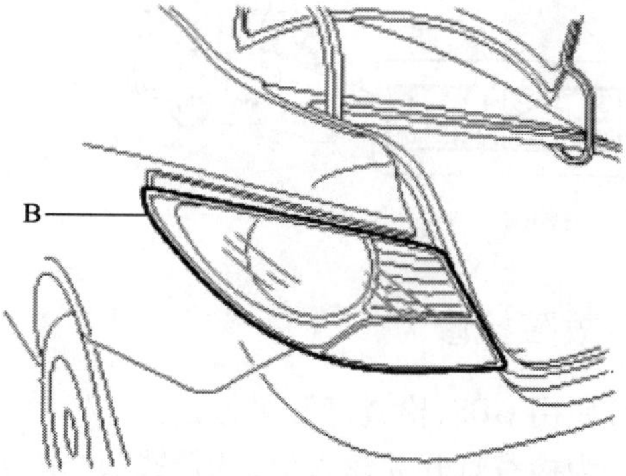

B

图 4-7

(二)尾灯组各灯泡的位置

(1)尾灯/制动灯,如图 4-8 所示。

(2)转向信号灯,如图 4-9 所示。

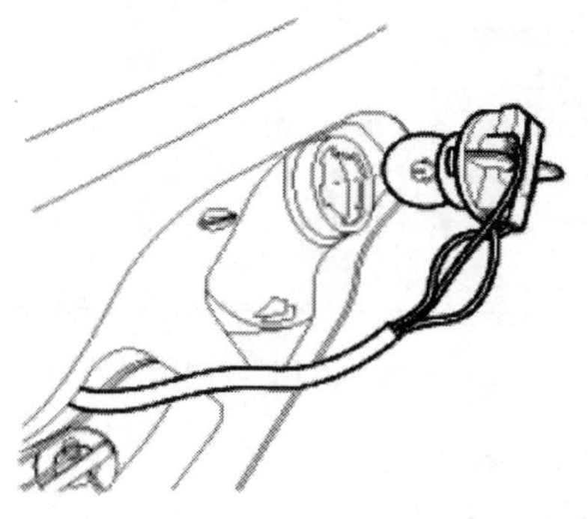

图 4-8

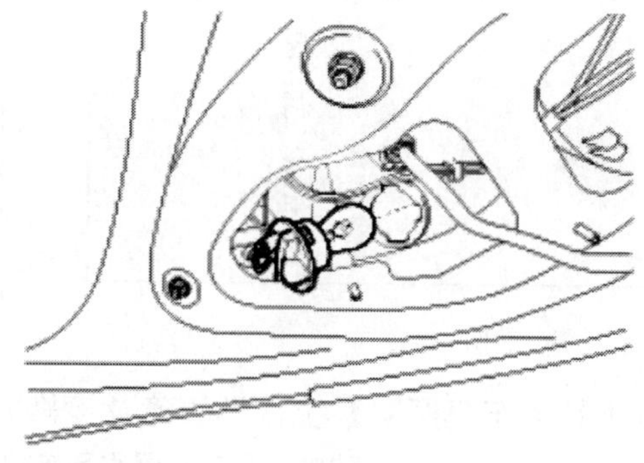

图 4-9

(3)倒车灯(右)(A),如图 4-10 所示。

(三)安装

(1)安装后组合灯总成。

(2)连接后组合灯总成连接器。

(3)连接蓄电池负极端子。

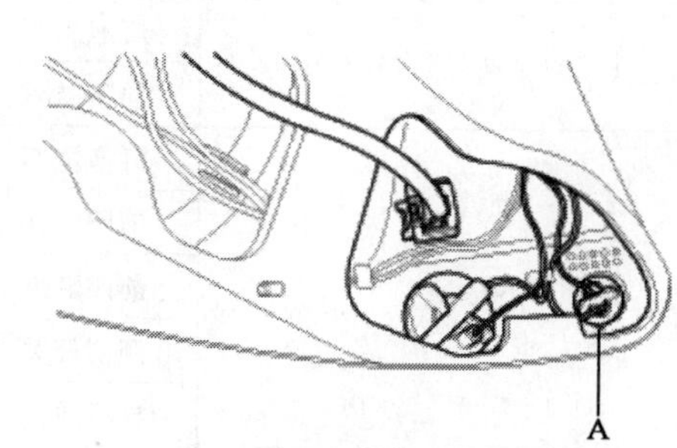

图 4-10

四、灯光组合开关的检查

(1)分离蓄电池负极(-)端子。

(2)拔下组合开关的连接器,如图 4-11 所示。

(3)前雾灯开关,确定以下端子之间存在导通性。如果导通状态不符合规定,更换组合开关。如图 4-12 所示。

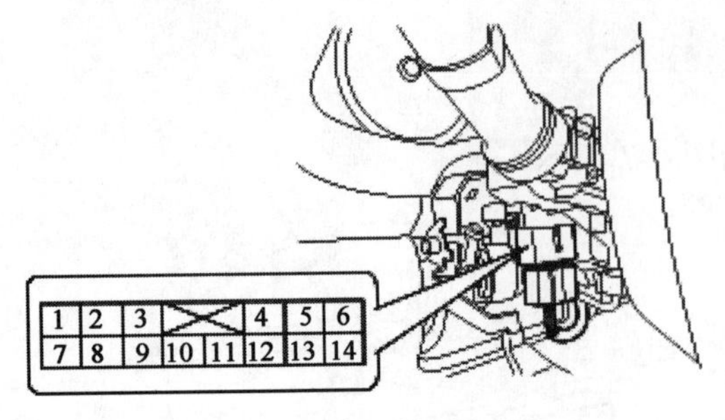

图 4-11

位置＼端子	1	2	3
OFF			
后	○		○
前*后	○	○	○

图 4-12

五、故障检修

(1)使用 GDS,检查灯开关输入。

(2)为检查灯开关输入值,选择选项“车身控制模块”。

(3)为检查 BCM 当前输入/输出值,使用“当前数据流”。提供门锁闭锁/开锁、灯光控制和电动门窗计时器等 BCM 输入/输出状态信息,如图 4-13 所示。

(4)在强制模式中,检查灯开关的输入值,选择“智能钥匙接线盒的执行测试”选项,如图 4-14。

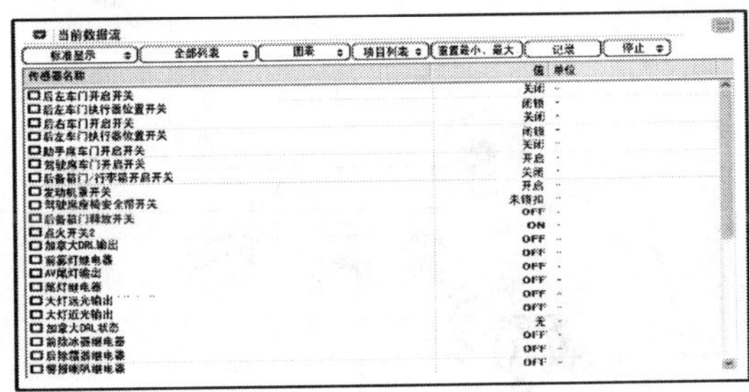

图 4-13

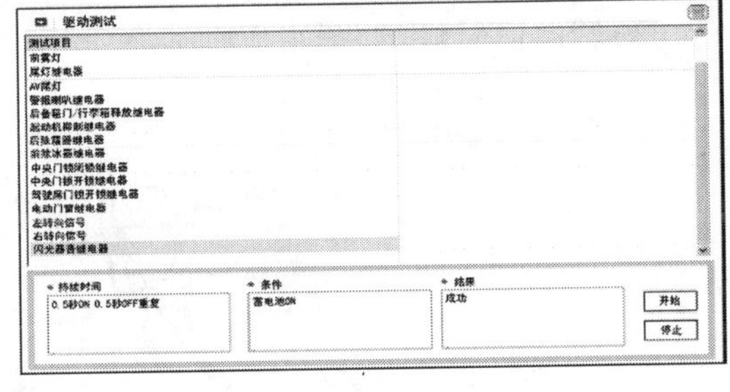

图 4-14

(5)瑞纳轿车车身照明系统常见故障及检修方法,见表 4-1。

瑞纳轿车车身照明系统常见故障及检修方法　　表 4-1

症　　状	可 能 原 因	措　　施
1 个灯不亮(所有外部)	灯泡烧坏	更换灯泡
	插座、导线或搭铁故障	必要时维修
前照灯不亮	灯泡烧坏	更换灯泡
	前照灯熔断丝(10A)熔断	检查是否短路并更换熔断丝
	前照灯继电器故障	检查继电器
	照明开关故障	检查开关
	导线或搭铁故障	必要时维修
尾灯和牌照灯不亮	灯泡烧坏	更换灯泡
	尾灯熔断丝(10A)熔断	检查是否短路并更换熔断丝
	尾灯继电器故障	检查继电器
	照明开关故障	检查开关
	导线或搭铁故障	必要时维修

续上表

症　状	可能原因	措　施
制动灯不亮	灯泡烧坏	更换灯泡
	制动灯熔断丝(15A)熔断	检查是否短路并更换熔断丝
	制动灯开关故障	调整或更换开关
	导线或搭铁故障	必要时维修
制动灯不熄灭	制动灯开关故障	维修或更换开关
仪表盘照明灯不亮(尾灯亮)	导线或搭铁故障	必要时维修
一侧转向信号灯不亮	灯泡烧坏	更换灯泡
	转向信号开关故障	检查开关
	导线或搭铁故障	必要时维修
转向信号灯不亮	灯泡烧坏	更换灯泡
	转向信号灯熔断丝(15A)熔断	检查是否短路并更换熔断丝
	闪光器故障	检查闪光器
	转向信号开关故障	检查开关
	导线或搭铁故障	必要时维修
危险警告灯不亮	灯泡烧坏	更换灯泡
	危险警告灯熔断丝(15A)熔断	检查是否短路并更换熔断丝
	闪光器故障	检查闪光器
	危险警告开关故障	检查开关
	导线或搭铁故障	必要时维修
闪光器频率过高或过低	灯泡瓦数比规定值小或大	更换灯
	闪光器故障	检查闪光器
倒车灯不亮	灯泡烧坏	更换灯泡
	倒车灯熔断丝(10A)熔断	检查是否短路并更换熔断丝
	倒车灯开关(M/T)故障	检查开关
	变速器挡位开关(A/T)故障	检查开关
	导线或搭铁故障	必要时维修
前雾灯不亮	灯泡烧坏	更换灯泡
	前雾灯熔断丝(10A)熔断	检查是否短路并更换熔断丝
	前雾灯继电器故障	检查继电器
	前雾灯开关故障	检查开关
	导线或搭铁故障	必要时维修
后雾灯不亮	灯泡烧坏	更换灯泡
	后雾灯熔断丝(10A)熔断	检查是否短路并更换熔断丝
	后雾灯开关故障	检查开关
	后雾灯继电器故障	检查继电器
	导线或搭铁故障	必要时维修

续上表

症　状	可能原因	措　施
室内灯不亮	灯泡烧坏	更换灯泡
	室内灯熔断丝(10A)熔断	检查是否短路并更换熔断丝
	阅读灯开关故障	检查开关
	导线或搭铁故障	必要时维修
行李箱室灯不亮	灯泡烧坏	更换灯泡
	室内灯熔断丝(10A)熔断	检查是否短路并更换熔断丝
	行李舱灯开关故障	检查开关
	导线或搭铁故障	必要时维修

任务2　刮水器系统元件拆检与故障检修

一、刮水器系统位置分布(图4-15)

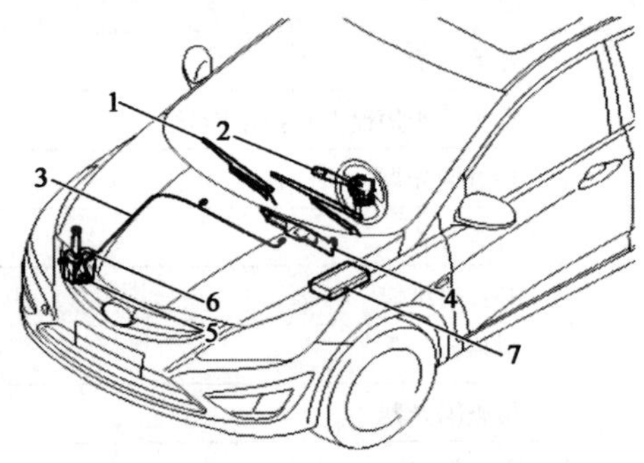

图　4-15

1-挡风玻璃刮水器臂和刮片;2-挡风玻璃喷水器开关; 3-挡风玻璃喷水器软管;4-挡风玻璃刮水器电机和连杆;5-喷水器电机;6-喷水器储液箱;7-刮水器继电器(发动机室继电器盒)

二、刮水器组合开关的拆装与检修

(一)刮水器组合开关的拆卸

(1)分离蓄电池负极端子。

(2)拧下3个螺钉后,拆卸转向柱上、下护罩(A),如图4-16~4-18所示。

(二)检查刮水器工作状况

(1)分离连接器。在不拆卸方向盘和时钟弹簧状态使用工具释放刮水器开关锁。拆卸刮水器和喷水器开关,如图4-19所示。

(2)当刮水器和喷水器开关工作时,检查端子之间的导通性。如果导通状态异常,更换刮水器和喷水器开关,如图4-20所示。

(3)刮水器开关端子含义,如图4-21所示。

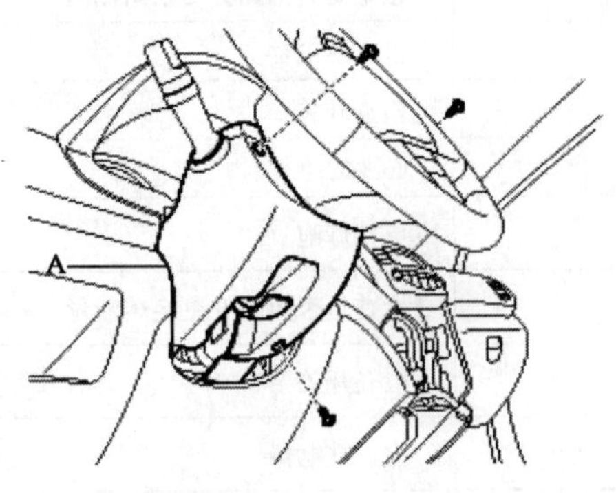

图　4-16

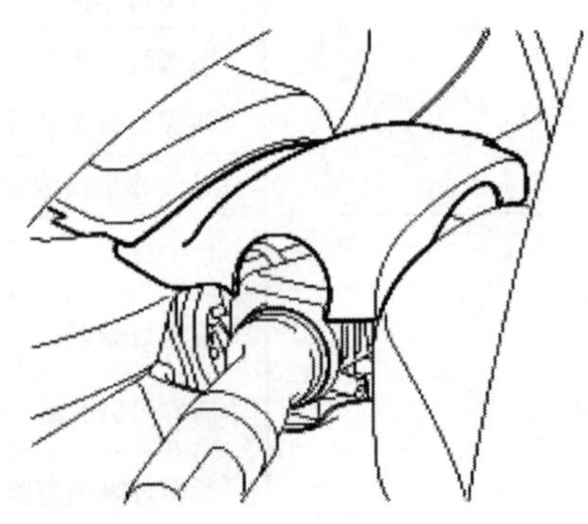

图　4-17

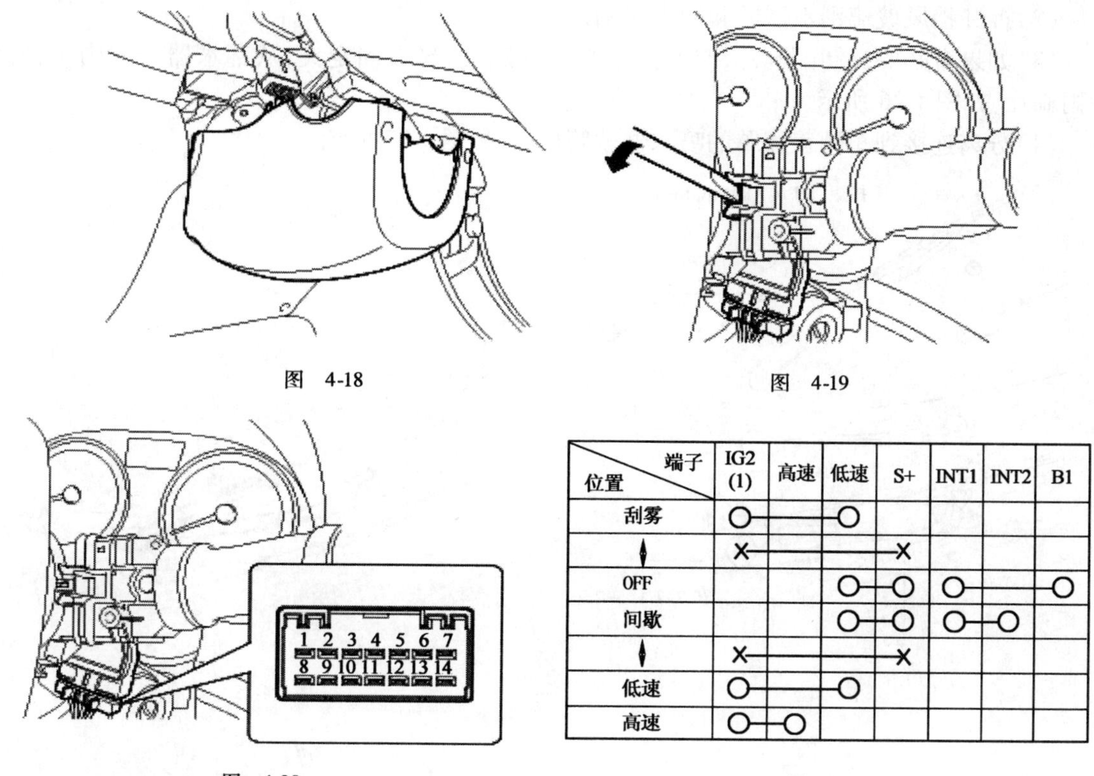

图 4-18

图 4-19

图 4-20

位置 \ 端子	IG2 (1)	高速	低速	S+	INT1	INT2	B1
刮雾	○		○				
↕	×			×			
OFF			○	○	○		○
间歇			○	○	○	○	
↕	×			×			
低速	○		○				
高速	○	○					

图 4-21

(4)喷水器开关端子含义,如图 4-22 所示。

(5)分离连接器。在不拆卸转向盘和时钟弹簧状态使用工具释放刮水器开关锁。拆卸刮水器和喷水器开关,如图 4-23 所示。

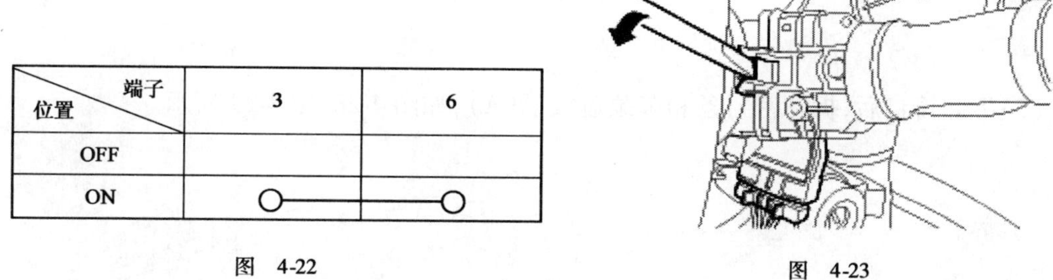

位置 \ 端子	3	6
OFF		
ON	○	○

图 4-22

图 4-23

(二)安装

(1)安装刮水器开关。

(2)安装转向柱上下护罩。

三、刮水器连接机构部件位置(图 4-24)

(一)刮水器连接机构拆卸

(1)拆卸刮水器罩(B)后拧下挡风玻璃刮水器臂螺母(A),如图 4-25 所示。

(2)拆卸挡风玻璃刮水器臂和刮水器刮片。

(3)如果有必要拆卸雨刷片,向上拉雨刷片固定夹,释放固定夹,从刮水器臂的内半径拆卸雨刷片,如图 4-26 所示。

(4)分离连接到车颈盖板罩的喷水器软管(A),如图 4-27 所示。

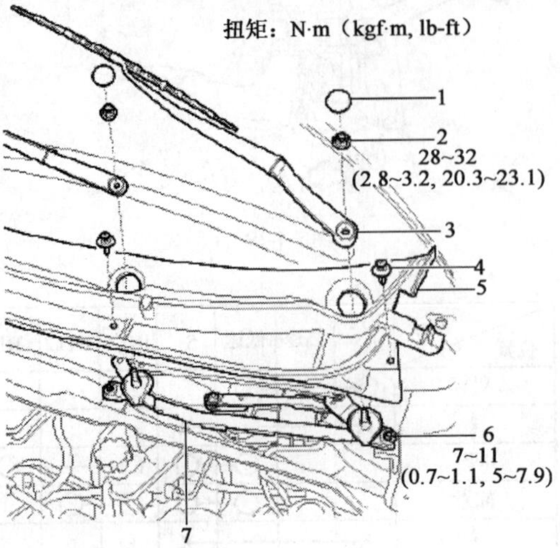

图 4-24

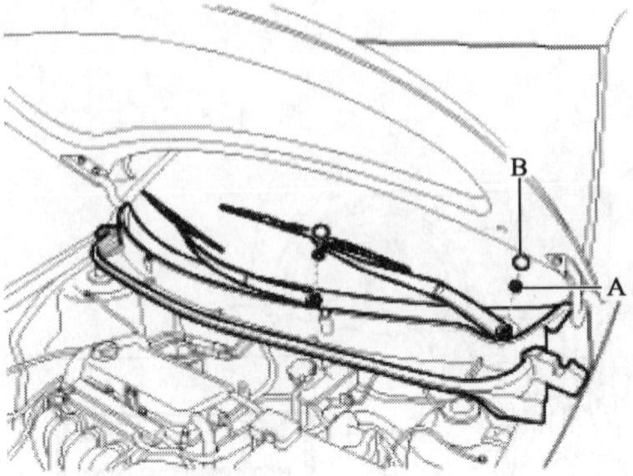

图 4-25

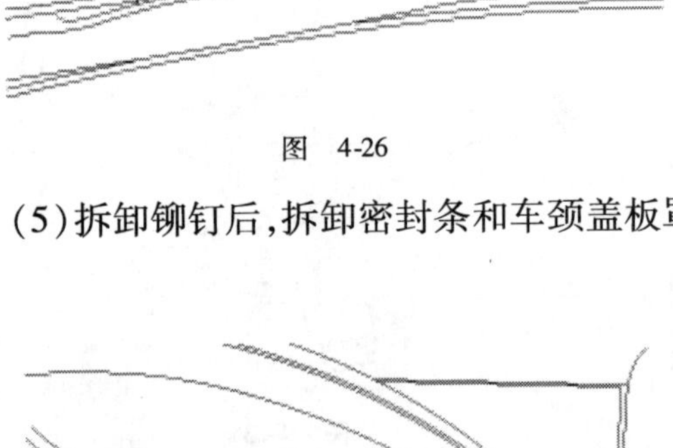

图 4-26

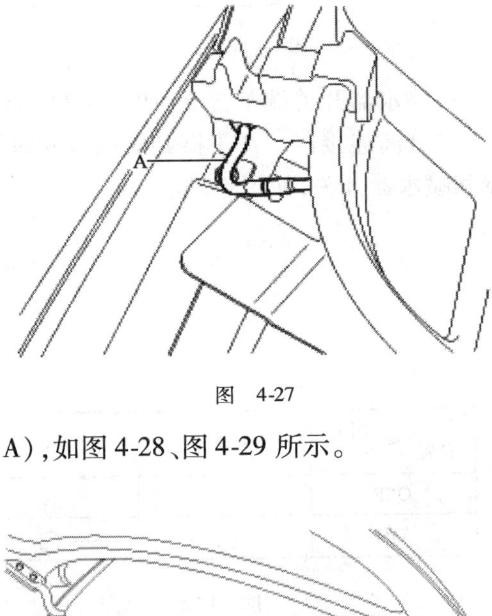

图 4-27

(5)拆卸铆钉后,拆卸密封条和车颈盖板罩(A),如图 4-28、图 4-29 所示。

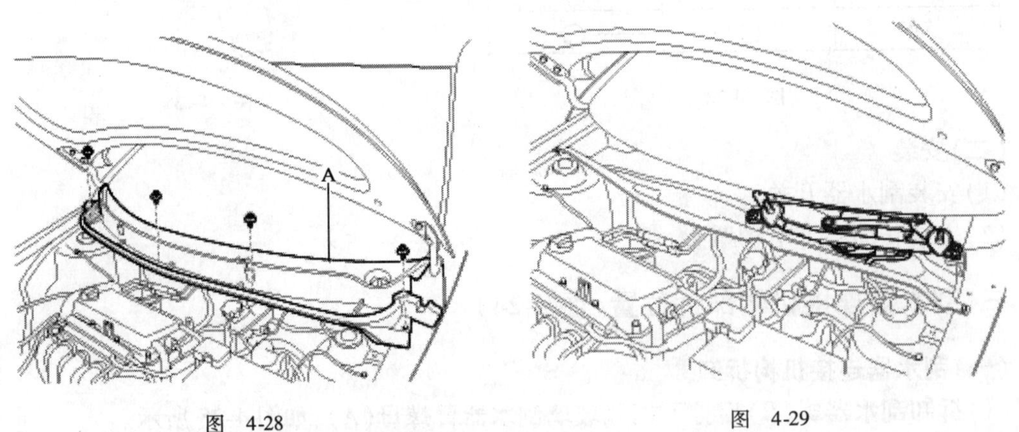

图 4-28

图 4-29

（6）从刮水器电机和连杆总成上分离刮水器电机连接器（A），如图 4-30 所示。

（7）拧下 2 个螺栓后，拆卸挡风玻璃刮水器电机和连杆总成（A），如图 4-31 所示。

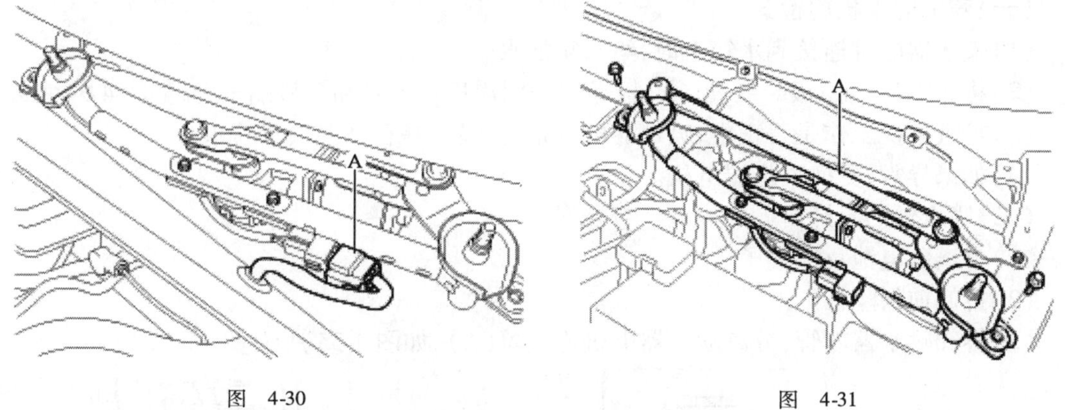

图 4-30　　　　图 4-31

（8）拧下 2 个螺栓，拆卸刮水器电机总成（A）。从刮水器电机上分离刮水器电机曲臂。拧下螺母后拆卸曲臂，如图 4-32 所示。

注意：拆卸刮水器电机和链杆系总成前，确定链杆系停在自动停止位置。

为精确地安装刮水器电机曲柄臂，检查连杆和曲柄臂是否对齐（在一条直线上）并精确设置各连杆角度。

小心不要弯曲连杆。

（二）安装

（1）安装刮水器电机。

（2）安装曲轴臂。

（3）将上下连杆安装到刮水器电机曲轴臂上。

注意：安装刮水器电机曲柄臂，确定连杆与曲柄臂在一条直线，且精确设置各连杆的角度。小心不要弯曲连杆。

（4）安装刮水器电机和连杆总成，连接刮水器电机连接器。规定力矩：7 ~ 11N · m。

（5）安装车颈顶盖。

（6）安装挡风玻璃刮水器臂和刮片。规定力矩：27.5 ~ 31.4N · m。

挡风玻璃刮水器电机需工作至自动停止位置。在自动停止位置安装刮水器臂和叶片。A：玻璃标点，如图 4-33 所示。

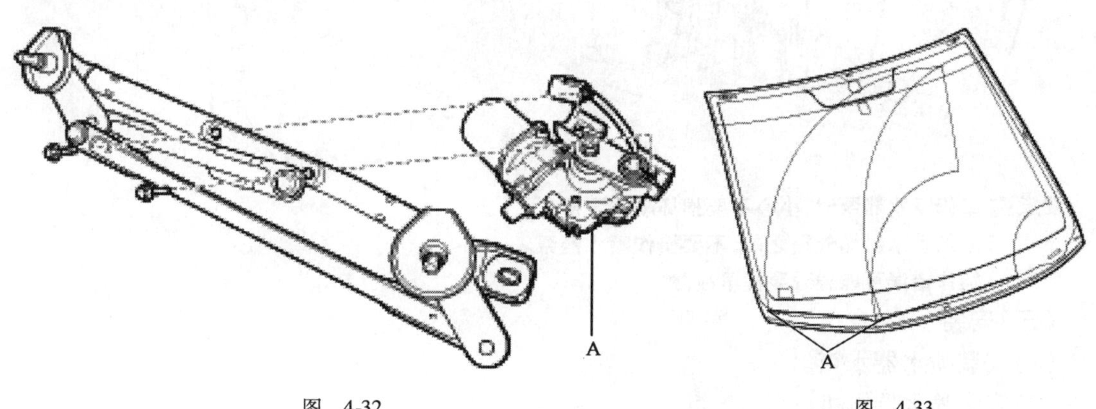

图 4-32　　　　图 4-33

四、检查喷水器

（一）喷水器电机的检查

(1)喷水器电机连接到水箱上时，给水箱加水。

(2)将蓄电池(+)极导线和(-)极导线分别连接在1号和2号端子上，如图4-34所示。

(3)检查电机工作是否正常，喷水器电机是否运转，是否从前喷嘴喷水。

(4)如果异常，更换喷水器电机。

（二）喷水器的拆卸

(1)分离蓄电池负极端子。

(2)拆卸前保险杠。

(3)拆卸喷水器软管，分离喷水器电机连接器(A)，如图4-35所示。

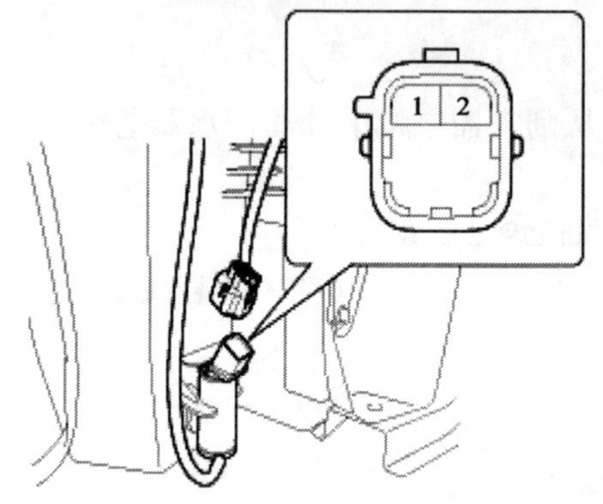

图 4-34

图 4-35

连接器1号端子:挡风玻璃喷水器(+)，2号端子:搭铁

(4)拧下2个螺栓后拆卸喷水器水箱(A)，如图4-36、图4-37所示。

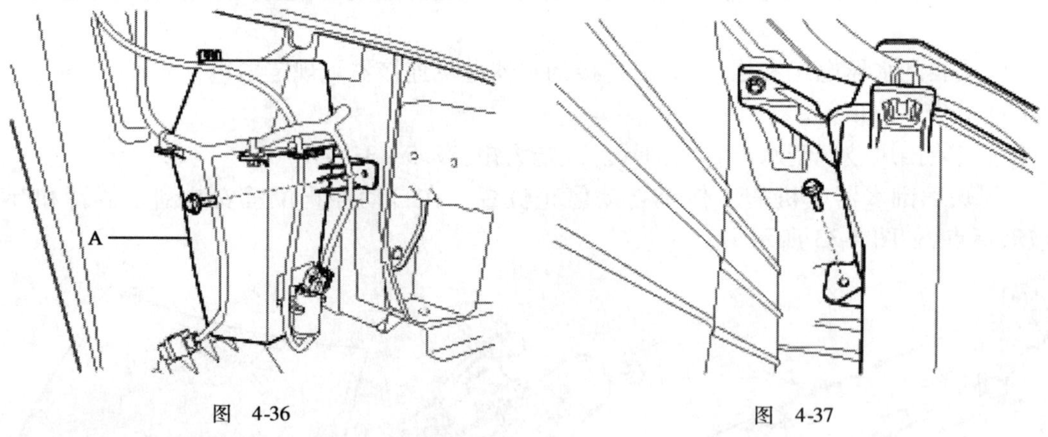

图 4-36

图 4-37

注意：①维修喷水器泵时，小心不要损坏喷水泵密封。

②添加喷水器储液箱之前，不要操作喷水器泵。

③操作错误可能导致泵提早故障

（三）安装

(1)安装喷水器水箱。

(2)安装喷水器电机。

(3)安装喷水器软管。

(4)连接喷水器电机连接器。

(5)安装前保险杠。

(6)检查喷水器电机工作情况。

任务3　仪表功能解析与故障检修

一、仪表及相关部件位置(图4-38)

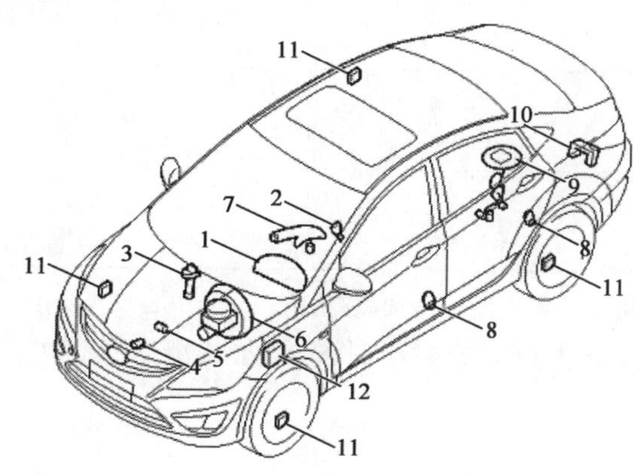

图　4-38

1-仪表盘总成;2-座椅安全带开关;3-车速传感器;4-发动机冷却水温传感部;5-油压开关;6-制动油位警告开关;7-驻车制动开关;8-车门开关;9-燃油位传感部;10-行李箱盖打开开关;11-轮速传感器;12-ABS ECU

二、仪表的构造(图4-39、图4-40)

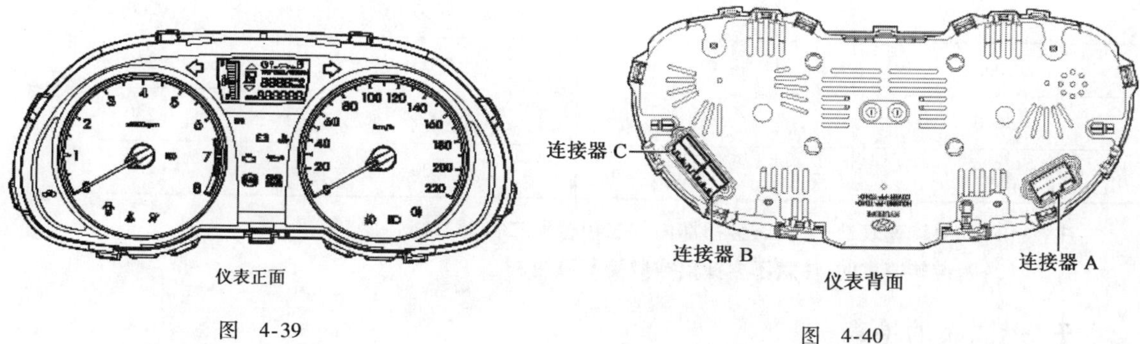

图　4-39

图　4-40

三、车速表的检查

(1)调整轮胎压力至规定值。

(2)在车速表测试仪上驱动车辆。应用适当的车轮止动块(A),如图4-41所示。

(3)检查车速表指针指示范围是否在标准值范围内,见表4-2。

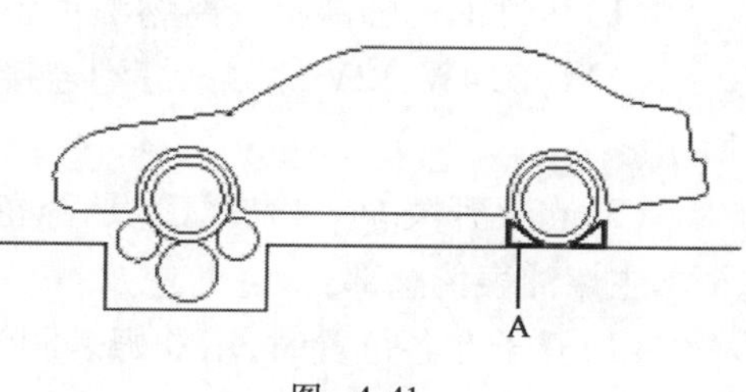

图　4-41

表 4-2

车速表指针指示范围是否在标准值范围

速度(km/h)	公差(km/h)	速度(km/h)	公差(km/h)
20	+3.3 +0.3	140	+4.2 +1.2
40	+3.5 -0.5	160	+4.4 +1.4
60	+3.6 +0.6	180	+4.5 +1.5
80	+3.8 +0.8	200	+4.6 +1.6
100	+3.9 +0.9	220	+4.8 -1.8
120	+4.1 -1.1	—	—

注意:当测试时,禁止突然操作离合器或急加速/减速。

参考:轮胎磨损或轮胎压力过大或过小时,会增加检测结果误差。

四、转速表的检查

(1)连接 GDS 到诊断连接器或安装转速表。

(2)起动发动机,比较测试仪的读数和转速表的读数。误差过大时,更换转速表。检查转速表指针指示范围是否在标准值范围内,见表 4-3。

表 4-3

转速表指针指示范围是否在标准值范围

转速(r/min)	公差(r/min)	转速(r/min)	公差(r/min)
1000	±100	5000	±200
2000	±125	6000	±240
3000	±150	7000	±260
4000	±170	8000	±260

注意:(1)如果转速表端子接反,会损坏内部三极管和二极管。

(2)拆装转速表时,注意不要掉落或遭受严重撞击。

五、燃油表的检查

(1)从燃油传感部上分离燃油传感部连接器。

(2)将 3.4W,12V 的测试灯泡连接至导线线束侧连接器的端子 1 和端子 3 上,如图 4-42 所示。

(3)点火开关 ON,检查灯泡是否亮,燃油表指针是否移至满油量位置。

主燃油表传感部:

(1)浮子在各位置时,用欧姆表测量传感部连接器(A)的端子 1 和端子 3 之间的电阻,如图 4-43 所示。

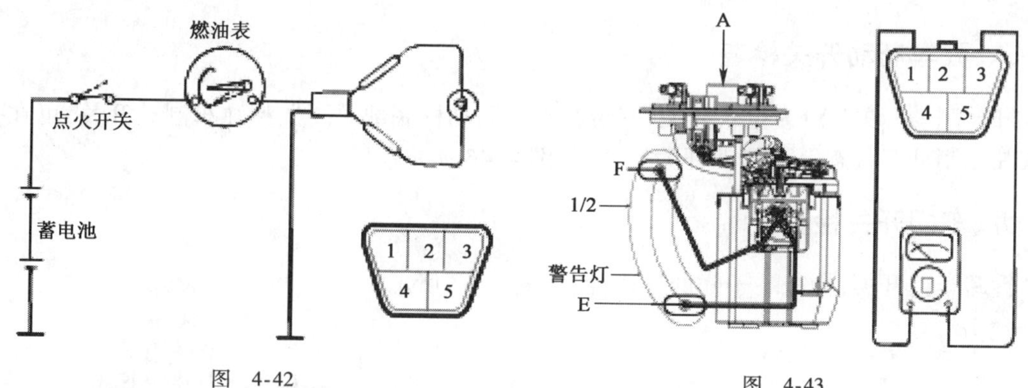

图 4-42　　图 4-43

(2)当浮子从"E"到"F"时,检查电阻变化是否平滑,见表4-4。

浮子在各位置时的电阻值

表4-4

位　置	电阻(Ω)	位　置	电阻(Ω)
传感部(E)	200	1～2	66.2
警告灯	170	传感部(F)	8

(3)如果电阻不符合规格,将燃油传感部作为总成更换。

注意:完成测试后,擦干传感部并将它重新安装在燃油箱内。

六、水温表的检查

(1)从发动机室内的发动机冷却水温度传感部分离导线连接器(A),如图4-44所示。

(2)将点火开关转至ON。检查水温表指针指示冷。将点火开关转至OFF。

(3)在线束侧连接器和搭铁之间连接12V,3.4W测试灯泡。

(4)将点火开关置于ON位置。

(5)验证测试灯泡闪烁,水温表指针移至HOT。

如果操作不符合规定,更换发动机水温表。重新检查系统。

七、制动油量警告开关检查

(1)分离制动油储油罐上的警告开关连接器(A),如图4-45所示。

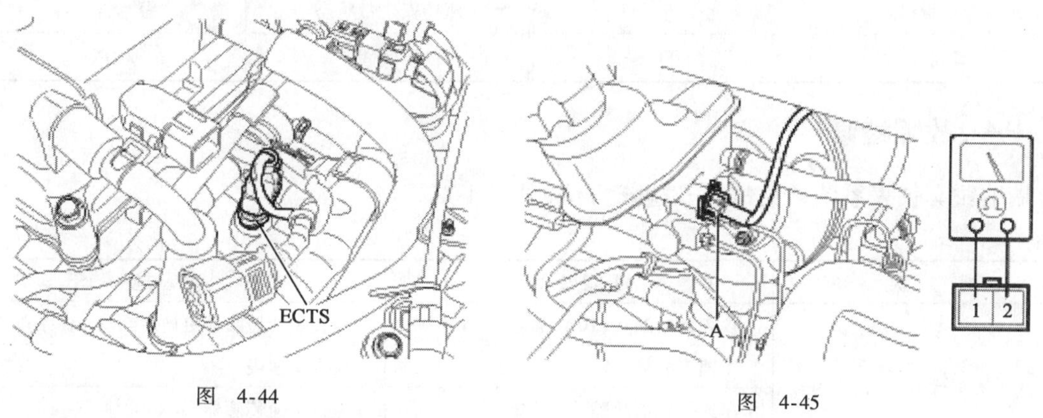

图 4-44　　图 4-45

(2)当用杆向下压开关(浮子)时,确认开关的1号端子和2号端子之间导通。

八、驻车制动开关检查

驻车制动开关(A)为拉式开关,安装在驻车制动杆底部。要调整驻车制动开关,可在完全释放驻车制动杆状态上下移动开关托架,如图 4-46 所示。

九、车门开关检查

拆卸车门开关,检查端子间的导通性,如图 4-47 所示。

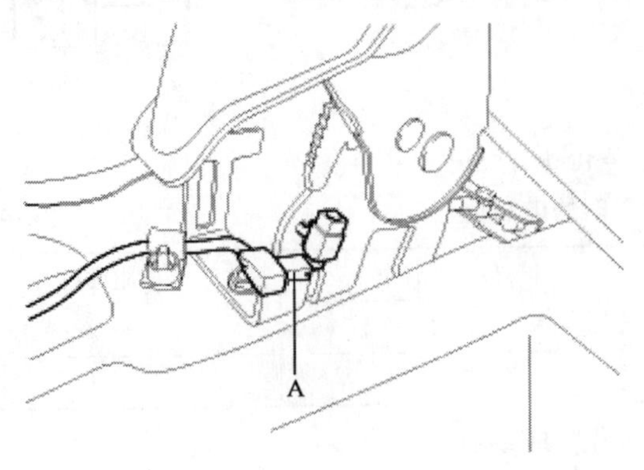

图 4-46

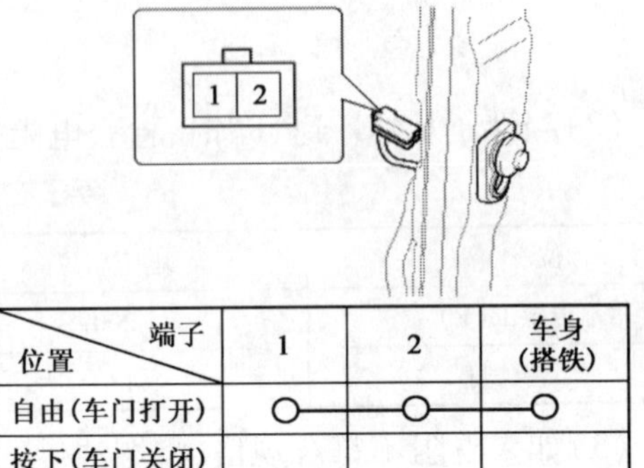

位置 \ 端子	1	2	车身(搭铁)
自由(车门打开)	○—	—○—	—○
按下(车门关闭)			

图 4-47

十、安全带开关检查

(1)从开关上拆卸连接器。

(2)检查端子之间的导通状态,见表 4-5。

座椅安全带各状态时的导通性　　表 4-5

座椅安全带状态	导　通　性	座椅安全带状态	导　通　性
紧固	不导通(∞Ω)	不紧固	固导体(Ω)

(3)安全带警告灯的检查。

当点火开关置于 ON 时,检查警告灯状态,见表 4-6。

座椅安全带各状态时的警告灯状态　　表 4-6

座椅安全带状态	警　告　灯	座椅安全带状态	警　告　灯
紧固	OFF	不紧固	ON

十一、故障检修

瑞纳轿车仪表系统常见故障及检修方法,见表 4-7。

表 4-7

症　　状	可 能 原 因	措　　施
车速表不工作	仪表盘熔断丝(10A)熔断	检查是否短路并更换熔断丝
	车速表故障	检查车速表
	车速传感器故障	检查车速传感器
	导线或搭铁故障	必要时维修

续上表

症　状	可能原因	措　施
转速表不工作	仪表盘熔断丝(10A)熔断	检查是否短路并更换熔断丝
	转速表故障	检查转速表
	导线或搭铁故障	必要时维修
燃油量表不工作	仪表盘熔断丝(10A)熔断	检查是否短路并更换熔断丝
	燃油表故障	检查仪表
	燃油传感部故障	检查燃油传感部
	导线或搭铁故障	必要时维修
低燃油量警告灯不亮	仪表盘熔断丝(10A)熔断	检查是否短路并更换熔断丝
	灯泡烧坏	更换灯泡
	燃油传感部故障	检查燃油传感部
	导线或搭铁故障	必要时维修
水温表不工作	仪表盘熔断丝(10A)熔断	检查是否短路并更换熔断丝
	水温表故障	检查仪表
	水温传感部故障	检查传感部
机油压力警告灯不亮	仪表盘熔断丝(10A)熔断	检查是否短路并更换熔断丝
	灯泡烧坏	更换灯泡
	机油压力开关故障	检查开关
	导线或搭铁故障	必要时维修
驻车制动警告灯不亮	仪表盘熔断丝(10A)熔断	检查是否短路并更换熔断丝
	灯泡烧坏	更换灯泡
	制动油位警告开关故障	检查开关
	驻车制动开关故障	检查开关
	导线或搭铁故障	必要时维修
开启车门警告灯和行李舱盖警告灯不亮	室内灯熔断丝(10A)熔断	检查是否短路并更换熔断丝
	灯泡烧坏	更换灯泡
	车门开关故障	检查开关
	导线或搭铁故障	必要时维修
安全带警告灯不亮	仪表盘熔断丝(10A)熔断	检查是否短路并更换熔断丝
	灯泡烧坏	更换灯泡
	座椅安全带开关故障	检查开关
	导线或搭铁故障	必要时维修

任务4　北京现代轿车电气系统案例分析

案例一:瑞纳轿车前照灯远光不亮而近光正常。

根据故障现象,对该车的前照灯系统进行检查,并将故障排除。

一、接受任务后进行问诊,核实故障现象

变光开关处于近光挡时,近光灯点亮;变光开关处于远光挡时,远光灯和远光指示灯均不亮。

二、根据电路图进行故障分析

(1)变光开关处于近光挡时,近光灯点亮说明前照灯电路的干路其干路由两部分组成:一是远、近光继电器线圈的提供电路,二是室内接线盒—BCM—灯光开关—搭铁的电路)上无故障,故障应出现在前照灯电路的远光支路上。

(2)变光开关处于远光灯挡时,左右远光灯和远光指示灯均不亮,由于两个远光灯灯泡和远光指示灯同时损坏的可能性极低,所以应重点检查远光电路中的远光熔断丝、远光继电器、变光开关以及相关线路。

三、具体检查

(1)远光灯熔断丝。

①远光熔断丝和远光灯继电器的位置(图4-48)。

②远光熔断丝的检查(图4-49)。

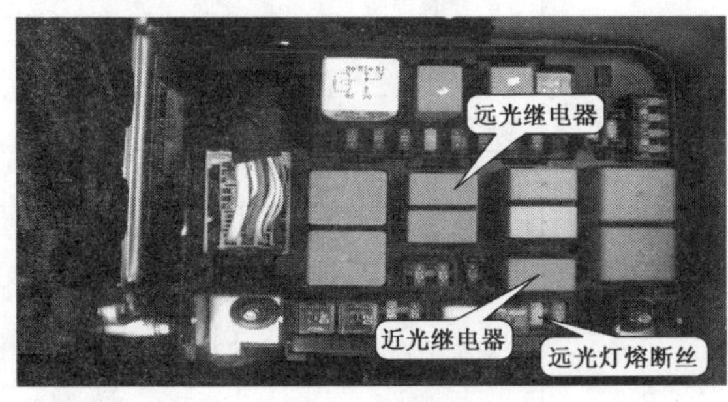

图　4-48

图　4-49

检查结果:远光熔断丝正常。

(2)远光继电器好坏的判断。

用近光继电器替代远光继电器,结果故障依旧,由此可以判定远光继电器无故障。

(3)远光继电器触点两侧线路的检查:用跨接线将远光继电器插座上的触点两端跨接(图4-50)。

检查结果:远光灯点亮,由此可以判定远光继电器触点的两侧线路均正常。

(4)远光灯继电器线圈供电电路的检查(图4-51)。

检查条件:将点火开关置于 ON 挡或发动机处于着车状态;万用表拨至直流电压挡;万用表红表笔接远光继电器插座线圈的供电端,黑表笔接蓄电池负极。

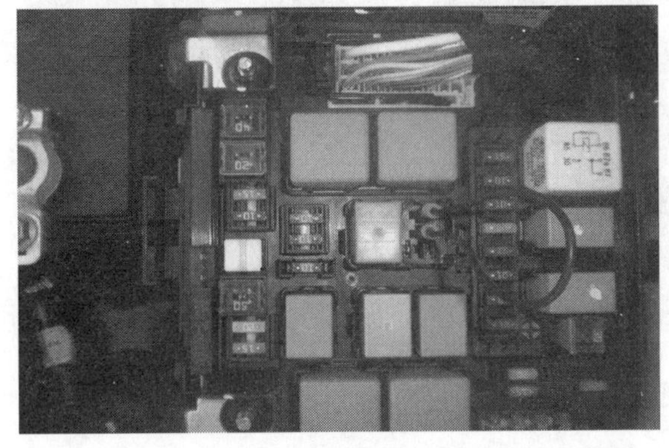

图 4-50

图 4-51

检查结果:远光继电器线圈供电路正常。

(5)远光灯继电器线圈控制电路的检查(图 4-52)。

检查条件:点火开关拨至 ON 挡或发动机处于着车状态;灯光开关拨至前照灯挡;变光开关拨至远光挡;万用表拨至直流电压挡;万用表红表笔接电源正端,黑表笔接远光继电器插座线圈的控制端。

检查结果:不正常(正常应为蓄电池端电压)。由此可以判定远光继电器线圈控制电路断路,由于该部分电路由变光开关控制,所以需拆卸检查变光开关。

(6)变光开关的拆卸和检查。

①拧下转向柱护罩上的 3 个螺钉,拆卸转向柱上、下护罩(图 4-53 ~ 图 4-55)。

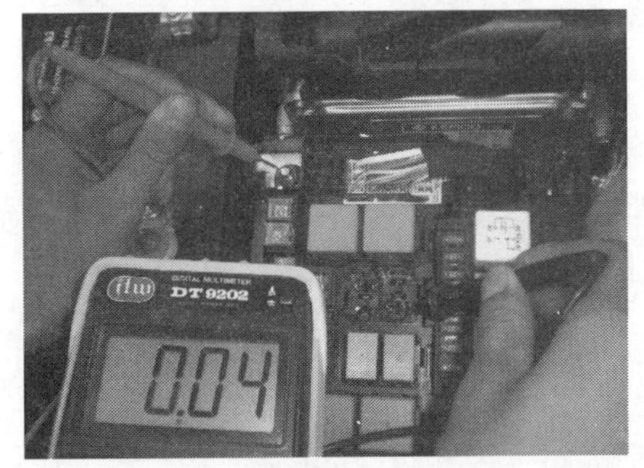

图 4-52

图 4-53

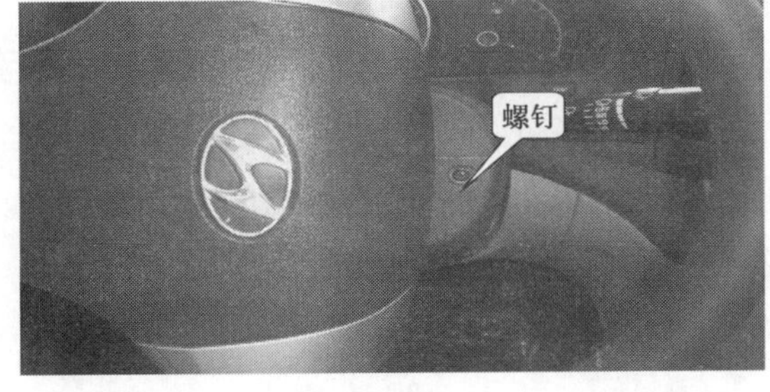

图 4-54

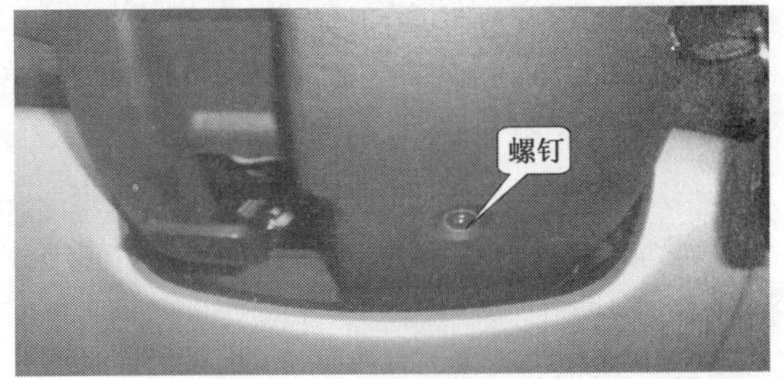

图 4-55

②推动锁销，分离连接器，拆卸灯开关（图4-56、图4-57）。

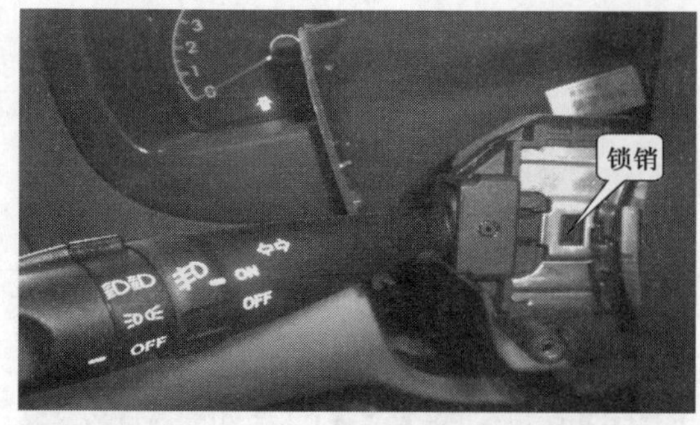

图 4-56

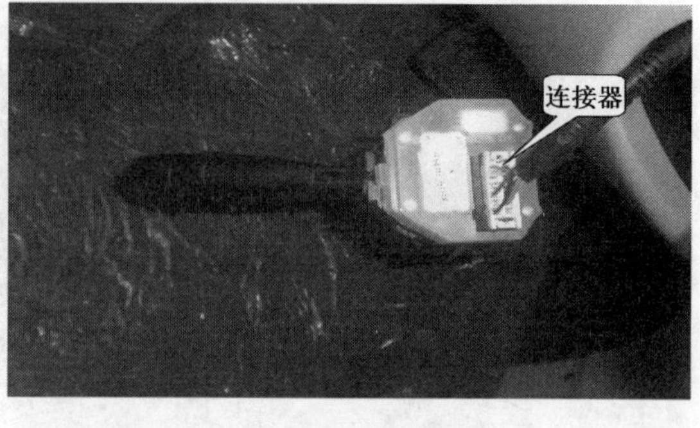

图 4-57

图 4-58

③取下灯光开关护罩后，检查灯光开关的远光触点（图4-58）。

检查结果：远光触点严重烧蚀，确认为灯光开关损坏。

更换变光开关后，故障排除。

四、知识扩展

1. 电路工作过程

（1）灯光开关置于前照灯挡位，变光开关置于近光挡位时：

①BCM—灯光开关—搭铁，此时BCM的前照灯控制功能被激活。

②ON电源—前照灯熔断丝—前照灯近光继电器线圈—室内接线盒—BCM—搭铁，此时前照灯近光继电器工作，触点闭合。

③常时电源—前照灯近光继电器触点—左右前照灯近光熔断丝—左右近光灯—搭铁。

（2）灯光开关置于前照灯挡位，变光开关置于远光挡位时：

①BCM—灯光开关—搭铁，此时BCM的前照灯控制功能被激活。

②ON电源—前照灯熔断丝—前照灯远光继电器线圈—室内接线盒—变光开关—BCM—搭铁，此时前照灯远光继电器工作，触点闭合。

③常时电源—前照灯远光熔断丝—前照灯远光继电器触点—左右近光灯及远光指示灯—搭铁。

（3）变光开关置于闪光挡位时：

①ON电源—前照灯熔断丝—前照灯近光继电器线圈—室内接线盒—变光开关—搭铁，此时前照灯近光继电器工作，触点闭合。

②ON电源—前照灯熔断丝—前照灯远光继电器线圈—室内接线盒—变光开关—搭铁，此时大灯远光继电器工作，触点闭合。

③常时电源—前照灯近光继电器触点—左右前照灯近光熔断丝—左右近光灯—搭铁。

④常时电源—前照灯远光熔断丝—前照灯远光继电器触点—左右近光灯及远光指示灯—搭铁。

2. 电路特点

（1）前照灯电路受点火开关和BCM共同控制。

(2)前照灯电路设有远、近光继电器。

(3)前照灯电路灯泡为单灯单丝,采用4灯制。

(4)前照灯电路设有4个熔断丝,即一个总熔断丝,一个远光熔断丝和两个近光熔断丝。

3. 远光继电器的检查

(1)远光继电器线圈的检查其阻值正常应在80~90Ω。

(2)远光继电器触点的检查。

方法一:

①打开继电器盖,观察触点表面是否有烧蚀现象;

②按住触点使其闭合,然后用万用表最小电阻挡检查是否存在接触电阻。

方法二:

①用万用表通断挡检查继电器触点的两个端子之间,在其线圈未通电时是否为断开状态;

②在线圈两个端子之间连接蓄电池,用万用表通断挡检查继电器触点两个端子之间是否为导通状态。

注意:第一种方法方便、直观,而第二种方法相对更加可靠;具体检查时可酌情采用。

案例二:驾驶员操纵刮水器开关,发现刮水器不能在高速挡工作,但其他挡位均正常。

按照故障现象,根据电路图,对刮水系统进行检查,确定并排除故障。

一、接受任务后进行问诊,核实故障现象

打开点火开关到ON位置,检查刮水器各挡位的工作情况,结果在低速挡、间歇挡、除雾挡、喷水功能均正常,仅在高速挡无法工作。

二、故障分析

结合故障现象并通过对刮水系统电路图的分析,造成上述故障的可能原因有以下几个方面:一是组合开关(高速挡位置)出现故障,无法给刮水器电机提供高速挡信号;二是刮水器电机出现故障;三是相关线路故障。

三、具体检查

1. 检查组合开关

(1)拆卸组合开关:

拆卸3颗螺钉后分离转向柱上、下部护壳,如图4-59所示。

推动锁销,从支架上取下组合开关,如图4-60所示。

(2)检查组合开关:

打开点火开关至ON位置,用万用表测量刮水器组合开关高速挡的信号线(其位置如图4-61所示),测量电压为12V,说明刮水器组合开关正常,如图4-61所示。

(3)由此可以排除组合开关导致刮水器无高速挡,并进行下一步检查。

2. 检查刮水器电机

(1)启开两个护帽,拆下两颗螺母,取下刮臂及刮片;拆卸5个铆钉后,取下车颈盖板罩,如图4-62所示。

(2)分离刮水器电机连接器,用万用表测量连接器4号和5号端子间的电压,测量结果为12V,说明组合开关到刮水器电机的线路无故障;如图4-63所示。

(3)先拆下两颗螺栓,然后分离卡钩,取下刮水器电机和连杆总成,如图4-64所示。

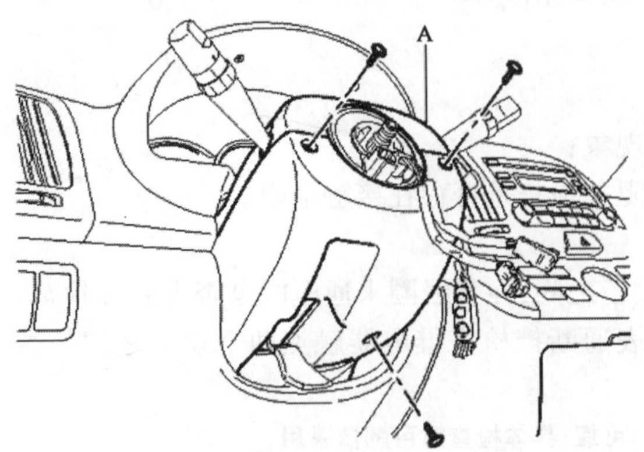

图 4-59

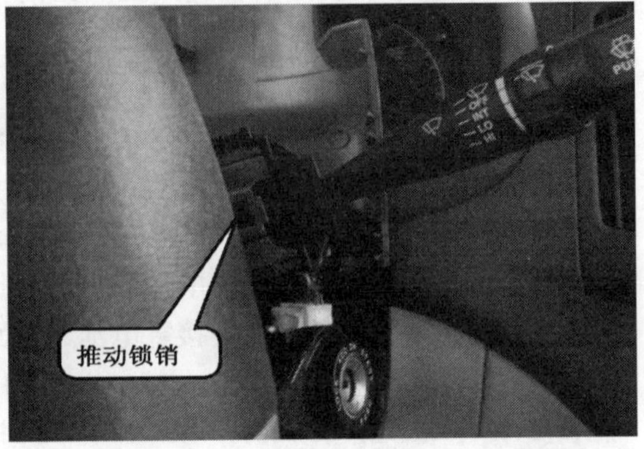

图 4-60

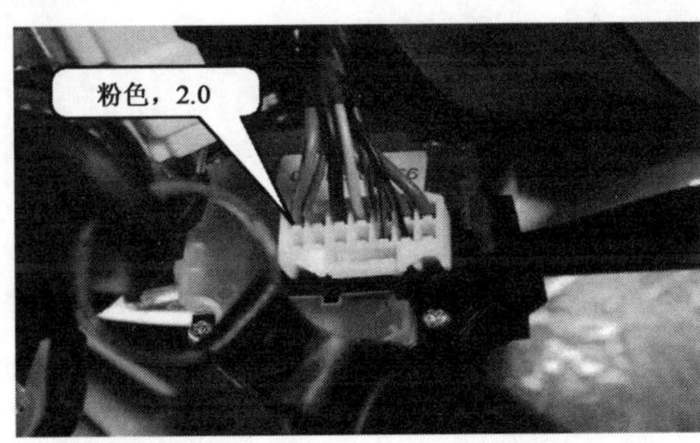

图 4-61

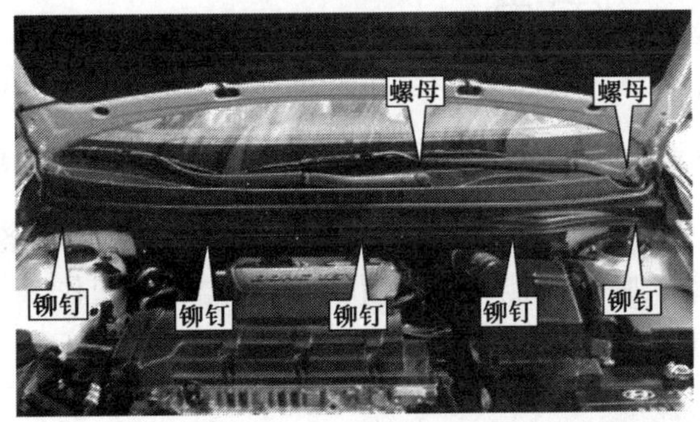

图 4-62

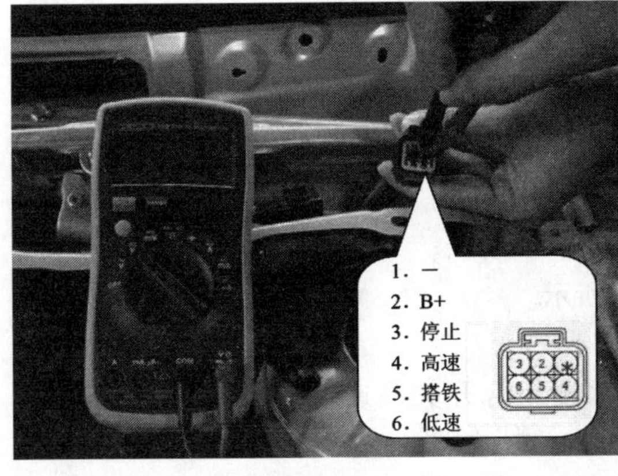

图 4-63

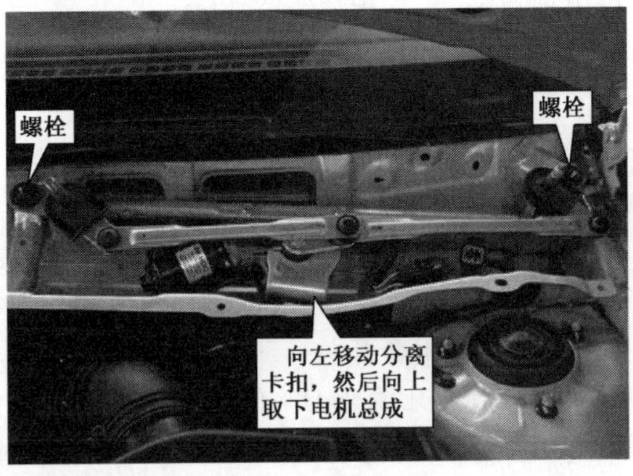

图 4-64

(4)检查刮水器电机:用万用表测量刮水器电机连接器的4号、5号端子间的电阻,如图4-65所示,电阻值为无穷大,说明刮水器电机损坏,需要更换电机和连杆总成。

四、更换刮水器电机和连杆总成

(1)安装刮水器电机和连杆总成，紧固2颗螺栓,力矩为7~11N·m;

(2)装回车颈盖板罩并装上5个铆钉;

(3)装回刮臂及刮片总成,紧固2颗螺母,力矩为28~32N·m(安装时注意左右刮臂不要装反);

(4)打开点火开关至ON位置,打开刮水器至高速挡,恢复正常,故障已排除。

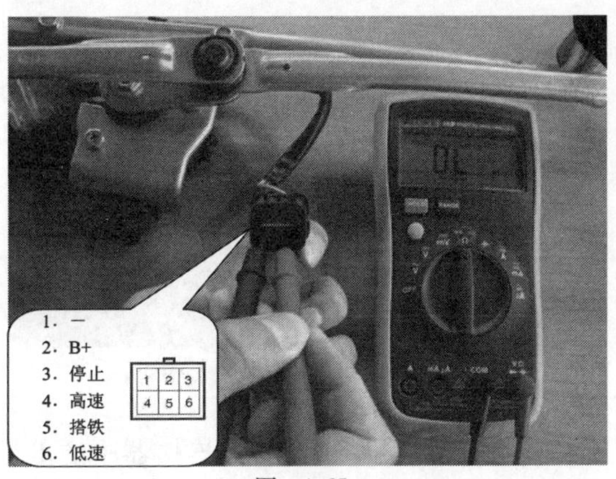

图 4-65

案例三:悦动轿车无论燃油多少,燃油表指针均处于"E"位置。

根据故障现象,对该车燃油表系统进行检查,并将故障排除。

一、接受任务后进行问诊,核实故障现象。

无论燃油多少燃油表指针均处于"E"位置而车上其他仪表均正常。

二、故障分析

通过对电路的分析可以得出造成燃油表总指低位的故障有三方面原因:一是燃油表或MICOM;二是MICOM与燃油传感器间的线路;三是燃油传感器。在这三点中由于燃油传感器最易发生故障且最好检查,所以先检查燃油传感器。

三、燃油传感器的好坏的判断

(1)后座的拆卸。

拧下后座固定螺栓(图4-66)。

按下后座锁销,拆下后座(图4-67)。

(2)打开维修盖(图4-68)。

图 4-66

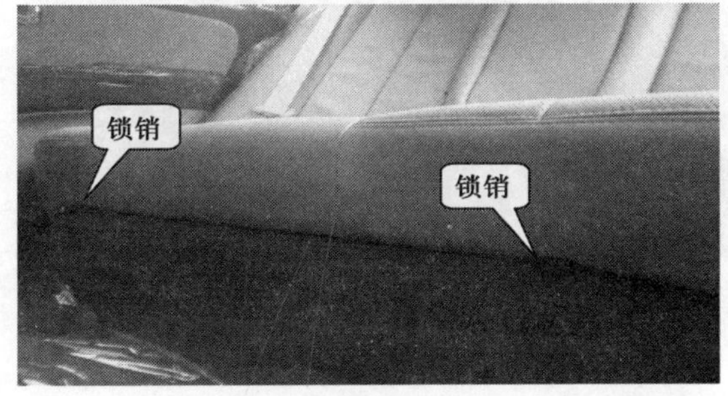

图 4-67

(3)断开燃油泵连接器(图4-69)。

(4)用跨接线将燃油泵连接器的1号和3号端子(燃油传感器端子)跨接,然后将点开关置于ON挡(图4-70)。

图 4-68

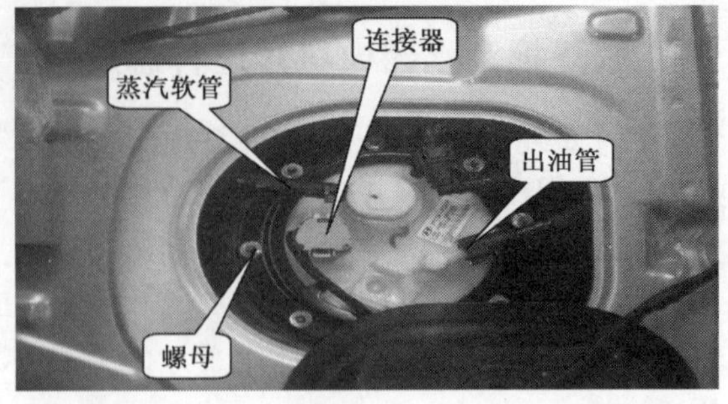

图 4-69

注:从电路图中可以看出连接器中的 1 号和 3 号端子为燃油传感器两端,当油箱中的燃油逐渐增多时,燃油传感器的浮子向上浮起,1 号和 3 号端子间的电阻逐渐减小,MICOM 接收到电阻减小的信号后,驱动燃油表使其表针逐渐指向高位;因此,当遇到无论燃油多少燃油表指针均处于“E”位置,需要判断燃油传感器好坏时,可用跨接线将 1 号和 3 号端子跨接以模拟油箱中燃油最多,燃油传感器浮子浮至最高位,1 号和 3 号端子间电阻最小时的状态;如果跨接后燃油表表针逐渐指向高位,则说明燃油传感器故障,否则为表或线路故障。

跨接结果:将 1 号和 3 号端子跨接后,燃油表逐渐升至高位,由此可以判定为燃油传感器故障。

四、燃油传感器的更换

(1)将燃油泵连接器断开,起动发动机并等待,直到燃油管路内的燃油被耗尽,发动机熄火为止,然后将点火开关置于 OFF 位置。

(2)拆下燃油泵出油管。

(3)拆下燃油泵出油管和活性炭罐蒸汽软管。

(4)拧下燃油泵安装螺母(8 个),拆卸燃油泵总成。

(5)分离燃油传感器导线连接器,拨开锁销,拆下燃油传感器(图 4-71)。

更换燃油传感器后故障排除。

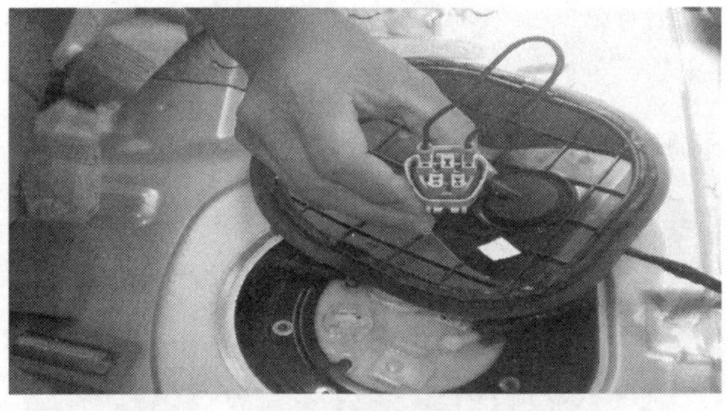

图 4-70

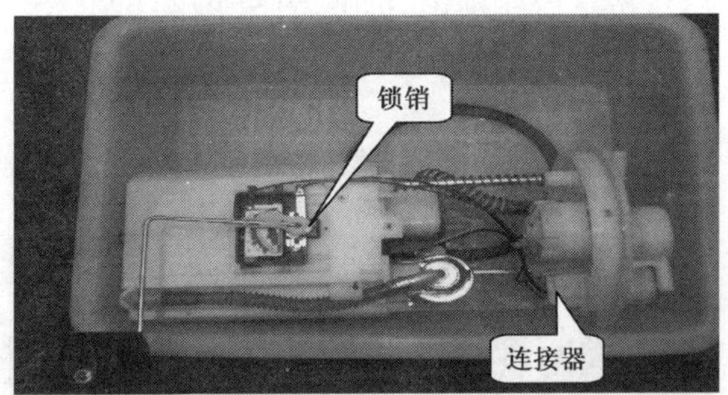

图 4-71

项目五　瑞纳轿车舒适系统

Z 知识目标

(1)知道瑞纳轿车舒适系统的结构组成。

(2)知道瑞纳轿车舒适系统的工作原理。

(3)知道瑞纳轿车舒适系统的典型案例。

N 能力目标

(1)能够规范进行瑞纳轿车各电气系统的拆装。

(2)能够正确描述瑞纳轿车各电气系统的工作原理。

(3)能够独立完成瑞纳轿车各电气系统典型案例的分析。

(4)能正确使用拆装与检修的工具、设备。

S 素质目标

(1)自我学习能力。

(2)交流沟通能力。

(3)团结协作能力。

(4)安全操作能力。

任务1　电动门窗与中控门锁原理与分析

一、电动门窗部件位置(图5-1)

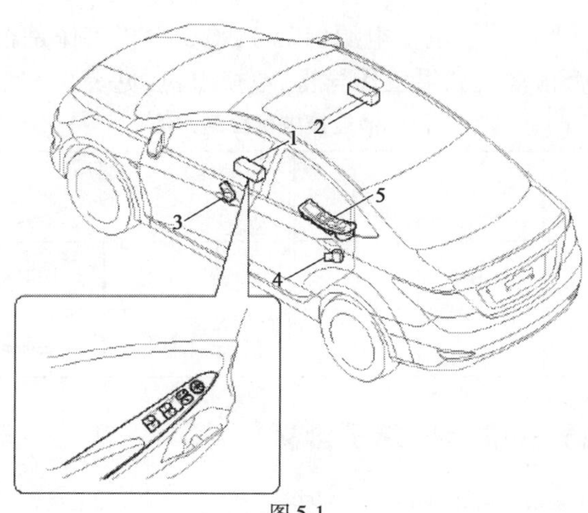

图5-1

1-驾驶席电动门窗主开关;2-助手席电动门窗开关;3-前门窗电机;4-后门窗电机;5-后门窗开关

二、电动门窗电机的检查

1. 前电动门窗电机的检查

(1)拆卸前车门装饰板。

(2)从电机分离连接器,如图 5-2 所示。

(3)直接在电机端子上连接蓄电池电源(12V),检查电机工作是否正常,然后颠倒正负极,检查电机反方向转动是否正常。如果工作异常,更换电机(表 5-1)。

2. 检查后电动门窗电机

(1)拆卸后车门装饰板。

(2)从电机上分离 2P 连接器,如图 5-3 所示。

蓄电池连接电机检测方法　　表 5-1

位置＼端子			1	2	位置＼端子			1	2
左	向上	顺时针	⊕	⊖	右	向下	顺时针	⊖	⊕
	向下	逆时针	⊖	⊕		向上	逆时针	⊕	⊖

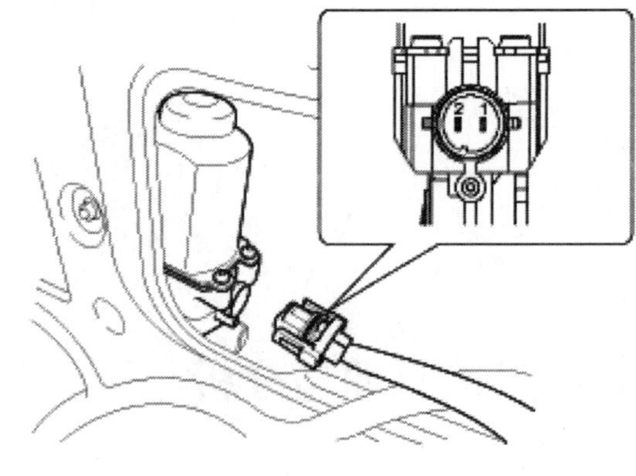

图 5-2

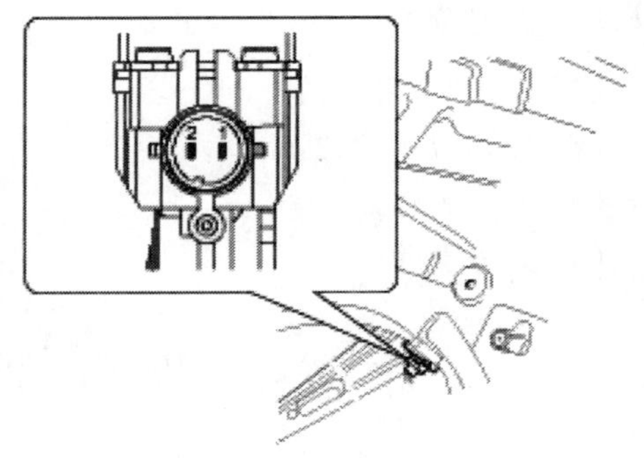

图 5-3

(3)直接在电机端子上连接蓄电池电源(12V),检查电机工作是否正常,然后颠倒正负极,检查电机反方向转动是否正常。如果工作异常,更换电机,见表 5-2 所示。

蓄电池连接电机检测方法　　表 5-2

位置＼端子			1	2	位置＼端子			1	2
左	向下	顺时针	⊕	⊖	右	向上	顺时针	⊖	⊕
	向上	逆时针	⊖	⊕		向下	逆时针	⊕	⊖

三、电动门窗电机开关插接器端子含义

(1)主驾驶侧电机开关示意图,如图 5-4 所示。

(2)主驾驶侧电机开关插接器端子含义(表 5-3)。

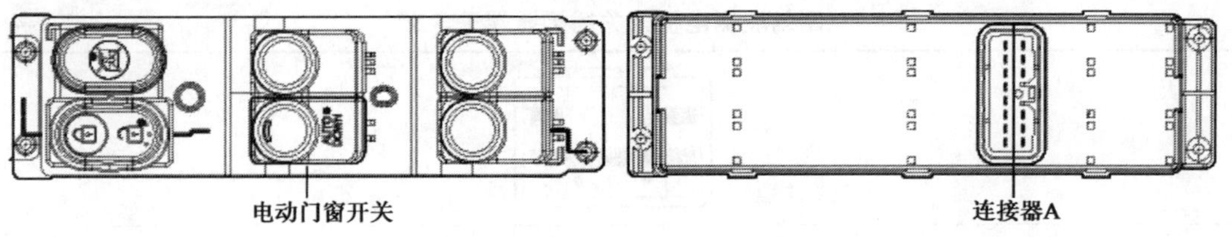

图 5-4

电机开关插接器端子含义 表 5-3

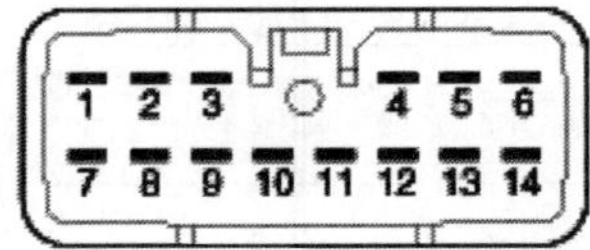

编号	说明	编号	说明
1	后左门窗下降	8	前左门窗下降
2	后左门窗上升	9	—
3	后右门窗下降	10	蓄电池 +(左)
4	后右门窗上升	11	蓄电池 +(右)
5	门锁闭锁	12	前右门窗下降
6	门锁开锁	13	搭铁
7	前左门窗上升	14	前右门窗上升

(3)副驾驶侧电机开关示意图,如图 5-5 所示。

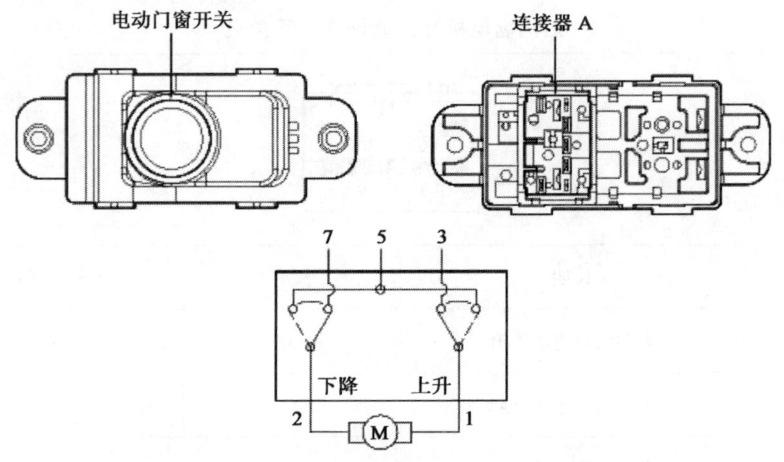

图 5-5

(4)副驾驶侧电机开关插接器端子含义(表 5-4)。

副驾驶侧电机开关插接器端子含义 表 5-4

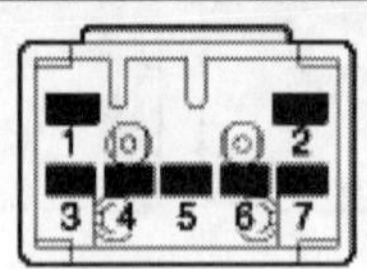

编号	说明	编号	说明
1	电动门窗电机上升	5	蓄电池 +
2	电动门窗电机下降	6	—
3	电动门窗上升开关	7	电动门窗下降开关
4	—		

(5)后门窗电机开关示意图,如图 5-6 所示。

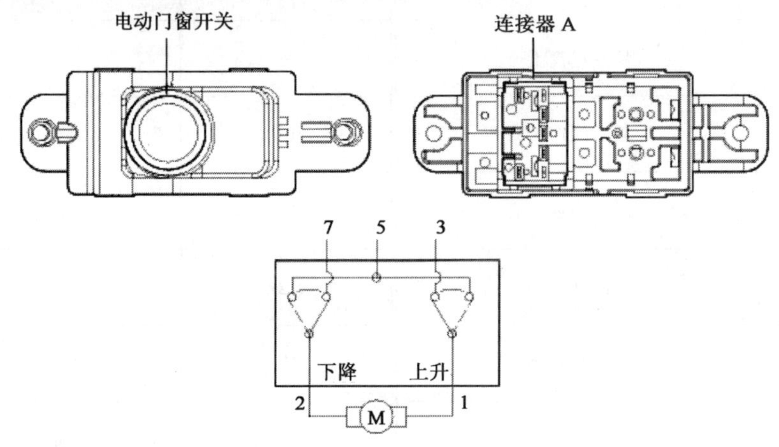

图 5-6

(6)后门窗电机开关插接器端子含义(见表 5-5)。

后门窗电机开关插接器端子含义 表 5-5

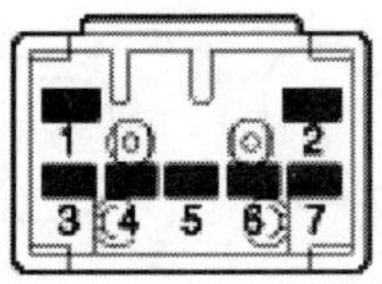

编号	说明	编号	说明
1	电动门窗电机上升	5	蓄电池 +
2	电动门窗电机下降	6	—
3	电动门窗上升开关	7	电动门窗下降开关
4	—		

四、电动门窗电机开关的检查

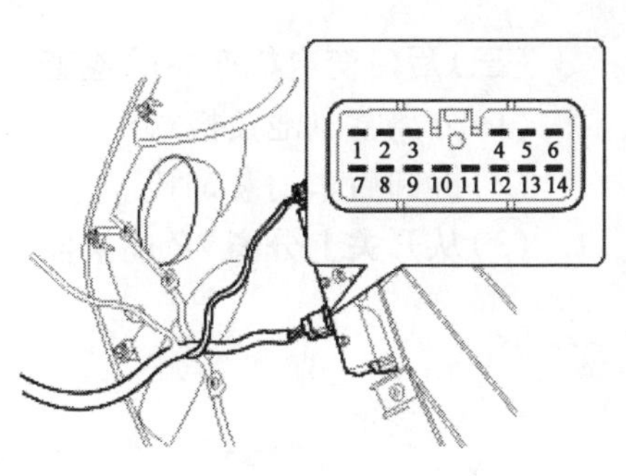

图 5-7

(一)主驾驶侧电机开关的检查

(1)分离蓄电池负极端子。

(2)拆卸前车门装饰板。

(3)分离开关和连接器,如图 5-7 所示。

(4)根据下表检查各开关位置的端子之间的导通性。如果导通状态异常,更换开关(表 5-6、表 5-7)。

门锁开关各端子检查方法　　表 5-6

位置＼端子	5	6	13
闭锁	○	—	○
开锁		○	○

电动门窗开关各端子检查方法　　表 5-7

位置＼端子	前左				前右			
	13	7	8	10	11	14	12	13
上升	○	○			○	○	○	○
OFF						○	○	○
下降	○	—	○		○ 	— ○	○ —	 ○
自动下降	○	—	—	○				

位置＼端子	后左				后右			
	10	2	1	13	11	4	3	13
上升	○	○	○	○	○	○	○	○
OFF		○	○	○		○	○	○
下降	○ 	— ○	○ —	 ○	○ 	— ○	○ —	 ○

(二)副驾驶侧电机开关的检查

(1)分离蓄电池负极端子。

(2)拆卸前车门装饰板。

(3)分离开关和连接器,如图 5-8 所示。

(4)根据下表检查各开关位置的端子之间的导通性。如果导通状态异常,更换开关(见表 5-8)。

电动门窗开关各端子检查方法　　表 5-8

位置＼端子	5	3	7	2	1
向上	○ 	— 	— ○	— ○	○
OFF	 	 ○	○ —	○ —	 ○
向下	○ 	— ○	— —	○ —	 ○

(三)后门窗电机开关的检查

(1)分离蓄电池负极端子。

(2)拆卸后车门装饰板。

(3)从开关上分离 7P 连接器,如图 5-9 所示。

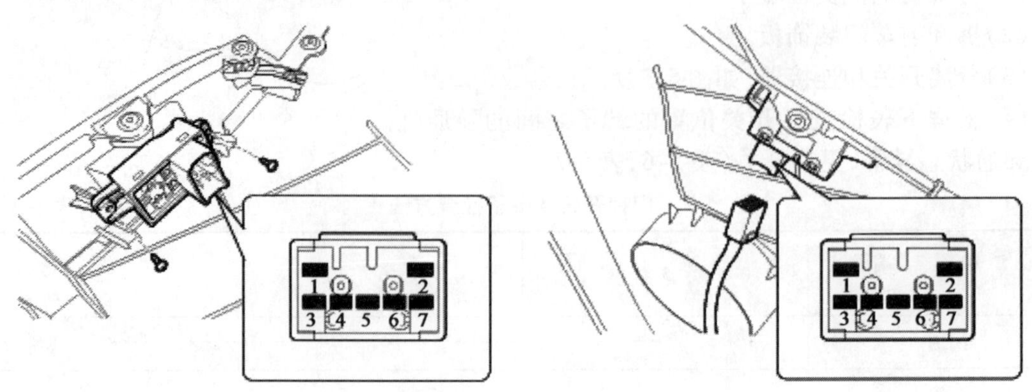

图 5-8　　　　图 5-9

(4)根据下表检查各开关位置的端子之间的导通性。如果导通状态异常,更换开关(表 5-9)。

电动门窗开关各端子检查方法　　　　表 5-9

位置 \ 端子	5	3	7	2	1
向上	○				○
			○	○	
OFF			○	○	
		○			○
向下	○			○	
		○			○

任务 2　防盗系统原理分析

一、防盗系统部件(图 5-10)

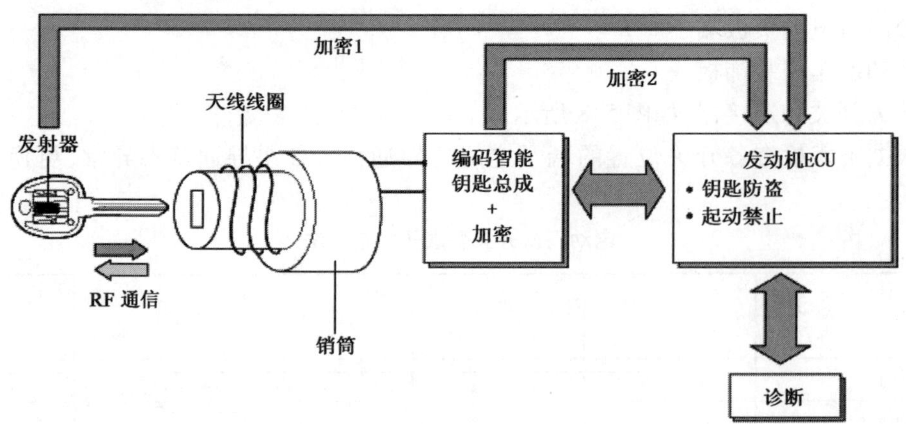

图 5-10

二、防盗系统控制电路图(图5-11)

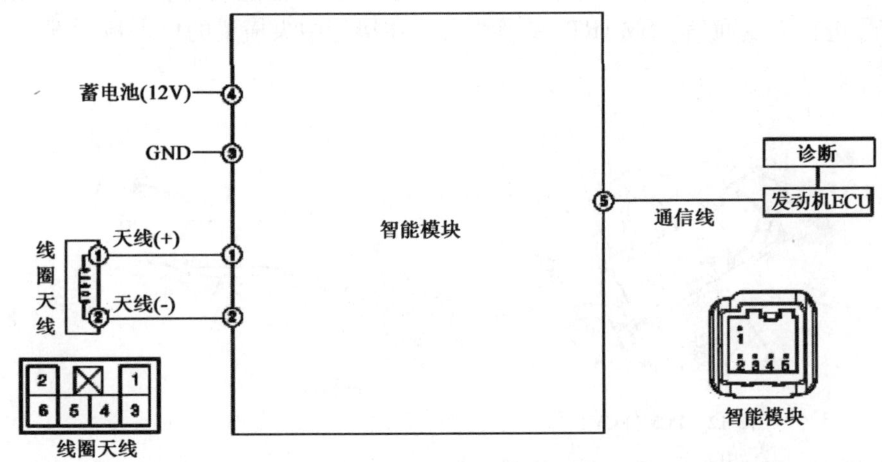

图 5-11

三、瑞纳轿车防盗系统说明

除非使用正确的点火开关钥匙,否则钥匙防盗系统将控制车辆不能起动。除了当前使用的防盗系统外,如车辆报警,钥匙防盗系统旨在极大地降低车辆被盗的比率。

(一)加密 SMARTRA 型钥匙防盗系统

(1)智能钥匙系统包括点被动挑战—响应(相互鉴定)位于点火钥匙中的发射器、天线线圈、智能钥匙编码装置、指示灯和 PCM(ECM)。

(2)SMARTRA 经专用的通信线与 PCM(ECM)(发动机控制模块)进行通信。车辆发动机管理系统控制发动机工作,它是控制 SMARTRA 的最合适的控制模块。

(3)当点火开关钥匙插进点火开关内并转至 ON 位置时,通过线圈天线向发射器传送电源。发射器通过 SMARTRA 模块向 PCM(ECM)发送代码信号。

(4)如果使用适当钥匙,PCM(ECM)将允许燃油供应向系统进行燃油喷射。此时仪表盘内的钥匙防盗系统警告灯持续亮约 5 秒钟以上,这表明 SMARTRA 模块已经识别出由发射器传送的代码。

(5)如果使用的是错误的钥匙,PCM(ECM)不能接收或识别代码,警告灯持续闪烁约 5s 以上,直到点火开关转至 OFF 为止。

(6)如果必须重新在 PCM(ECM)上注册新钥匙,经销商需要用户的车辆、所有钥匙和装配有钥匙防盗系统注册程序卡的 GDS。任何未记忆的钥匙(重新写入期间)都不能起动发动机。

(7)钥匙防盗系统最多可储存 8 个钥匙密码。

(8)如果用户丢失钥匙,不能起动发动机,与 Hyundai 汽车公司维修站联系。

(二)PCM(动力传动系控制模块)

(1)PCM(ECM)(A)使用特有的算法规则对点火开关钥匙进行检测,此算法规则同时存储在发射器和 PCM(ECM)中。仅当双方结果相等时,才能起动发动机。对于车辆有效的所有的发射器数据存储在 PCM(ECM)中。部件位置,如图 5-12 所示。

(2)检查 EMS 和加密 SMARTRA 总成之间的 ERN(加密随机号)数值,由 EMS 决定加码钥匙的有效性。

(三)加密的 SMARTRA 模块(A)

SMARTRA,如图 5-13 所示。与点火开关钥匙上的发射器进行通信。以 RF(接收器频率 125kHz)信号进行无线通信。SMARTRA 模块安装在接近中央横梁的仪表板后部。

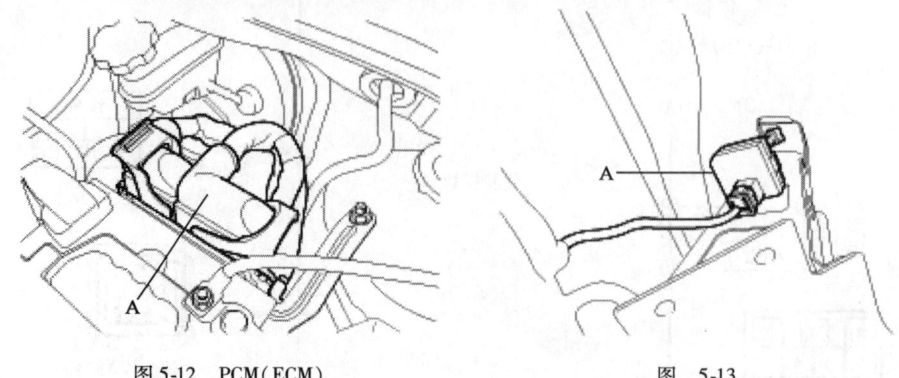

图 5-12 PCM(ECM)　　图 5-13

线圈天线接收发射器发射的 RF 信号,此信号通过 SMARTRA 转变为连续的通信信号。PCM(ECM)接收的信号转变为 RF 信号,并通过天线向发射器发送。

SMARTRA 不对发射器进行有效检查或进行算法规则的计算。此装置仅是一个先进的接口,该接口将发射器的 RF 数据流转换为至 PCM(ECM)的连续通信信号。反之亦然。

(四)发射器(钥匙插入)

发射器(A),如图 5-14 所示。有一个先进的加密算法。钥匙注册程序期间,使用车辆特定数据给发射器编制程序,将车辆特定数据写入发射器记忆装置中,写入程序是独特唯一的;因此,其内容决不能修改或变更。

(五)线圈天线

线圈天线(A)具有如下功能:

(1)线圈天线向发射器提供电源。

(2)线圈天线接收发射器信号。

(3)线圈天线向 SMARTRA 传送发射器信号。

它位于转向盘锁的前面,如图 5-15 所示。

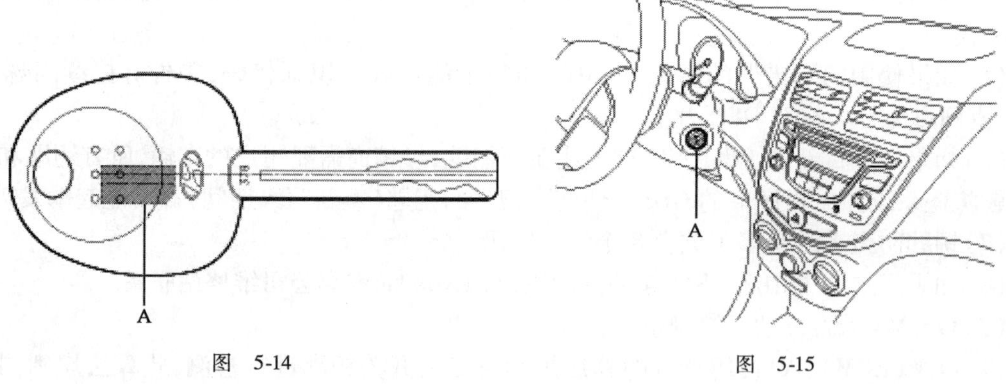

图 5-14　　图 5-15

四、钥匙注册程序

更换不良的 PCM(ECM)或新配钥匙后,必须进行钥匙注册。

这个程序是从 PCM(ECM)通过检测仪请求车辆特定数据(PIN 代码:6 位数)开始的。

“初始”状态的PCM(ECM)输入车辆特定数据后起动钥匙注册程序。“记忆状态”的PCM(ECM)比较从检测仪输入的车辆特定数据和所储存的代码,如果正确,起动钥匙注册程序。

如果错误的车辆识别代码输入到PCM(ECM)三次,PCM(ECM)将会拒绝接受钥匙注册的要求1小时。即使关闭电源或进行其他操作,也不能减少这段时间。连接蓄电池后,时钟重新计时1小时。

用钥匙和检测仪输入点火开关ON的记忆命令,进行钥匙注册。PCM(ECM)在EEPROM和发射器中存储相关数据。然后PCM(ECM)验证注册过程是否有效。通过把信息发送给检测仪来证实注册程序是否成功。

如果PCM(ECM)识别了钥匙已经成功注册,系统将会鉴别。并且EEPROM的数据被更新。发射器内容没有变化(对于使用过的发射器是不可能的)。

已经注册的钥匙如果通过同一种方式进行注册,会被PCM(ECM)识别,拒绝接受钥匙,并把这个信息发送给检测仪。

PCM(ECM)拒绝注册无效的钥匙。系统会把此信息发送给检测仪。钥匙无效可能是因为发射器故障或其他原因,如注册程序的失败等。如果PCM(ECM)检测到发射器和PCM(ECM)的验证不同,则认为钥匙无效。注册钥匙最多为8个。

如果在钥匙防盗系统工作期间发生故障,PCM(ECM)状态保持不变,并记录特定故障代码。

在钥匙注册过程中,如果PCM(ECM)状态和钥匙状态不符,注册程序将会停止,PCM(ECM)记录特定故障代码。注册步骤,如图5-16所示。

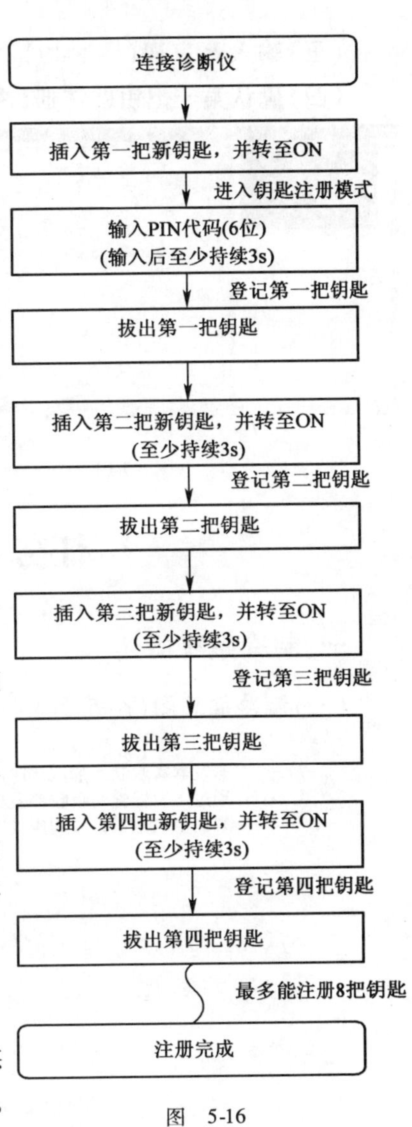

图 5-16

五、如何注册第一把钥匙

(一)选择系统(图5-17)

(二)选择“注册”项(图5-18)

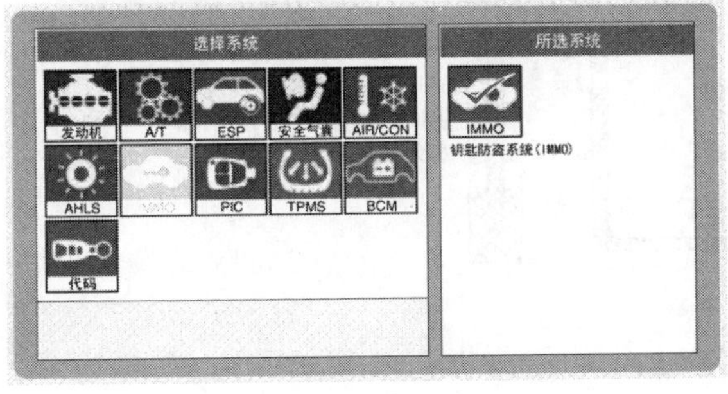

图 5-17

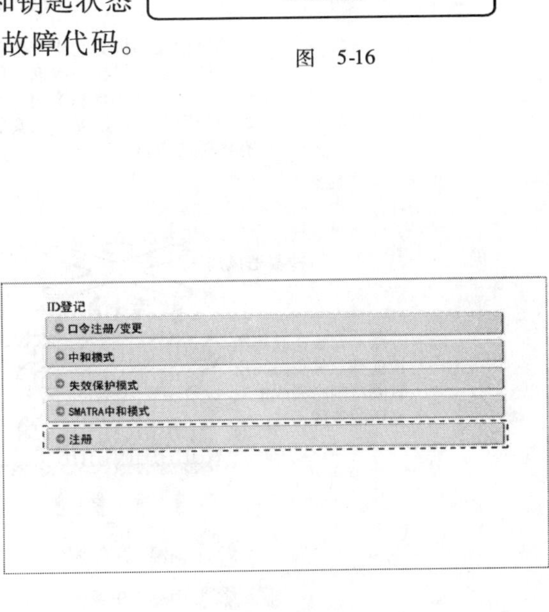

图 5-18

（三）输入PIN码（图5-19）

（四）确认第一把钥匙注册（图5-20）

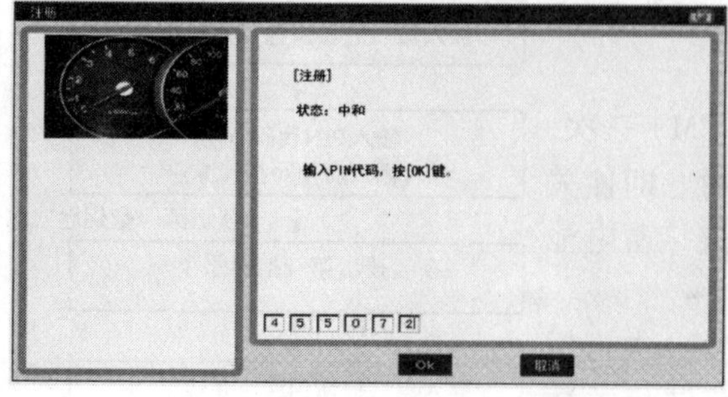

图 5-19

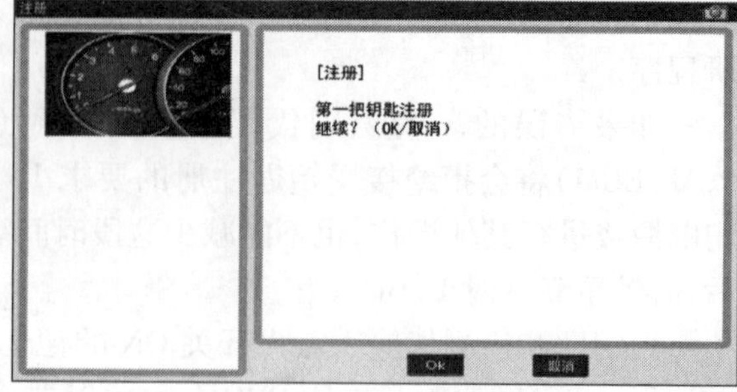

图 5-20

任务3 空调系统原理分析

一、制冷系统概述

（一）制冷循环图（图5-21）

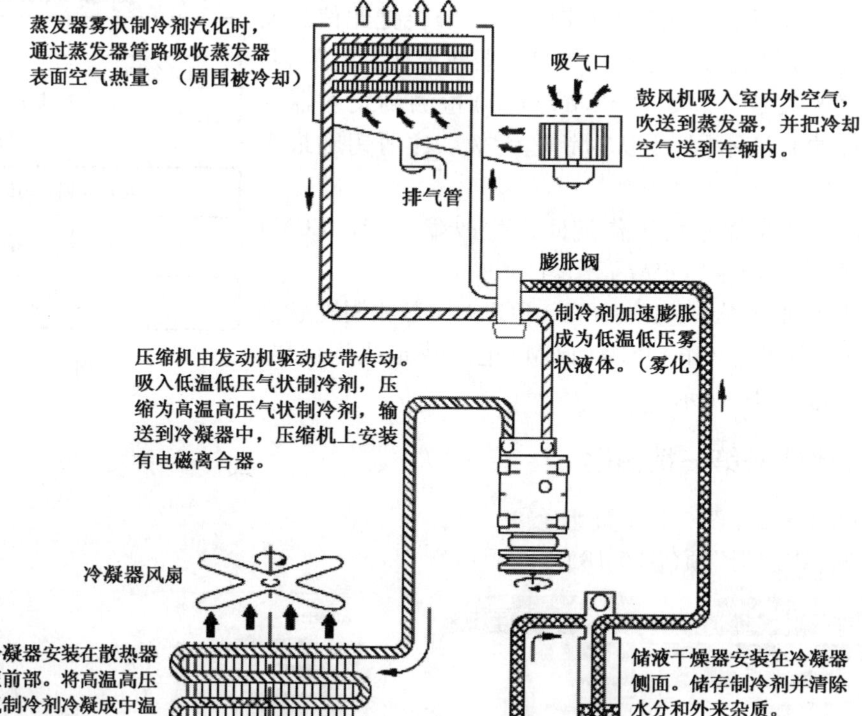

图 5-21

(二)空调系统的组成

(1)空调(表 5-10)。

①空调系统的组成。

由冷凝器、蒸发器、储液干燥器、压缩机、膨胀阀、空调压力传感器、鼓风机以及高压和低压管路组成。

②空调系统各部件位置图,如图 5-22 所示。

③空调系统主要部件型号及规格。

空调系统各部件规格　　表 5-10

项　目		规　格	
压缩机	类型	HS-11(斜板式)	VS-12(可变排量)
	润滑油类型和容量	PAG 油 120 ± 10	PAG 油 100 ± 10
	皮带轮类型	6PK-类型	
	排量	110cc/rev	126cc/rev
冰凝器	排热	11900 ± 5% kcal/hr	
空调压力转换器	测量压力的方法	电压 = 0.00878835 · 压力(psig) + 0.5	
膨胀阀	类型	节流型	
制冷剂	类型	R-134a	
	容量[oz.(g)]	380 ± 25	

(2)鼓风机模块(表 5-11)。

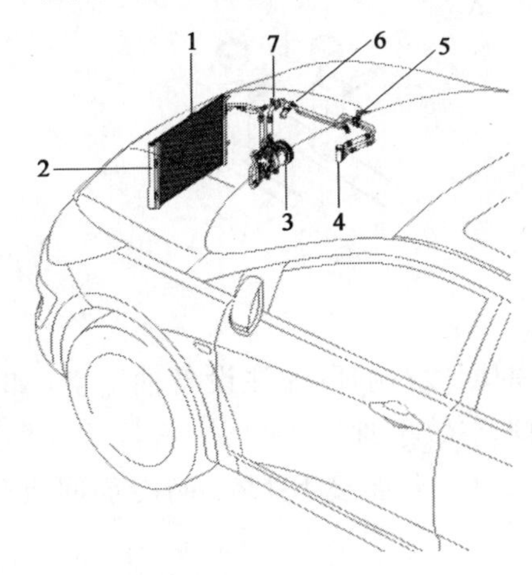

图　5-22

1-冷凝器;2-储液干燥器;3-压缩机;4-膨胀阀;5-维修端口(高压);6-维修端口(低压);7-空调压力传感器

鼓风机模块各部件规格　　表 5-11

项　目		规　格
内外气选择风门	操作方法	执行器或导线
鼓风机	类型	热风
	挡位	1 ~ 4 挡(手动)
	速度控制	电阻器(手动)
空气滤清器	类型	网式

(3)暖风和蒸发器总成(表5-12)。

加热器和蒸发器规格　　表5-12

项　目			规　格
加热器	类型		管片式
	加热量		4400 ~ 5% kcal/hr
	通风模式工作方式		导线
	温度工作方式		导线
蒸发器	温度控制类型		蒸汽温度传感器
	A/C ON/OFF[℃(℉)]	HS-11	ON:1.5 ±0.5(34.7 ±32.9),OFF:1.5 ±0.5(34.7 ±32.9)
		VS-12	ON:1.5 ±0.5(34.7 ±32.9),OFF:0.6 ±0.4(33.08 ±32.7)

二、更换制冷剂

(一)制冷剂的回收

(1)由于空调制冷剂或润滑油蒸气会刺激您的眼睛、鼻子或咽喉。所以只能使用U.L列出的经过检验的,符合SAE J2210要求的维修设备来排放空调系统的HFC-134a(R-134a)制冷剂。

(2)回收制冷剂的方法:

①按照厂家说明,在高压加注口(B)和低压加注口(C)上连接R-134a制冷剂回收/循环/充注设备(A),如图5-23、图5-24所示。

②回收结束后,测量从空调系统排放的润滑油。充填前,向空调系统补充与排放的量相等的新的润滑油。

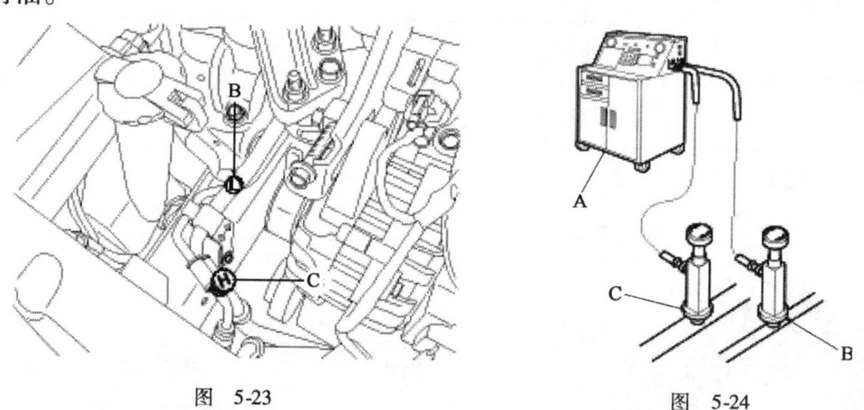

图　5-23　　图　5-24

(二)空调系统抽真空

(1)当安装或维修空调系统时,必须用R-134a制冷剂回收/循环/充注设备抽真空(如果空调系统拆下后开放数天,应更换储液干燥器,系统要抽真空数小时)。

(2)按照厂家说明,在高压加注口(B)和低压加注口(C)上连接R-134a制冷剂回收/循环/充注设备(A),如图5-25所示。

(3)如果在10min内低压压力没有达到93.3kPa(700mmHg,27.6in. Hg),可能是系统内部泄漏。给系统充填部分制冷剂,检查泄漏部位(参考漏气检测)。

(4)从低压维修孔上拆卸低压阀。

(三)制冷剂的加注

(1)按照厂家说明,在高压加注口(B)上连接 R-134a 制冷剂回收/循环/充注设备(A),如图 5-25 所示。

(2)向空调系统充注的新的润滑油量应与排放的量相等。仅可使用指定的润滑油。向系统内充注 10.2 ±0.88oz.(380 ±25g)量的 R-134a 制冷剂。禁止充注过量,否则会损坏压缩机。

(四)空调系统检漏

如果分解、松懈或连接制冷系统连接部位或怀疑制冷系统漏气时,要用电子检漏仪进行漏气检查。如果检测到漏气,执行下列程序:

(1)检查制冷系统各连接接头的松紧度。如果接头过松,按规定扭矩拧紧。拧紧后,用电子检漏仪(A)检查漏气状态,如图 5-26 所示。

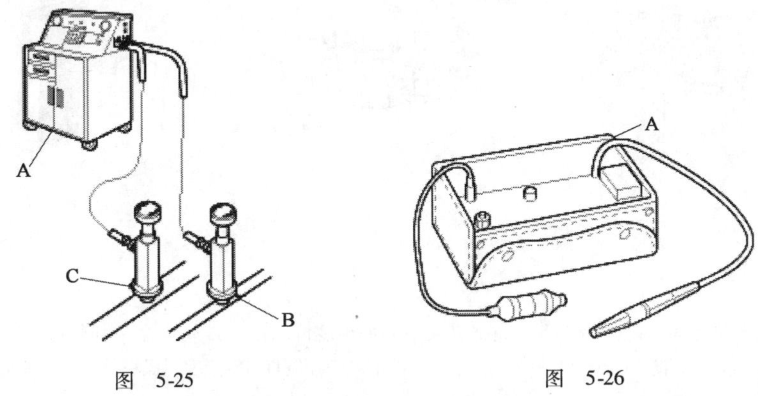

图 5-25　　图 5-26

(2)拧紧连接接头后仍然漏气时,给系统排放制冷剂,分离连接接头,检查它们的支撑面有无损坏。即使损坏程度很小,也要用新品更换。

(3)检查压缩机油,必要时补充油。

(4)给系统充填制冷剂并再次检查是否漏气。如果未发现漏气,对制冷系统再次进行抽真空和充填制冷剂的操作。

三、暖风系统

(一)暖风系统工作原理(图 5-27)

(二)加热模块

1. 加热模块位置(图 5-28)

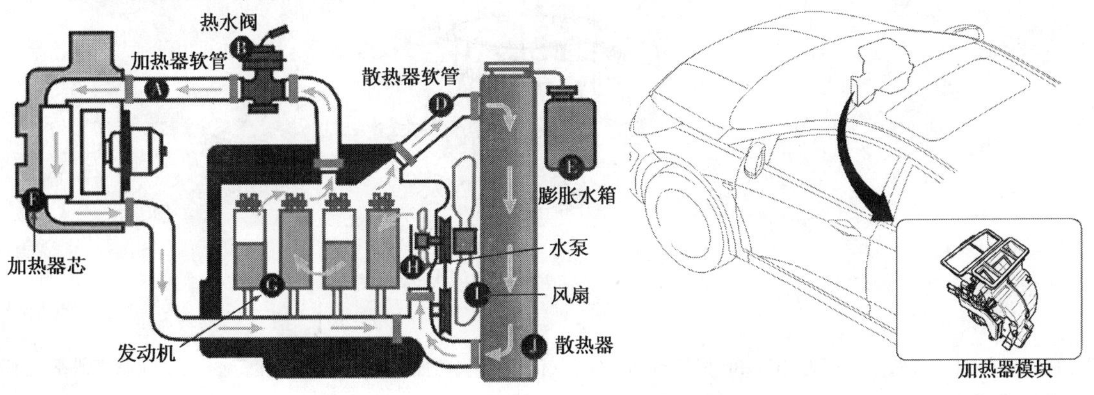

图 5-27　　图 5-28

2. 加热模块各部件的组成(图 5-29)

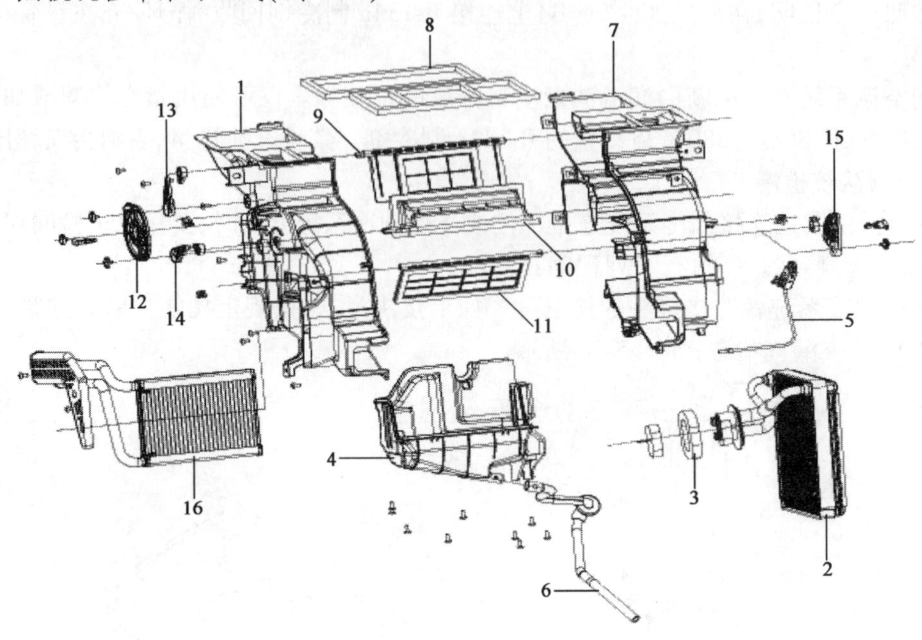

图 5-29

1-加热器壳(左);2-蒸发器芯;3-密封;4-加热器下壳;5-蒸发器表面温度传感器 6-排放软管;7-加热器壳(右);8-密封件;9-中风门;10-下风口;11-温度门;12-模式凸轮;13-中风门控制杆;14-下风门控制杆;15-温度门操纵杆;16-加热器芯

(三)鼓风机

(1)鼓风机各部件的组成,如图 5-30 所示。

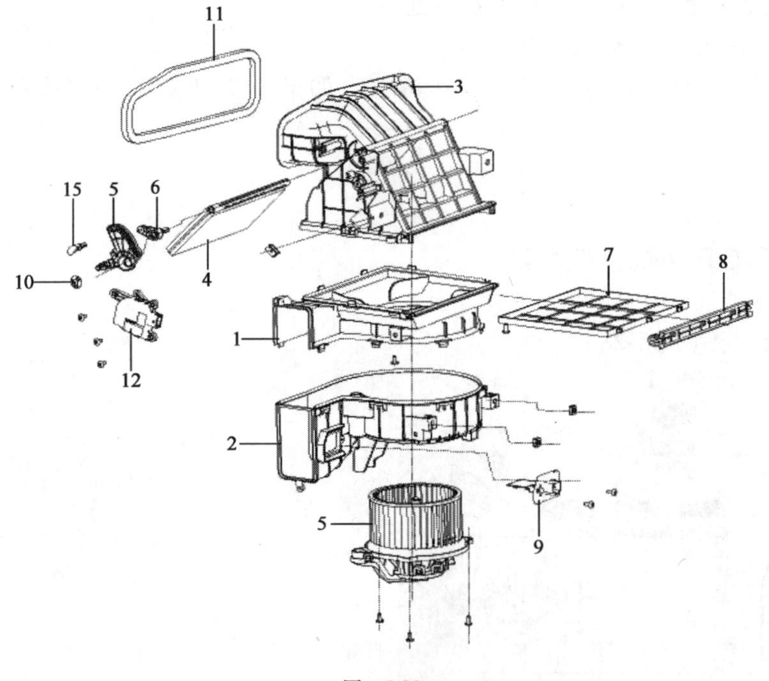

图 5-30

1-鼓风机外壳(上);2-鼓风机外壳(下);3-进气导管盖;4-进气门;5-进气门控制杆;6-进气凸轮;7-空调空气滤清器;8-空调空气滤清器;9-电阻器;10-弹簧垫圈;11-鼓风机密封;12-进气执行器

(2)鼓风机总成的更换。

①分离蓄电池负极端子。

②拆卸仪表盘和暖风鼓风机总成。

③拧松螺钉后,拆卸鼓风机总成(A)和暖风总成(B),如图 5-31、图 5-32 所示。

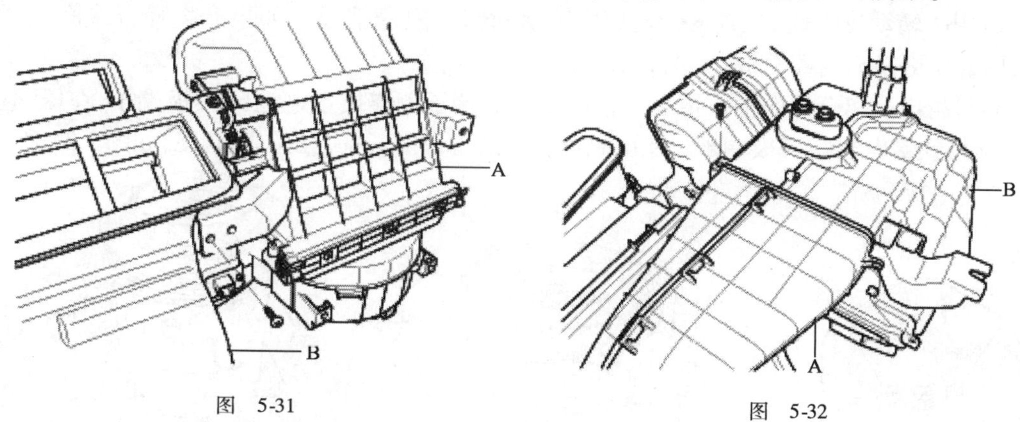

图 5-31　　图 5-32

④按拆卸的相反顺序安装(安装时确认鼓风机和导管接头不漏气)。

(3)鼓风机电机的检查。

①连接蓄电池电压并检查鼓风机电机的转动情况,如图 5-33 所示。

②如果鼓风机电机电压不良,用良好的、相同型号的鼓风机电机更换并检查是否正常工作。

③如果故障不再出现,更换鼓风机电机。

(4)风量控制器的检查。

①测量鼓风机电阻器端子之间的电阻。

②测得的电阻不再规定值范围内,必须更换鼓风机电阻器,如图 5-34 所示。

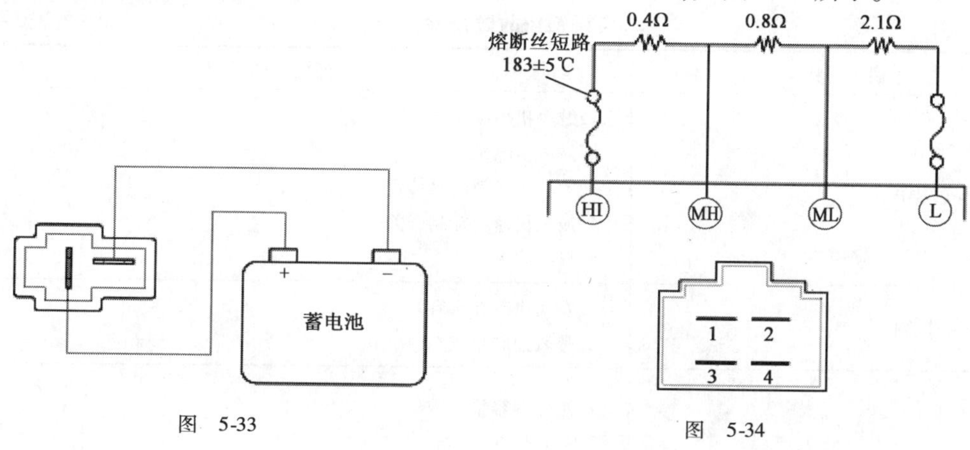

图 5-33　　图 5-34

1-中低速;2-中高速;3-低速;4-高速

四、空调系统主要部件检查

(一)空调压力传感器的检查

(1)根据 1 号端子和 2 号端子之间的输出电压,测量高压管路压力,如图 5-35 所示。

(2)检查电压值是否在规定值范围。

电压 = 0.00878835 × 压力 + 0.5[PSIA]

(3)如果测量的电压值不符合规格,更换空调压力传感部。

(二)空调压缩机的检查

(1)检查吸盘与毂总成(A)颜色是否变化,是否脱皮或有其他损坏。如果损坏,更换离合器总成。

(2)用手转动皮带轮,检查皮带轮(B)轴承间隙及阻滞情况。如果产生噪音或间隙/阻滞过度,用新品更换离合器总成,如图5-36所示。

(3)检查电磁离合器的工作情况。在压缩机侧端子上连接蓄电池(+)极端子,在压缩机壳体上连接搭铁蓄电池(-)极端子。从电磁离合器的工作声音来判定工作状态,如图5-37所示。

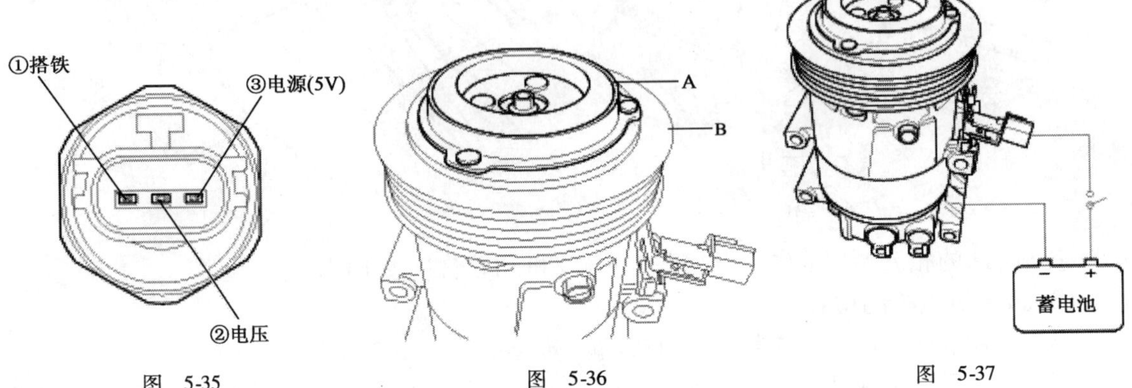

图 5-35　　图 5-36　　图 5-37

五、空调系统的故障诊断

更换或维修空调部件前,应先确定故障是否是由制冷剂排放、空气流动或压缩机引起的。表5-13可帮助您查出故障原因。下表中的编号表明故障原因的先后次序。按顺序检查每个部件,必要时更换部件。故障校正后,检查整个系统,以确定获得满意的性能。

空调系统故障排除标准　　表5-13

症　状	可能出现的区域
鼓风机不工作	1. 鼓风机熔断丝 2. 鼓风机电机 3. 大功率场效应晶体管 4. 鼓风机速度控制开关 5. 导线线束
气温不受控制	1. 发动机冷却水容量 2. 暖风控制总成
压缩机不工作	1. 制冷剂容量 2. A/C熔断丝 3. 电磁离合器 4. 压缩机 5. 空调压力传感器 6. A/C开关 7. 蒸发器表面温度传感器 8. 导线

续上表

症　状	可能出现的区域
不出冷气	1. 制冷剂容量 2. 制冷剂压力 3. 驱动皮带 4. 电磁离合器 5. 压缩机 6. 空调压力传感器 7. 蒸发器表面温度传感器 8. 空调开关 9. 暖风控制总成 10. 导线线束
制冷不充分	1. 制冷剂容量 2. 驱动皮带 3. 电磁离合器 4. 压缩机 5. 冷凝器 6. 膨胀阀 7. 蒸发器 8. 制冷管路 9. 空调压力传感器 10. 加热器控制总成
当空调开关 ON 时,发动机怠速不上升	1. 发动机 ECM 2. 导线线束
不控制进气口	暖风控制总成
无通风模式控制	暖风控制总成
冷却风扇不工作	1. 冷却风扇熔断丝 2. 风扇电机 3. 发动机 ECM 4. 导线

任务 4　北京现代轿车舒适系统案例分析

案例一:悦动轿车电动车窗不工作。

根据故障现象,对该车的电动车窗线路进行检查,并将故障排除。

一、接受任务后进行问诊,核实故障现象

驾驶员侧电动车窗不工作,而其他三个车门的电动车窗工作均正常。

二、故障分析

由于其他三个车门的电动车窗工作均正常,说明故障出现在驾驶员侧电动车窗这一支路

上,其故障原因有以下几点:①安全电动车窗熔断丝;②安全电动车窗开关;③安全电动车窗模块;④安全电动车窗电机;⑤与安全电动车窗相关的线路⑥BCM。

三、具体检查

(1)安全电动车窗熔断丝的检查。

(2)安全电动车窗模块的检查。

①拆下左前车门装饰板。

a. 拆下扇形内盖,如图5-38所示。

b. 拧下车门装饰板固定螺钉,如图5-39所示。

c. 释放车门装饰板固定夹。

d. 向上拉出车门装饰板。

e. 分离电动车窗开关连接器、电动后视镜开关连接器和门控灯连接器,如图5-40所示。

②安全电动车窗模块各接线的检查。

a. 电源线和搭铁线的检查,如图5-41所示。

用万用表对电源线和搭铁线进行确认。

在电源线和搭铁线间接入-12V/21N的试灯。

图 5-38

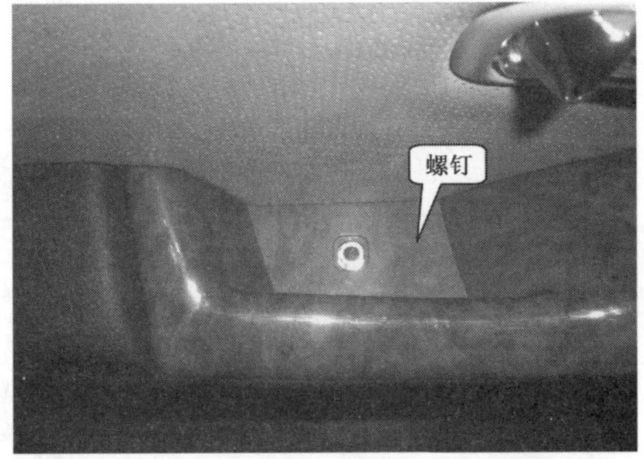

图 5-39

图 5-40

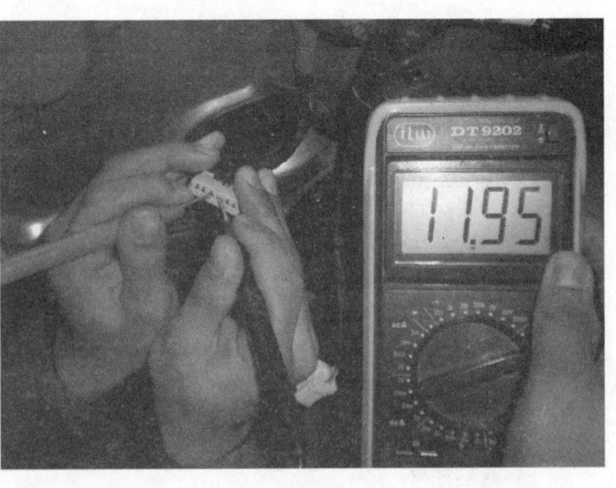

图 5-41

结果:试灯点亮,由此说明至安全电动车窗模块的电源线和搭铁线均无故障。

b. 安全电动车窗开关线的检查,如图 5-42 所示。

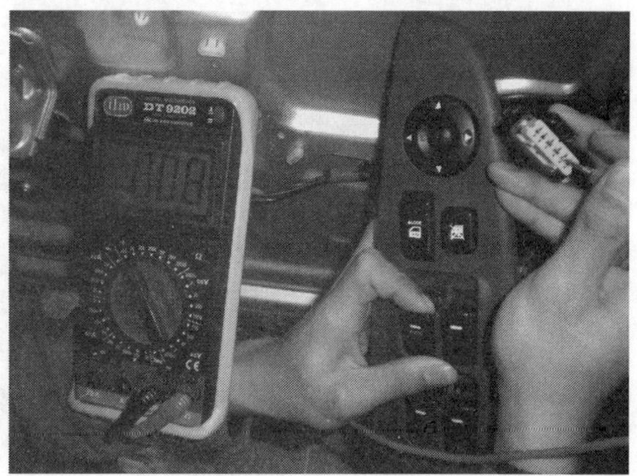

图 5-42

结果:电动车窗开和关的信号均正常,由此说明电动车窗开关及电动车窗至安全电动车窗模块间的线路均无故障。

c. 安全电动车窗模块至 BCM 信号线的检查。

点火开关置于 OFF 挡时,如图 5-43 所示。

点火开关置于 ON 挡时,如图 5-44 所示。

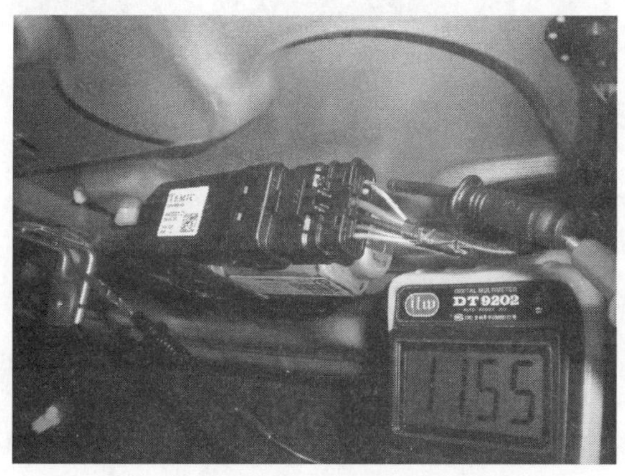

图 5-43

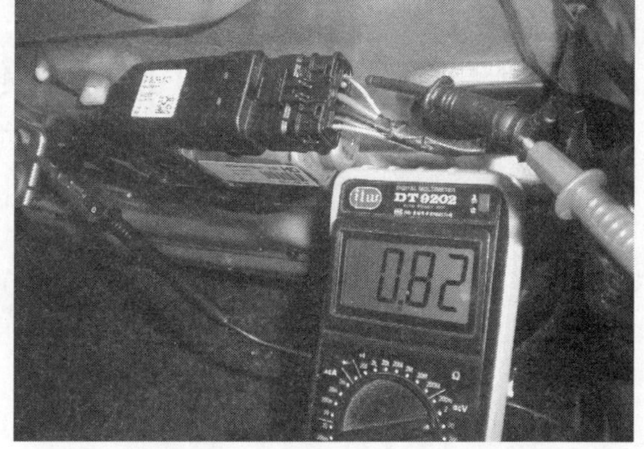

图 5-44

结果:信号正常,由此说明 BCM 及 BCM 至安全电动车窗模块间的线路均无故障。

(3)安全电动车窗电机的检查。

①用胶带将电动车窗玻璃固定。

②拆下安全电动车窗电机及模块总成,如图 5-45 所示。

③拆下安全电动车窗模块,如图 5-46 所示。

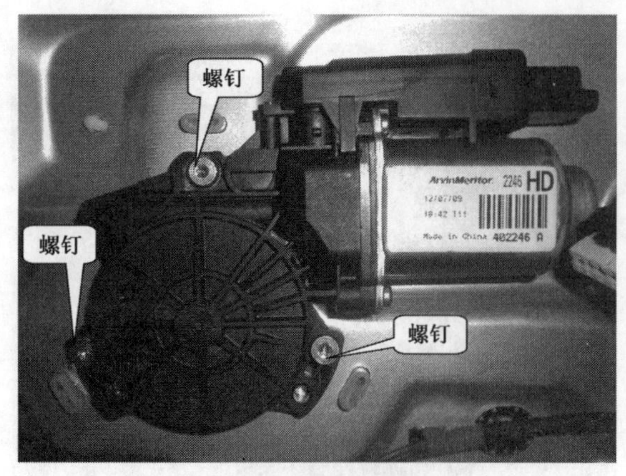

图 5-45

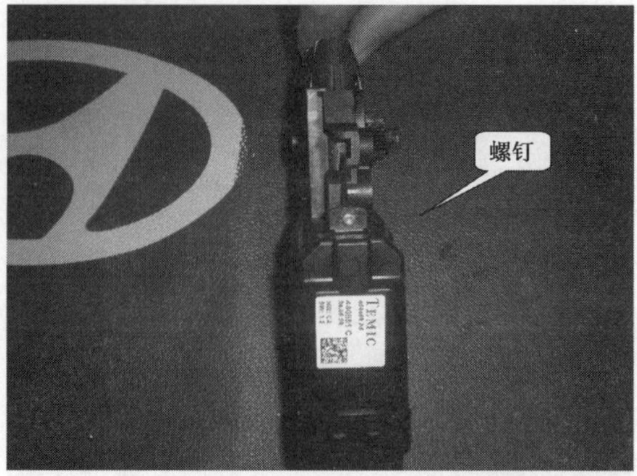

图 5-46

④对安全电动车窗电动机进行通电试验,如图5-47所示。

结果:安全电动车窗电动机运转正常。

(4)通过以上检查可以确定安全电动车窗熔断丝、安全电动车窗开关、BCM、与安全电动车窗相关的线路以及安全电动车窗电机均无故障,由此可以判定故障原因为未经直接检查的安全电动车窗模块。

更换安全电动车窗模块后,故障排除。

图 5-47

案例二:驾驶员操纵中控门锁开关锁住所有车门,但四个车门均不能落锁。

根据故障现象,对中控门锁进行检查,并将故障排除。

一、接受任务后进行问诊,核实故障现象

操作驾驶员侧中控门锁开关,车门无法上锁;但操纵助手席门锁开关,可以锁住助手席侧车门。

二、故障分析

结合故障现象并分析电动门锁的电路图可知,造成上述故障的原因可能有以下几个方面:一是电动门锁开关损坏导致无法提供闭锁信号;二是相关线路方面的故障;三是BCM出现故障,无法控制闭锁继电器工作。

三、具体检查

1.检查电动门锁主开关

(1)拆卸电动门锁主开关。

拆下扇形内盖,如图5-48所示。

拧下车门装饰板固定螺钉(2颗);如图5-49、图5-50所示。

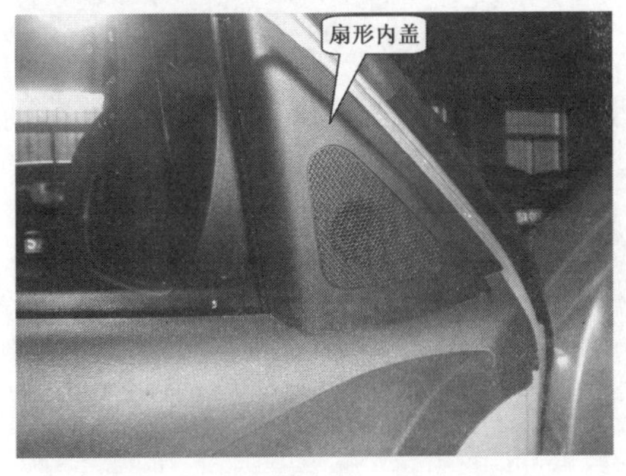

图 5-48

图 5-49

释放车门装饰板固定夹,向上拉出车门装饰板;分离3个连接器,取下车门装饰板;然后对车门装饰板上的电动门锁开关进行检查,如图5-51所示。

图 5-50

图 5-51

(2)检查电动门锁开关。

向上按下电动门锁开关(闭锁),同时用万用表进行检查连接器7和12号端子的导通(7:闭锁;8:开锁;12:搭铁),如图5-52所示。

检查发现,按下闭锁开关时,7和12号端子无法导通,说明电动门锁开关损坏,需要更换。

四、更换电动门锁开关

(1)从车门装饰板上拆下电动门锁开关,需要拧下4颗螺钉,如图5-53所示。

(2)更换电动门锁开关。

(3)装回车门装饰板。

(4)操作电动门锁开关,车门可以正常上锁,故障已排除。

案例三:空调不制冷。

根据故障现象,对该车的压缩机进行检查,并排除故障。

一、接受任务后进行问诊,核实故障现象

空调不制冷。

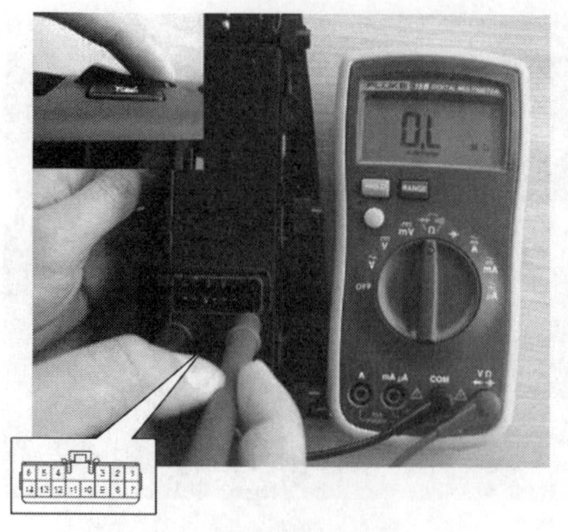

图 5-52

图 5-53

二、电路图(图 5-54)

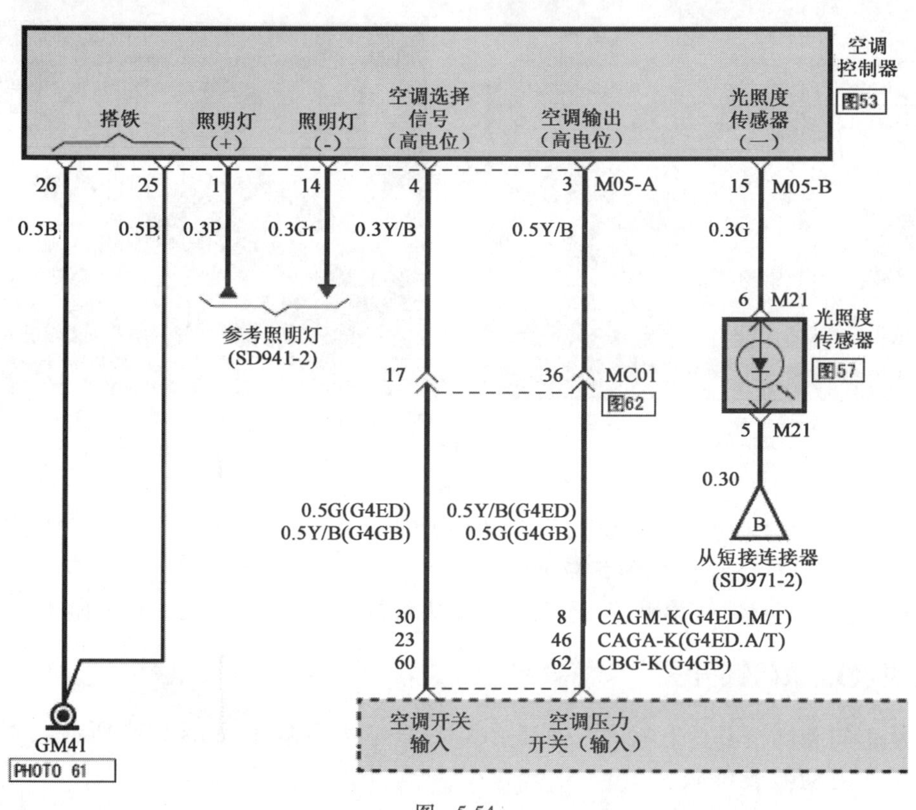

图 5-54

三、故障分析

造成空调不制冷的原因有:①A/C 熔断丝;②压缩机继电器;③电磁离合器;④A/C 压力传感器;⑤A/C 开关;⑥线束。

四、故障诊断

本着先易后难的原则,对悦动汽车手动空调进行先期检查:启动发动机,打开 A/C 开关并调整风速与温度，A/C 灯点亮、出风口风速正常，但是空调不制冷，然后打开发动机舱盖，观察电磁离合器是否吸合，电磁离合器不吸合。

1. 读取故障代码和数据流

(1)连接解码仪。

(2)进入自动空调系统，读取故障代码，自诊断结果正常，如图 5-55 所示。

(3)进入发动机控制系统，读取数据流，发现空调开关、空调压缩机开关都处于 ON，但空调压缩机处于 OFF，如图 5-55 所示，空调系统不正常。可能的原因有：A/C 压力传感器和系统压力。

2. 检查空调系统压力

检查空调系统压力时，连接方法，如图 5-57 所示。将压力表组的高压表与汽车空调系统的高压侧排气阀相连接，低压表与系统低压排气阀相连接，经过检查高压管路压力为 50Psi，低压管路压力为 50Psi 。说明空调系统压力正常。

3. A/C 压力传感器的检查

说明：空调压力传感器(A)将高压管路的压力值转换为电压值。利用转换的电压值，发动机 ECU 控制冷却风扇低速或高速运转。为优化空调系统，发动机 ECU 在制冷管路的温度过高或过低时，停止压缩机的运作。

(1)A/C 压力传感器三个端子的作用，如图 5-56 所示。

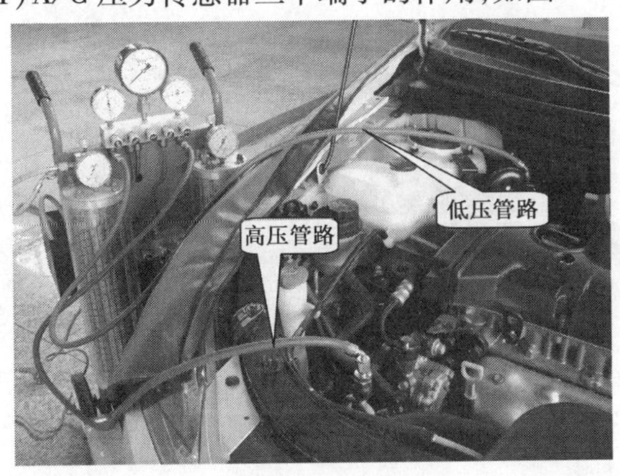

图 5-55

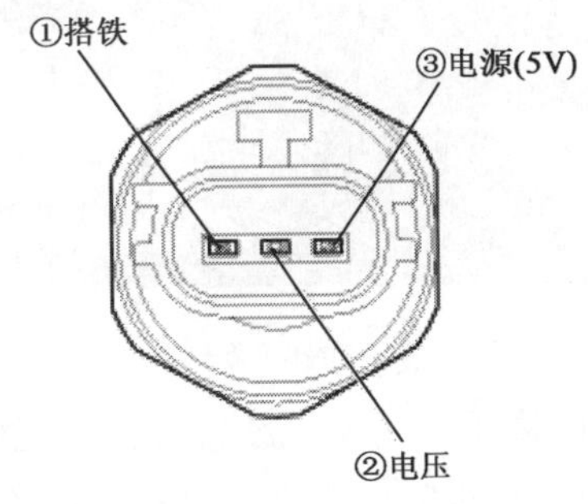

图 5-56

(2)检查 A/C 压力传感器的电源。

检查 A/C 压力传感器的电源线是否有电。经检查，有 4.99V 的电压，说明 A/C 压力传感器的供电正常，如图 5-57 所示。

(3)测量 1 号端子和 2 号端子之间的输出电压。

如图 5-59 所示，测量 1 号端子和 2 号端子之间的输出电压，以测量高压管路的压力。根据公式：电压 =0.00878835 × 压力 +0.37081095 ，发现测得的电压为零，我们知道只要供电正常，而 A/C 压力传感器又正常的情况下，电压不可能为零，所以 A/C 压力传感器有故障。

五、更换 A/C 压力传感器

(1)从蓄电池上分离负极导线。

(2)回收冷却剂。

回收制冷剂时，连接方法，如图 5-59 所示，回收时打开高低压阀，进行回收。

(3)拆卸冷却液储液罐上的两个螺栓,如图 5-60 所示。

图 5-57

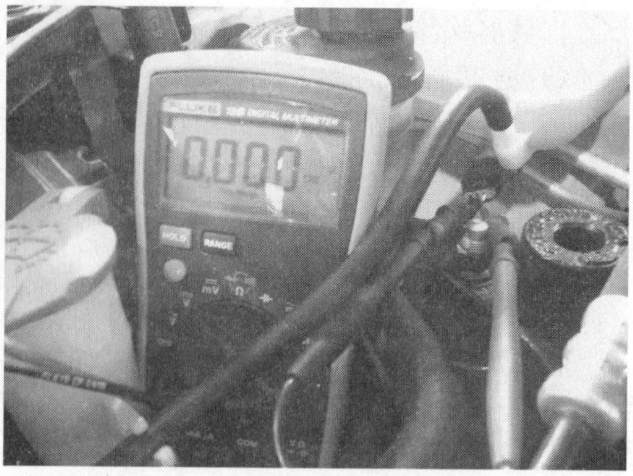

图 5-58

图 5-59

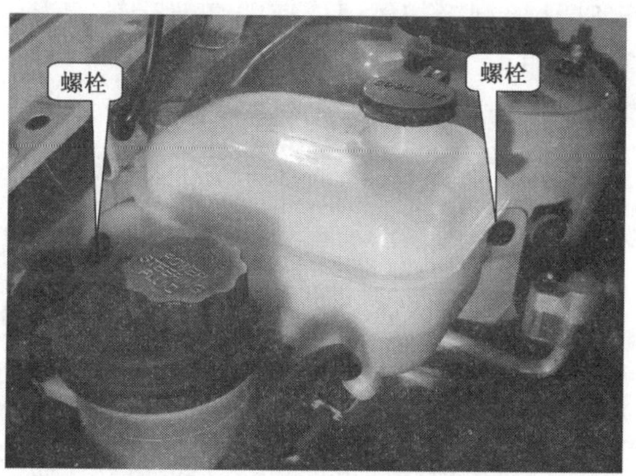

图 5-60

(4)拔下 A/C 压力传感器的插头,如图 5-61 所示。

(5)拆卸 A/C 压力传感器,如图 5-62 所示。

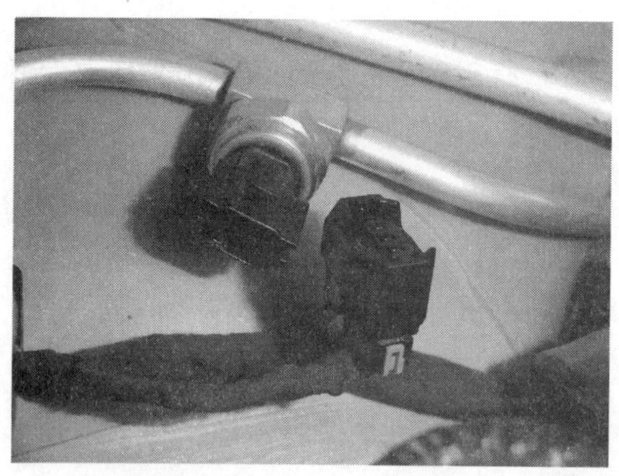

图 5-61

图 5-62

(6)换装新的 A/C 压力传感器,如图 5-63 所示。安装时要更换橡胶密封圈,并涂上少许润滑油。按照规定力矩拧紧,紧固力矩为 10 ~ 12 N·m 。

图 5-63

六、系统抽真空及充注制冷剂

具体操作参照《更换空调压缩机》里系统抽真空及充注制冷剂的过程。

七、试车

启动发动机,打开空调,通过调整风速与温度,制冷效果良好。故障排除。

项目六　北京现代车系维护

Z 知识目标

(1)知道北京现代轿车15000km双人保养内容。

(2)知道北京现代轿车15000km双人保养流程。

N 能力目标

(1)能够正确、快速对北京现代轿车进行保养。

(2)能正确使用维护工具、设备。

S 素质目标

(1)提高小组互助能力、合作能力。

(2)培养工作的责任意识。

(3)培养5S理念。

(4)安全操作能力。

一、维护的意义

在现代汽车维修工作中汽车维护保养作业在汽车维修中占有较大的比重,正确做好汽车的维护保养工作,可以及时发现汽车存在的隐患和故障,保证汽车良好的技术性能,延长汽车使用寿命具有重要的意义。

二、常规检查

1. 通过规范的手势,快速准确的检查外部的所有灯光(两人合作)

(1)前位置灯——双臂侧平举、手掌向车下的方向,五指向内摆动。

(2)近光灯——双臂自然向前平举、掌心向下,五指向内摆动。

(3)远光灯——双臂自然向怀中方向屈伸。

(4)雾灯——双臂自然向前平举、双手握紧大拇指向下。

(5)前左转向灯——自然平举右臂、掌心向下,四指向下摆动承收缩状。

(6)前右转向灯——自然平举左臂、掌心向下,四指向下摆动承收缩状。

(7)前安全警告灯——双臂自然平举、掌心向下,四指向下摆动承收缩状。

(8)前左驻车灯——自然平举右臂、手掌向车下的方向,五指向内摆动。

(9)前右驻车灯——自然平举左臂、手掌向车下的方向,五指向内摆动。

(10)后左驻车灯——自然平举右臂、手掌向车下的方向,五指向内摆动。

(11)后右驻车灯——自然平举左臂、手掌向车下的方向,五指向内摆动。

(12)后示宽灯——双臂侧平举、手掌向车下的方向,五指向内摆动。

(13)后雾灯——双臂自然向前平举、双手握紧大拇指向下。

(14)后左转向灯——自然平举右臂、掌心向下,四指向下摆动承收缩状。

(15)后右转向灯——自然平举左臂、掌心向下,四指向下摆动承收缩状。

(16)后安全警告灯——双臂自然平举、掌心向下,四指向下摆动承收缩状。

(17)后刹车灯——双臂曲收到胸、即刻向下45°推出,掌心向下与地平齐。

(18)后倒车灯——双臂自然向怀中方向屈伸。

(19)倒车报警装置——身体与车身后尾距离约1m,摆动左臂或右臂。

(20)检查刮水器及喷嘴是否能起到正常清洁作用,必要时进行调整。

(21)对配有天窗有车辆,进行清洁和润滑保养。

2. 车内检查

(1)检查所有内部灯光、电气的工作状况是否良好:组合仪表盘指示灯,遮阳板化装镜,阅读灯,时钟,手套箱照明灯,点烟器、门控灯、门灯。

(2)检查空调系统,收音机。

(3)电动摇窗机,电动外后视镜,喇叭、电动摇窗机、天窗滑动情况。

(4)变速排挡杆、手制动器手柄。

(5)安全气囊:目测外表是否受损,安全带功能。下车前,打开油箱盖开关和行李舱开关

(6)检查刷水器工作情况。

(7)连接诊断仪,起动发动机,检查组合仪表、指示灯。

(8)检查方向盘自由间隙(直尺30mm以内)。

3. 车外及机舱内装置

(1)检查油箱盖。

(2)检查行李舱灯、铰链。

(3)检查备胎气压(0.23MPa)、花纹深度、磨损状况。

(4)打开发动机盖检查铰链,目测发动机舱内是否有泄漏、损坏。

(5)检查蓄电池固定情况及电眼、测量充电电压(14.1~14.7V)。

(6)检查空气滤清器、空调滤清器、发动机油液面、自动变速器液面、冷却液面及比重、玻璃水液面、制动液面、转向助力液面。

(7)检查管路有无干涉、漏油、漏气或损伤。

(8)检查线路有无干涉、破损;插接器连接是否可靠或松动。

4. 底盘检查

(1)检查车辆的稳定性。

(2)目测检查变速器、主减速器、万向节防尘套有无泄漏、损坏,检查制动系统是否有泄漏、损坏,检查车底防护层、饰板是否损坏,检查排气系统是否有泄漏。

(3)检查驱动皮带涨紧度,有无磨损。

(4)检查转向系统管路有无干涉、漏油或损伤。

(5)检查底盘螺栓扭矩(使用扭矩扳手按规定扭矩)。

(6)检查轮胎气压(0.22MPa)、纹槽深度(1.6mm以上)及纹槽异物。

(7)更换润滑油,滤清器。

(8)拆下左侧前后车轮,测量制动片厚度(标准:前11mm、后10mm,极限:2mm),前后车轮换位,安装车轮按对角拧紧。

(9)车辆降至地面,紧固左侧车轮螺栓(110N·m)。

(10)加注机油,并检查机油液位。

(11)启动车辆3min,再次检查机油液位,需要时添加。

(12)再次举升车辆,检查底壳放油螺栓、机油滤清器有无漏油。

5. 整理工位

(1)收取三件套,升起驾驶员侧玻璃,擦拭车辆内部,收回右侧举升机臂。

(2)收取翼子板布、前格栅布,关闭发动机盖,擦拭车身,收回左侧举升机臂。

(3)清洁工位。

三、更换发动机润滑油

(一)准备工作

套上座套、脚垫、转向盘套、叶子板垫,放下驾驶室侧玻璃,打开并清洁发动机舱,安装举升机脚,并举升检查是否平稳。

(二)更换发动机机油、机油滤清器

1. 车上检查

(1)检查发动机机油油位。

①起动发动机暖机,然后停机并等待5min。

②检查并确认发动机机油油位在油位计的低油位和满油位标记之间。如果机油油位过低,检查是否漏油并加注机油至标尺满油位标记处,如图6-1所示。

(2)检查发动机机油质量。

检查机油是否变质、变色或变稀,以及油中是否混水。如机油质量明显不佳,则更换机油。

2. 更换发动机润滑油

(1)起动发动机暖机,怠速运转5min后熄火。

(2)拆下机油加注口盖,如图6-2所示。

图 6-1

图 6-2

(3)将汽车用举升机举升到适当高度。如图6-3所示。

(4)拆下放油螺塞和机油滤清器,(用专用套筒拆下机油滤清器)并将机油排放到一个容器中,如图6-4所示。

(5)清洗放油螺塞,用新衬垫加以安装(放油螺栓拧紧力矩:25N·m),如图6-5所示。

(6)安装机油滤清器总成,如图6-6所示。

①检查并清洗机油滤清器的安装面。

②在新机油滤清器的衬垫上涂抹一层干净的发动机机油。

③先用手将机油滤清器轻轻地旋到位,然后上紧直到衬垫开始接触机油滤清器底座。

④用专用套筒按规定力矩拧紧(拧紧力矩:20N·m)机油滤清器。

图 6-3

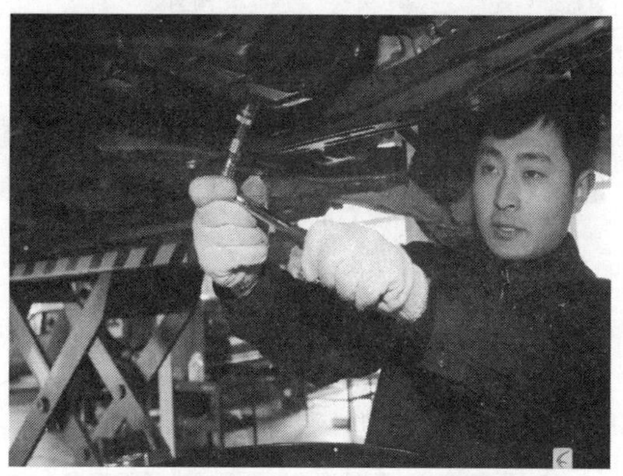

图 6-4

图 6-5

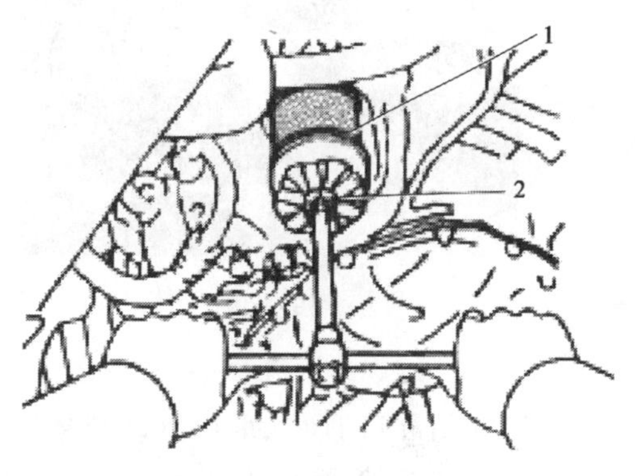

图 6-6

(7)添加发动机机油,如图 6-7 所示。

①将举升机降到地面。

②添加新的发动机机油,机油容量为:3.5L 安装机油加注口盖。

(8)检查机油是否泄漏,如果有泄漏进行修理。

①起动发动机运转 5min,举升汽车至适当高度。

②检查放油螺栓处是否泄漏,如图 6-8 所示。

③检查机油滤清器与发动机接触面处是否泄漏,如图 6-9 所示。

四、检查、更换制动摩擦片

(一)准备工作

举升机、常用工具推车、专用工具、量具。套上座套、脚垫、转向盘套、叶子板垫,放下驾驶室侧玻璃,打开并清洁发动机舱,安装举升机脚,并举升检查是否平稳。

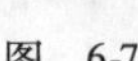

图 6-7

图 6-8

(二)检查、更换制动摩擦片

(1)将车辆用举升机顶起,拆卸车轮。按图 6-10 所示,拆卸制动卡钳安装螺栓 B,并按箭头所示向上翻转制动卡钳。

图 6-9

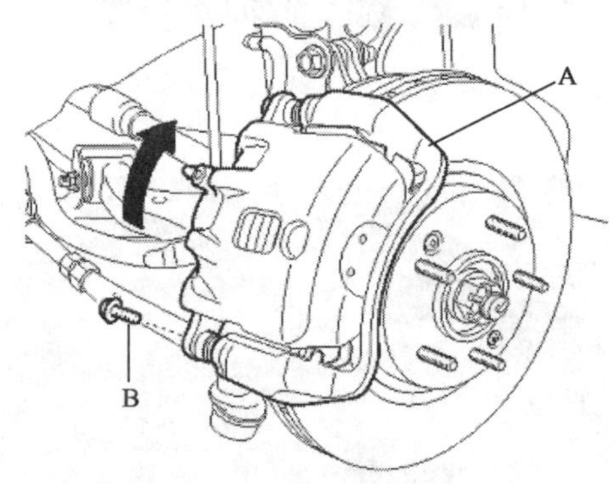

图 6-10

A- 制动卡钳支架;B-制动卡钳安装螺栓

(2)如图 6-11 所示,取出制动摩擦片 B。

(3)如图 6-12 所示,按箭头所示用量具检查制动摩擦片厚度,前轮(标准值:11mm;极限值:2mm),后轮(标准值:10mm;极限值:2mm)。

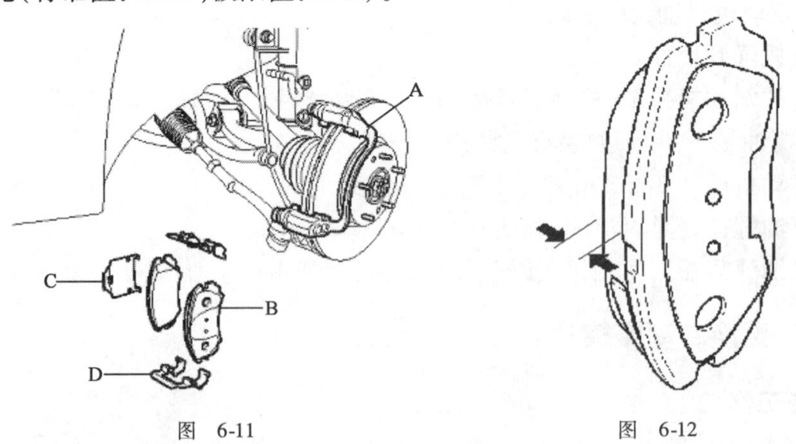

图 6-11

图 6-12

(4)测量制动盘厚度:前轮(标准值:26mm;极限值:24mm),后轮(标准值:10mm;极限值:

8.4mm),如图 6-13 所示。

(5)如图 6-14 所示,测量制动盘圆跳动(极限值:前后均为 0.05mm)。

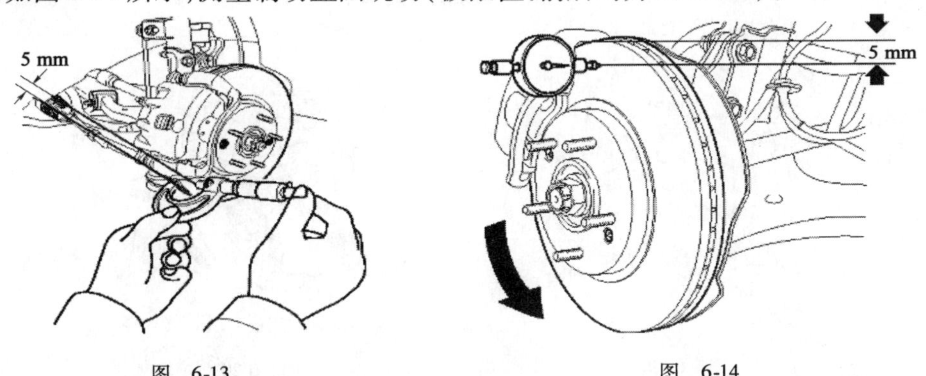

图 6-13　　图 6-14

(6)如图 6-15 所示,用专用工具将制动分泵活塞压缩至油缸底部,安装两块新摩擦片,按拆卸相反顺序安装制动卡钳及车轮。

手制动摩擦片的检查与更换:

(1)拆卸制动卡钳支架,图 6-16 所示拆卸螺栓 B,取下后制动盘,拆卸轮毂轴承 C,如图 6-16所示。

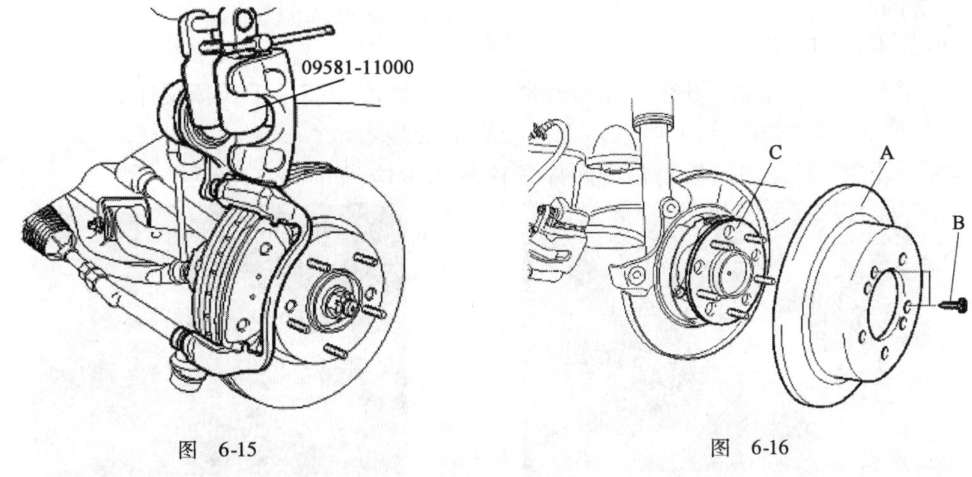

图 6-15　　图 6-16

(2)如图 6-17 所示,通过推压挡圈弹簧并转动销来拆卸制动蹄定位销 A 和弹簧 B。

(3)如图 6-18 所示,拆卸调整器总成 A 和回位弹簧 B。

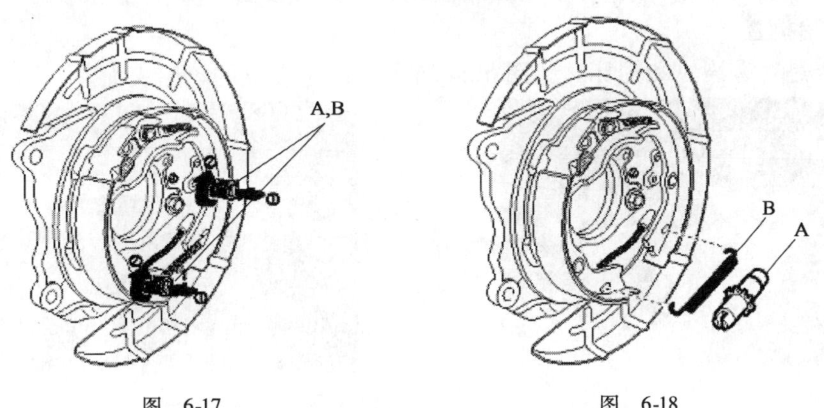

图 6-17　　图 6-18

(4)如图 6-19 所示,从制动蹄 A 上拆卸驻车制动拉线 B。

(5)如图 6-20 所示,拆卸支撑杆 A 和支撑杆弹簧 B。

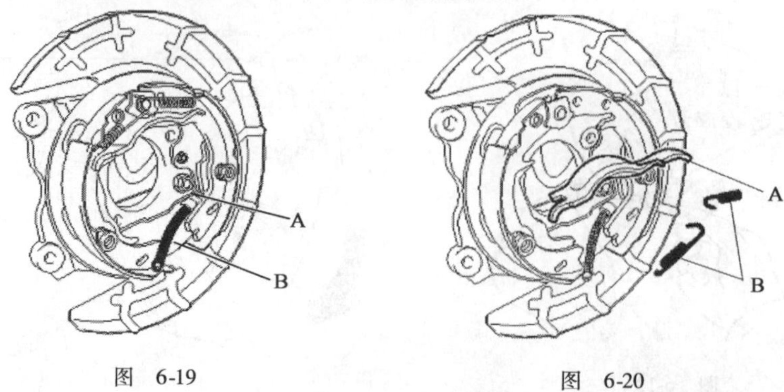

图 6-19　　图 6-20

(6)拆卸驻车制动摩擦片,按拆卸相反顺序安装新摩擦片,并按照维修手册标准进行调整。

五、更换轮胎

(一)实训工具、仪器

世达 120 件工具、量具、扒胎机、动平衡机、护垫、转向盘套、脚垫、变速器操纵杆套、整车。

(二)拆卸车轮总成

(1)事前准备(见前)。

(2)固定并预举升车辆(可在双柱举升器上进行,也可用简易千斤顶操作)。

简易千斤顶操作,如图 6-21 所示。千斤顶必须安装稳定。

(3)拆下轮罩(若安装),按对角线顺序预松轮胎螺栓,如图 6-22 所示。

图 6-21

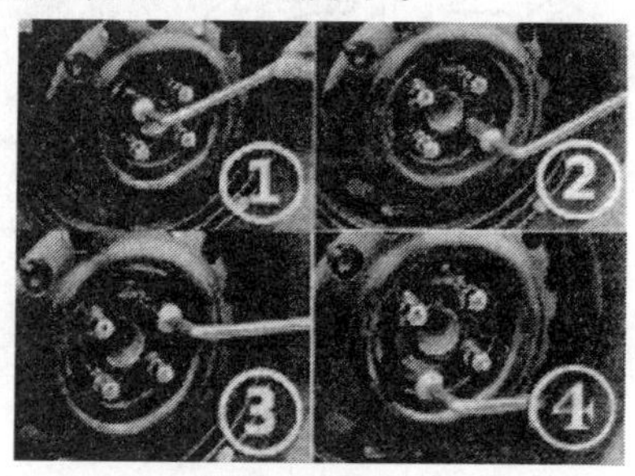

图 6-22

(4)举升车辆到车轮悬空,卸下轮胎螺栓,取下轮胎,如图 6-23 所示。

(三)轮胎检查

(1)检查是否有裂纹和损坏。如图 6-24 所示为产生裂纹的轮胎表面。

图 6-23

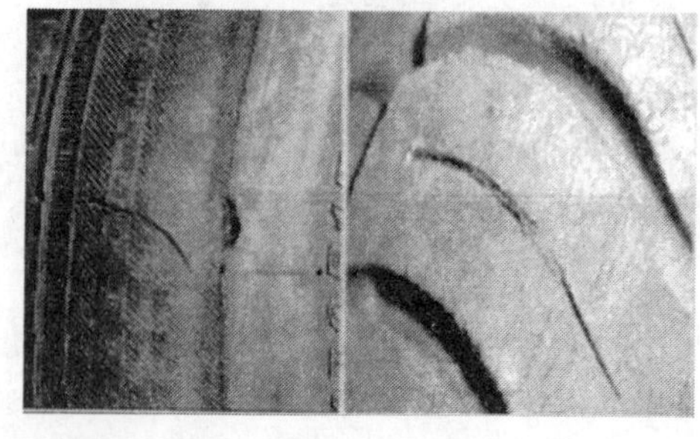

图 6-24

（2）检查是否嵌入金属颗粒或其他异物。如图 6-25 所示。

（3）测量胎面沟槽深度（测量规）。如图 6-26 所示。

图 6-25

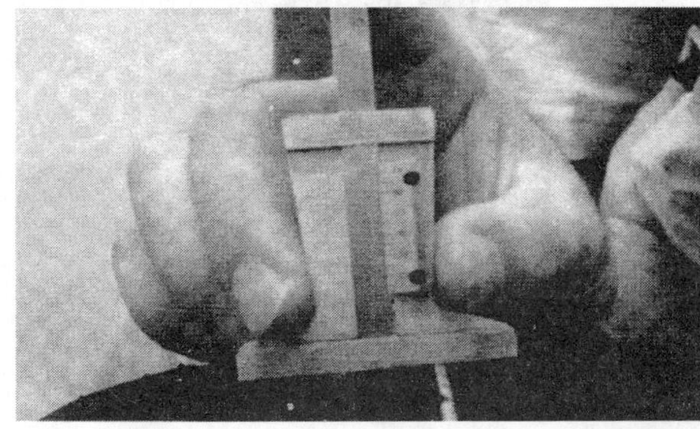

图 6-26

（4）检查是否有异常磨损。如图 6-27 所示为异常磨损的轮胎。

（5）检查气压及是否漏气。如图 6-28 所示。

图 6-27

图 6-28

（6）检查钢圈是否损坏或腐蚀。如图 6-29 所示为变形的钢圈。

图 6-29

（四）扒胎机的使用

1. 拆胎步骤

（1）将轮胎内的气放干净。

（2）将轮胎放到图位置，反复转动轮胎并压下轮胎挤压板，踩下轮胎挤压板踏板，使轮胎和钢圈彻底分离。如图 6-30 所示。

（3）将钢圈放在卡盘上，踩下踏板，锁住钢圈。如图 6-31 所示。

（4）将拆装臂拉下，使卡头内滚轮与钢圈边缘贴住，将扒胎臂卡紧。如图 6-32 所示。

（5）用撬棍将轮胎挑到鸟头。踩下卡爪踏板，使卡盘旋转，将一侧轮胎扒出。如图 6-33 所示。

（6）用相同的方法将另一侧轮胎扒出，如图 6-34 所示。

图 6-30

图 6-31

图 6-32

图 6-33

2. 安装轮胎

(1)先在轮胎内侧边缘涂抹润滑脂。

(2)用如拆胎同样的方法将钢圈固定在卡盘上,将轮胎放到钢圈上沿上,并确定好气眼位置。如图 6-35 所示。

图 6-34

图 6-35

(3)移动拆装臂压住轮胎边缘,踩下踏板,逐渐将轮胎压入钢圈内。如图 6-36 所示。

(4)用同样的方法将上侧轮胎压入钢圈,完成轮胎安装。可使用附加臂压盘压杆协助工作。如图 6-37 所示。

3. 轮胎充气

轮胎充气时一定要注意安全。要注意观察压力表。以免轮胎跳起,造成人员伤害。必要时可以安装安全带。

图 6-36

图 6-37

(五)轮胎动平衡机的使用

若车轮直接做动平衡,请在做之前先检查轮胎,检查项目见操作步骤第三项“轮胎检查”。

(1)装夹车轮:选择与轮辋中心孔匹配的轴心定位锥体安装于旋转轴上,按照图中所示将车轮装在轴上(车轮凹面朝里),再用快换螺母锁紧。

(2)打开位于机箱侧面的电源开关,开机后,机器默认平衡模式为动平衡。选择自己所需要的平衡模式。

(3)测量并输入数据。

①将测量尺拉至轮辋安装平衡块的位置,读出测量尺上的数据并输入,如图 6-38 所示。

②用附件中的宽度测量卡尺量出轮辋对边宽度并输入,如图 6-39 所示。

③找到轮辋上标记的名义直径“d”,并输入。

图 6-38

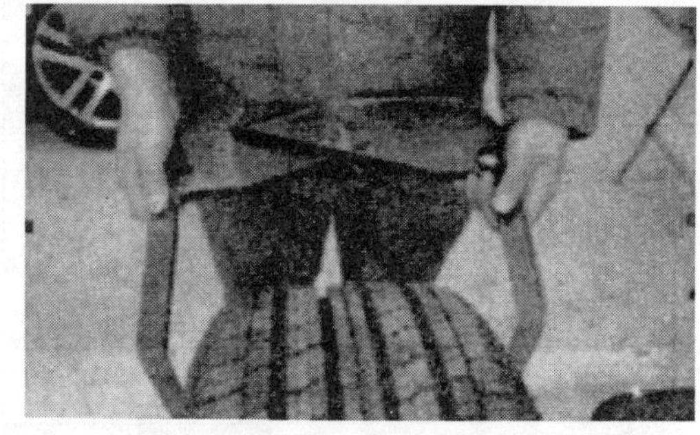

图 6-39

(4)放下轮罩,按[START]键车轮旋转,7s 后,机器自动停止。机器停止后,显示器显示的数值为轮胎的不平衡值(平衡机默认单位为克)。

(5)用手转动车轮,面板上定位灯不停地闪动。当其中一组指示灯全亮时,表示轮辋最高点位置为不平衡点,其中左侧定位灯对应内侧不平衡点,右侧定位灯对应外侧不平衡点。

(6)在轮辋不平衡点处装上显示器测得数值的相应平衡块。

(7)重复之前操作步骤,直至左右两侧的显示器均显示为“00”。从平衡旋转轴上卸下车轮,操作程序结束。

(六)安装轮胎

(1)轮胎螺栓应按规定扭力要求分 2 ~ 3 次对角拧紧。

(2)厂家一般推荐 8000 ~ 10000km 应将轮胎换位一次。轮胎换位方法常用的有交叉换位法、循环换位法和单边换位法。如图 6-40 所示。

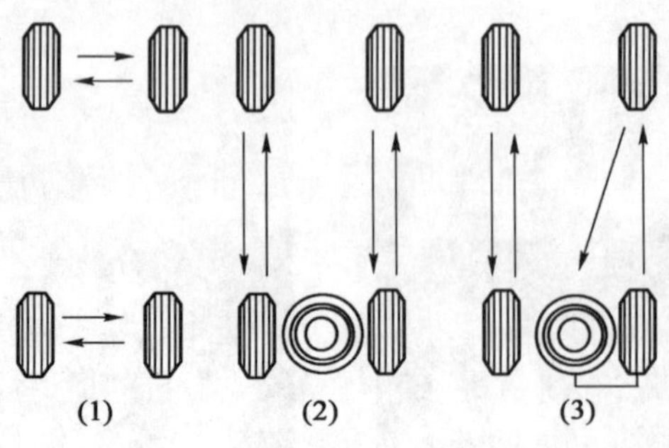

图 6-40

表6-1为北京现代15000km双人保养表。

北京现代15000km双人保养 表6-1

项目	A工位	应得分	实得分	B工位	应得分	实得分
一	1. 打开驾驶员车门安放三件套； 2. 拉起手制动并检查(3～4棘齿声响)； 3. 打开点火开关，降下驾驶员侧玻璃	6		1. 准备工具； 2. 检查车身划痕和碰撞； 3. 安放车轮挡块，铺膀子布和格栅布，插排烟道	6	
二	4. 观察B的手势，操纵灯光开关； 5. 打开行李舱开关及油箱盖开关，检查电动倒车镜； 6. 检查阅读灯、化妆镜灯、手套箱照明灯、驾驶侧门控灯、门灯、前、后门铰链 7. 检查安全气囊是否损伤、前后座安全带	6		4. 在车外用手势指挥A操纵灯光开关，观察灯光：前小灯、前危险警报灯、前左及侧转向灯、前右及侧转向灯、前雾灯、大灯近光灯、大灯远光灯、后小灯及牌照灯、后危险警报灯、后左转向灯、后右转向、后雾灯、制动灯、倒车灯； 5. 检查油箱盖； 6. 检查副驾驶侧门控灯、门灯； 7. 检查副驾驶侧前、后门铰链。	6	
三	8. 连接诊断仪，起动发动机，检查组合仪表、指示灯； 9. 检查暖风空调系统、雨刷器； 10. 诊断仪检测，发动机熄火	6		8. 打开行李舱，检查行李舱灯、铰链； 9. 取出备胎检查气压(0.23MPa)、花纹深度，放回备胎，关闭行李舱； 10. 检查蓄电池固定情况及电眼、测量充电电压(14.1～14.7V)	6	
四	11. 检查时钟、点烟器、喇叭、电动摇窗机、天窗滑动情况； 12. 检查转向盘自由间隙(直尺30mm以内)	4		11. 打开发动机盖检查铰链，目测发动机舱内是否有泄漏、损坏； 12. 检查空气滤清器、空调滤清器、发动机油液面、自动变速器液面、冷却液面及比重、玻璃水液面、制动液面、转向助力液面，拧下加机油盖	4	

续上表

项目	A 工 位	应得分	实得分	B 工 位	应得分	实得分
五	13. 拧松左侧前、后轮胎螺栓； 14. 支好驾驶侧举升机臂，举升车辆 30cm，检查车辆的稳定性； 15. 举升至合适位置，拧下放油螺栓，排放机油；更换机油滤器； 16. 检查底盘螺栓扭矩（使用扭矩扳手按规定扭矩）； 17. 检查左侧前、后轮胎气压（0.22MPa）、纹槽深度（1.6mm 以上）及纹槽异物	6		13. 拧松右侧前后轮胎螺栓； 14. 支好副驾驶侧举升机臂，举升车辆 30cm，检查车辆的稳定性； 15. 目测检查变速器、主减速器、万向节防尘套有无泄漏、损坏，检查制动系统是否有泄漏、损坏，检查车底防护层、饰板是否损坏，检查排气系统是否有泄漏； 16. 检查右侧前后轮胎气压（0.22MPa）、纹槽深度（1.6mm 以上）及纹槽异物	6	
六	18. 降低车辆，拆下左侧前后车轮，测量制动片厚度（标准：前 11mm、后 10mm，极限：2mm），前后车轮换位，安装车轮按对角拧紧； 19. 车辆降至地面，紧固左侧车轮螺栓（110N · m）	4		17. 拆下右侧前后车轮，测量制动片厚度（标准：前 11mm、后 10mm，极限：2mm），前后车轮换位，安装车轮按对角拧紧； 18. 紧固右侧车轮螺栓（110N · m）	4	
七	20. 添加机油，并检查机油油面； 21. 收取三件套，升起驾驶员侧玻璃，擦拭车身，收回右侧举升机臂	4		19. 举升车辆，检查油底螺栓与滤清器处有无泄漏； 20. 收取翼子板布、前格栅布，关闭发动机罩，擦拭车身，收回左侧举升机臂	4	
记录	填写保养单正确； 保养流程编制完整、合理	2 6		填写保养单正确； 保养流程编制完整、合理	2 6	
安全	安全操作、场地及个人清洁； 正确使用工具； 正确使用设备	2 2 2		安全操作、场地及个人清洁； 正确使用工具； 正确使用设备	2 2 2	
个人得分		50			50	
双人得分	应得分：100			实得分：		

评分方法：漏掉一个动作（不是一个小项）扣 1 分，一个动作存在问题扣 0.5 分，每大项扣分不超过应得分。

时间：45 分钟　　　　　　　　　　　　　　　　　　　　　　　　签字：

参 考 文 献

[1] 左适够.汽车结构与拆装[M].北京:高等教育出版社,2007.
[2] 汤定国.汽车发动机构造与维修[M].北京:人民交通出版社,2005.
[3] 广州市凌凯汽车职业技术学校.北京现代快修手[M],2009.
[4] 彭高宏.汽车故障诊断设备使用一书通[M].广州:广东科技出版社,2008.